SAMMLUNG GÖSCHEN BAND 71

ALLGEMEINE UND PHYSIKALISCHE CHEMIE

von

PROF. DR. WERNER SCHULZE

ERSTER TEIL

Vierte, neu bearbeitete Auflage

Mit 10 Figuren

WALTER DE GRUYTER & CO.
vormals G. J. Göschen'sche Verlagshandlung · J. Guttentag, Verlagsbuchhandlung · Georg Reimer · Karl J. Trübner · Veit & Comp.
BERLIN 1955

Archiv-Nr. 11 00 71
Satz und Druck: Thormann & Goetsch, Berlin SW 61
Printed in Germany

INHALT

I. Einleitung

1. Aufgabenkreis

Das Ziel aller Naturwissenschaft besteht in der Erforschung der allgemeinen Gesetze, welche die Veränderungen der Stoffe in der belebten und unbelebten Welt beherrschen. Die Physik umfaßt dabei dasjenige Teilgebiet, in welchem die Veränderungen der Eigenschaften unbelebter Stoffe durch nur solche Eingriffe untersucht werden, bei denen der vorliegende Stoff seine Zusammensetzung nicht ändert. Die Chemie sucht demgegenüber die Erscheinungen in Gesetze zu fassen, bei denen Umwandlungen der Stoffe ineinander erfolgen.

Daß eine Umsetzung von Stoffen stattgefunden hat, erkennt man primär an den physikalischen Eigenschaften (z. B. Farbe, spez. Gewicht, Brechungsvermögen, Aggregatzustand) der entstandenen Stoffe, die von denjenigen der Ausgangsstoffe verschieden sind. Die Kenntnis einer chemischen Reaktion ist jedoch nur unvollkommen, wenn man allein die Anfangs- und Endprodukte der Reaktion und die physikalischen Eigenschaften der betreffenden Stoffe ermittelt hat. Man sammelt auf diese Weise ein umfangreiches Tatsachenmaterial, in welchem das ordnende Prinzip zunächst fehlt. An dieser Stelle setzt nun die physikalische Chemie ein, welche versucht vorherzusagen, ob eine Umsetzung zwischen gegebenen Stoffen möglich ist und welches die physikalischen Eigenschaften der entstehenden Stoffe sind. Außerdem sucht man die Umsetzung selbst messend zu verfolgen. *Die physikalische Chemie erforscht also den Verlauf chemischer Vorgänge mit physikalischen Hilfsmitteln.* Demzufolge werden in diesem Zweig der Naturwissenschaft sowohl alle chemischen Tatsachen als auch die Kenntnis der Methoden und Theorien der reinen Physik vorausgesetzt. Es sind im wesentlichen drei Gebiete der theoretischen Physik, deren Kenntnis zum Studium der physikalischen Chemie erforderlich ist, nämlich die Thermodynamik, die kinetische Theorie der Materie und die Quantentheorie.

Der Chemiker ist bei einer chemischen Reaktion zunächst meist an dem eintretenden Stoffumsatz interessiert. Um jedoch Gesetzmäßigkeiten aufzufinden, die allgemein für alle möglichen Reaktionen gelten, muß man auch die physikalischen Begleiterscheinungen der Reaktionen studieren. Es handelt sich hier z. B. um Druckänderungen, Volumänderungen, Wärmeentwicklung oder Arbeitsverbrauch, die während der Reaktion in Erscheinung treten.

Mit den Gesetzmäßigkeiten, die bei Wärme- und Arbeitsumsatz vorliegen, beschäftigt sich die *Thermodynamik*. Ihre Aussagen enthalten jedoch keine Angaben über die im reagierenden Molekül liegenden Ursachen des Auftretens der beobachteten Wärmeeffekte. Derartige Untersuchungen sind (im gröbsten Falle) mittels der *kinetischen Theorie der Materie* möglich, die als Grundlage die Anschauung benutzt, daß alle Stoffe aus kleinsten Teilchen zusammengesetzt sind, welche die Träger der Reaktion sind.

Noch einen Schritt weiter geht die *Quantentheorie*, die die Eigenschaften der reagierenden Moleküle wieder auf deren Aufbau zurückführt, also Atomkerne, Elektronen und deren Zusammenlagerung zum Molekül sowie die Umwandlung solcher Moleküle in andere zum Gegenstand hat.

2. System, Zustand, Phase

Das Studium der Gesetze des Arbeits- und Wärmeaustausches erfordert zunächst eine Definition dessen, was man unter Austausch verstehen will. Hierzu soll die Gesamtheit der Dinge, deren Veränderungen man gerade betrachten will, als „System“ bezeichnet, der Rest der Welt „Umgebung“ genannt werden. Wohin man die Grenzen zwischen System und Umgebung legt, ist Sache der jeweiligen Übereinkunft. Bei Betrachtung der Reaktion

$$Zn + H_2SO_4 \rightarrow ZnSO_4 + H_2$$

könnte man z. B. alle angeführten Stoffe als reagierendes System zusammenfassen; ebenso könnte man aber noch die überstehende Luft bis zu einer willkürlichen Grenze oder aber das umhüllende Gefäß mit zum System rechnen. Durch solche Festsetzungen wird es dann möglich, den Begriff des Austausches zu definieren, nämlich als Durchtritt von Wärme oder Arbeit durch die festgesetzten Systemgrenzen.

Bei solchen Wärme- und Arbeitsumsätzen interessieren die Änderungen, die das System durch diese Umsätze erfährt. Es ist daher erforderlich, die Eigenschaften des Systems hinreichend genau zu kennzeichnen, um Änderungen des „Zustandes" des Systems immer verfolgen zu können. Unsere erste Aufgabe ist also, eine ausreichende, aber möglichst einfache Beschreibung des Zustandes unseres Systems zu finden.

Diese Beschreibung wird um so schwieriger, je komplizierter das System selbst aufgebaut ist. Das einfachste System dürfte ein Einstoffsystem sein, das physikalisch einheitlich aussieht. Letzteres ist nicht bei allen Einstoffsystemen der Fall, da z. B. ein aus Wasser aufgebautes System aus Eis, flüssigem Wasser und Wasserdampf bestehen kann. Diese Bereiche verschiedenen „Aggregatzustandes" (fest, flüssig, gasförmig) werden als je eine *Phase* bezeichnet. Ein einphasiges System heißt h o m o g e n, mehrphasige Systeme heißen h e t e r o g e n. Das einfachste System wäre also ein homogenes Einstoffsystem (z. B. flüssiges Wasser), der komplizierteste Fall wäre ein heterogenes Mehrstoffsystem (z. B. wäßrige NaCl-Lösung mit festem NaCl als Bodenkörper und der überstehenden Gasphase).

Damit eine einfache Beschreibung möglich ist, müssen alle Systeme eine allgemeine Voraussetzung erfüllen. Es darf z. B. nicht vorkommen, daß sich der Zustand des Systems freiwillig, d. h. ohne äußeres Zutun, mit der Zeit ändert. Dies würde z. B. der Fall sein bei einem System, das nicht an allen Stellen die gleiche Temperatur oder den gleichen Druck besitzt; es würden Strömungen auftreten, die erst mit dem Ausgleich von Druck und Temperatur zur Ruhe kommen und nur sehr umständlich hinreichend genau zu beschreiben wären. Wir betrachten daher nur Systeme in *Gleichgewichtszuständen*. In diesem Fall hat sich gezeigt, daß dann der Gleichgewichtsdruck p und die Gleichgewichtstemperatur T wichtige und ausreichende Kenngrößen eines homogenen Systems sind. Für (heterogene) Mehrstoffsysteme muß man natürlich auch die Konzentrationen der einzelnen Stoffe angeben, die in jeder vorkommenden Phase anwesend sind. Außer p und T benutzt man noch das leicht zu bestimmende Volumen V des Systems als Kenngröße. Jedoch sind erfahrungsgemäß von diesen drei Größen für ein homogenes System nur 2 willkürlich wählbar. Die dritte ist dann bereits durch eine für jedes solche homogene System gültige *„Zustandsgleichung“* festgelegt, z. B.

$$p = f(V, T)$$

In Worten: Der Druck p ist eine Funktion f vom Volumen V und der Temperatur T. Ebenso gleichwertig sind die Formulierungen $V = f_1(p, T)$ und $T = f_2(p, V)$, wobei dann die Funktionen natürlich anders aussehen.

Eine Formel soll man niemals nur „buchstabieren“, sondern jedesmal (auch in späteren Fällen) lesen: Druck gleich Funktion von Volumen und Temperatur, damit man durch die Buchstaben, die ja nur bequeme Symbole sind, nicht den Sinn für den physikalischen Zusammenhang verliert, der durch die Formel in einfachster und kürzester Weise ausgedrückt wird.

II. Beschreibung von Zuständen homogener Systeme

3. Zustandsgleichung der Gase

Die einfachste Zustandsgleichung hat man für Gase, und zwar für alle Gase gleichzeitig gültig gefunden. Boyle (1664) und Mariotte (1676) stellten fest, daß eine Erhöhung des Druckes p einer gegebenen Gasmenge immer eine Verkleinerung des Volumens V bewirkt; und zwar besitzt bei gegebener Temperatur das Produkt aus Druck und Volumen immer einen konstanten Wert, gleichgültig, um welches Gas es sich handelt. Dieser Befund läßt sich ausdrücken durch die Gleichung

(1) $p \cdot V = konst.$ (bei konst. Temp., *Boyle-Mariottesches Gesetz)*

Diese Beziehung gilt um so genauer, je höher die Temperatur und je geringer der Druck bei der Messung gewählt werden. Besitzt beispielsweise eine bestimmte Gasmenge unter 1 Atm. Druck ein Volumen von 12 ccm, so nimmt sie unter dem doppelten Druck von 2 Atm. das halbe Volumen, nämlich 6 ccm, ein. 3 Atm. bewirken Verkleinerung des Volumens auf 4 ccm, und alle diese Produkte aus Volumen und Druck, nämlich 1.12, 2.6, 3.4, ergeben den gleichen Wert 12.

Gay-Lussac untersuchte die Abhängigkeit des Volumens der Gase von der Temperatur und fand, daß bei konstant gehaltenem Druck die bekannte Vergrößerung des Volumens einer gegebenen Gasmenge bei Temperatursteigerung durch die Formel

(2) $$V = V_0 \left(1 + \frac{t}{A}\right)$$

(bei konst. Druck; *Gay-Lussacsches Gesetz)*,

wiedergegeben wird, wenn man die Temperatur t nach der Celsiusskala mißt und falls V_0 das Volumen der betreffenden Gasmenge bei 0° C bedeutet. A ist eine Konstante, deren Wert 273,15 beträgt. Das Wesentliche des Gay-Lussacschen Gesetzes ist nun, daß diese *Konstante A für alle Gase den gleichen Wert* besitzt. Die Meßergebnisse werden wiederum durch Gleichung (2) um so besser dargestellt, je höher der untersuchte Temperaturbereich liegt und je kleiner der Druck ist.

Die Bedeutung der Gleichung (2) erkennt man, wenn man sie umformt in

$$V = V_0 + \frac{V_0}{A} t.$$

Das Volumen V setzt sich also zusammen aus dem Volumen V_0 bei 0° C und einem zusätzlichen Glied, das von der Temperatur abhängt. Bei Temperaturen oberhalb 0° C ist dies Glied positiv, unterhalb 0° C ist es negativ, d. h. V ist im letzten Fall kleiner als V_0. Für 1 Grad Temperaturerhöhung ($t = 1$) erhält dies Zusatzglied die Größe V_0/A, d. h. die Volumenänderung beträgt pro Grad „ein A-tel" des Volumens bei 0° C. Das Gay-Lussacsche Gesetz besagt also:

Das Volumen jedes Gases nimmt unter konstantem Druck bei Erhöhung der Temperatur um 1° C immer um den gleichen Bruchteil des bei 0° C gemessenen Volumens zu; der Bruchteil hat die Größe 1/273,15.

Durch die Gesetze von Boyle-Mariotte und Gay-Lussac wird die Abhängigkeit der Zustandsgrößen Druck, Volumen und Temperatur bei Gasen erschöpfend beschrieben, und man kann durch Kombination der Gleichungen (1) und (2) eine Formel ermitteln, die alle drei Größen in sich vereinigt. Zu diesem Zweck gehen wir aus von einer Gasmenge, die beim Druck p_0 und der Temperatur $t_0 = 0°$ das Volumen V_0 einnimmt. Nun denken wir zunächst den Druck konstant gehalten, berechnen nach Gl. (2) die bei Temperaturerhöhung auf t° C eintretende Volumenänderung und denken dann bei konstanter Temperatur den Druck bis auf einen angenommenen Wert p geändert. Der Ausgangsdruck betrage p_0. Erhöht man die Temperatur auf t° C, so stellt sich gemäß dem Gay-Lussacschen Gesetz

ein Volumen $$V_1 = V_0 \cdot (1 + \frac{t}{A})$$

ein, zu dessen zahlenmäßiger Ermittlung natürlich V_0 bekannt sein muß. Für dieses Volumen V_1 und den zugehörigen Druck p_0 muß nun **bei der Temperatur** t die Gleichung (1) gelten:

$$p_0 \cdot V_1 = konst. = p \cdot V,$$

wo p der gegebene Druck ist und V dann berechenbar ist. Setzt man jetzt in die letzte Gleichung den Wert $V_1 = V_0 \cdot (1 + \frac{t}{A})$ ein, so folgt

$$p \cdot V = p_0 \cdot V_0 \cdot \left(1 + \frac{t}{A}\right). \tag{3}$$

In dieser Gleichung sind beide Gesetze vereinigt; sie stellt die Zustandsgleichung der Gase dar.

Hält man das Volumen konstant, also $V = V_0$, so folgt aus Gl. (3)

$$p = p_0 \cdot \left(1 + \frac{t}{A}\right). \tag{4}$$

Der Druck einer Gasmenge ändert sich also mit der Temperatur genau so wie das Volumen V.

4. Absolute Temperatur

Aus dieser letzten Gleichung ergibt sich, daß der Druck einer Gasmenge um so kleiner wird, je niedriger man die Temperatur wählt. Wenn man die Gültigkeit der Gl. (4) auch bei sehr tiefen Temperaturen voraussetzt, so muß eine Temperatur existieren, bei welcher der Druck gleich Null wird. Dort muß dann nach Gl. (4) die Bedingung erfüllt sein

$$0 = p_0 \cdot \left(1 + \frac{t}{A}\right).$$

Eine kurze Rechnung zeigt, daß dies für $t = -A = -273{,}15°$ C der Fall ist. Ein kleinerer Druck als Null ist nun nicht gut vorstellbar, und man hat daher das Recht, die so festgelegte Temperatur als die tiefstmögliche Temperatur anzusehen. Demzufolge hat man den willkürlich gewählten Nullpunkt der Celsiusskala bis zu dieser absolut tiefsten Temperatur verschoben und nennt die an der so geschaffenen Temperaturskala gemesssenen Temperaturen „absolute“ Temperaturen. Man bezeichnet sie international mit dem Buchstaben T. Den Zusammenhang zwischen beiden Temperaturskalen vermittelt die Beziehung

$$\text{Celsiusgrade} + 273{,}15 = \text{absolute Grade}$$

oder

$$t + 273{,}15 = T. \tag{5}$$

Die absolute Temperaturskala ist also dadurch definiert, daß dem Schmelzpunkt des Wassers unter Atmosphärendruck $T = 273{,}15^\circ K$ (K nach Lord Kelvin) und dem Siedepunkt des Wassers $T = 373{,}15^\circ K$ entsprechen. Die Größe der einzelnen Grade ist die gleiche wie bei der Celsiusskala.

Für „reale" Gase ist die Konstante A nicht mit völliger Exaktheit für alle Gase die gleiche, so daß also die so definierte Temperaturskala von den Eigenschaften des zugrunde gelegten Gases abhängt, was wieder eine nicht erwünschte Willkür bei der Auswahl des Gases nach sich ziehen würde. Es wird jedoch später (Nr. 49, S. 69) noch eine thermodynamische Ableitung der absoluten Temperaturskala gegeben, welche von allen stofflichen Eigenschaften frei ist und daher wirklich allgemeine Gültigkeit besitzt. Ihr Nullpunkt entspricht dem hier vorläufig gegebenen $A = 273{,}15$, womit wir uns einstweilen zufrieden geben wollen.

Die Einführung der absoluten Temperatur vereinfacht die Form der Zustandsgleichung der Gase weitgehend. Durch Einsetzen des Ausdrucks für t aus Gl. (5) in Gl. (3) folgt

$$p \cdot V = \frac{p_0 V_0}{273{,}15} \cdot T. \tag{6}$$

Eine weitere Vereinfachung der Gl. (6) wird erzielt, wenn wir bedenken, daß ein Mol eines beliebigen Gases unter den gleichen Bedingungen von Druck und Temperatur nach Avogadro immer das gleiche Volumen einnimmt. Betrachten wir also ein Mol eines Gases, so stellt V_0 in Gleichung (6) das Molvolumen der Gase bei 0° C dar, das wir mit v_0 bezeichnen wollen. Es hat für alle Gase den Wert 22,414 Liter. Als Wert für p_0 wählt man allgemein $p_0 = 1$ *Atm.* = 760 mm Hg, so daß dann der Ausdruck $p_0 v_0 / A = 1 . 22{,}414/273{,}15$ *Literatm.* wird. Diese Größe ist zufolge des gleichen Molvolumens für alle Gase die gleiche. Sie wird mit R bezeichnet und die *Gaskonstante* genannt. Für ein Mol eines beliebigen Gases gilt also die Zustandsgleichung $p \cdot V = R.T$, während für eine beliebige Zahl n von Molen gelten muß

$$pV = nRT \tag{7}$$

(Zustandsgleichung der Gase),

Diese Beziehung stellt die einfachste Formulierung der Zustandsgleichung der Gase dar. Sie gilt wohlgemerkt um so besser, je niedriger der Druck und je höher die Temperatur der untersuchten Gasmenge gewählt wird. Um das Zustandekommen dieser Gleichung und ihre Bedeutung besser verstehen zu können, wollen wir mittels der kinetischen Theorie der Materie nähere Vorstellungen über die Aggregatzustände fest, flüssig, gasförmig entwickeln.

5. Voraussetzungen der kinetischen Theorie

Wie die Thermodynamik gründet sich auch die kinetische Theorie der Materie auf einige wenige Grundsätze allgemeinster Natur. Sie sucht alle Erscheinungen, also auch Wärme und Temperatur, auf die Gesetze der Mechanik zurückzuführen und legt die folgenden drei Sätze zugrunde:

1. Alle Materie besteht aus kleinsten Teilchen.
2. Die Teilchen befinden sich dauernd in Bewegung.
3. Für die Bewegungen der Teilchen gelten die Gesetze der Mechanik.

Zur Beschreibung verschiedener Vorgänge hat man dann die Möglichkeit, die Gestalt der Teilchen, die zwischen ihnen wirkenden Kräfte und die Art ihrer Bewegung so auszuwählen, daß Übereinstimmung mit den Versuchsergebnissen erzielt wird, und erhält so ein Modell des fraglichen Vorganges.

6. Gesetz der konstanten Proportionen

Grundlegend für die gesamte Naturwissenschaft ist die Vorstellung, daß alle Stoffe aus kleinsten Teilchen aufgebaut sind. Die Tatsachen, welche zu dieser Auffassung geführt haben, gehören daher zum Rüstzeug jedes Naturwissenschaftlers und bilden zugleich die Grundlagen der klassischen Chemie. Im folgenden werden wir eine Reihe von Beobachtungsergebnissen zusammenstellen, welche die atomistische Struktur der Materie beweisen.

Aus allen chemischen Experimenten ergibt sich, daß die Gesamtheit der in der Natur vorkommenden Stoffe in zwei Klassen eingeteilt werden kann. Die Stoffe der ersten Gruppe lassen sich durch chemische Umsetzungen auf keine Weise mehr weiter zerlegen; sie werden als chemische *Elemente* bezeichnet. Alle übrigen Stoffe sind aus diesen Elementen zusammengesetzt; man nennt sie chemische *Verbindungen*.

Die Umsetzungen der Elemente zu Verbindungen werden von einem sehr einfachen Gesetz beherrscht, dem Gesetz von den konstanten und multiplen Proportionen. Es lautet:

Wann und unter welchen Umständen eine bestimmte Verbindung (kenntlich an ihren physikalischen Eigenschaften) auch immer entsteht, so enthält sie die vorkommenden Elemente immer in dem gleichen Gewichtsverhältnis. Bilden die gleichen Elemente mehrere Verbindungen, so stehen die in den verschiedenen Verbindungen enthaltenen Gewichtsmengen jedes Elementes in einfachen ganzzahligen Verhältnissen.

In den verschiedenen Stickoxyden (N_2O, NO, N_2O_3, N_2O_4, N_2O_5) entfallen z. B. auf zwei Gewichtsteile Stickstoff 1, 2, 3, 4 oder 5 Gewichtsteile Sauerstoff.

7. Verbindungsgewichte

Um die Gewichtsverhältnisse möglichst einfach angeben zu können, hat man die folgenden Festsetzungen getroffen: Als relativ kleinstes Gewicht tritt in Verbindungen der Wasserstoff auf. Man wählt daher als Bezugseinheit für die Mengen, nach denen sich Stoffe verbinden, zweckmäßig Wasserstoff gleich Eins. Es hat sich nun aber gezeigt, daß die Wasserstoffverbindungen vieler Elemente nur schwer zugänglich sind, während die Sauerstoffverbindungen zur Bestimmung der Gewichtsverhältnisse weit besser geeignet sind. Man hat daher als Grundlage dieser „Verbindungsgewichte" nicht den Wasserstoff, sondern den Sauerstoff gewählt. Um zu erreichen, daß Wasserstoff nie mit weniger als einer Gewichts**einheit** an den bekannten Verbindungen beteiligt ist, muß man für Sauerstoff die Zahl 8 wählen. Wasserstoff bekommt dann das Verbindungsgewicht 1,008.

8. Nachweis von Einzelteilchen

Die einfachste Deutung des Gesetzes von den konstanten und multiplen Proportionen stellt die Annahme dar (Dalton 1802), daß alle Elemente aus kleinsten Teilchen bestehen, welche für ein gegebenes Element unter sich gleich sind, für verschiedene Elemente indessen unterschiedliche Größe (Masse) besitzen. Die Bildung einer Verbindung hat man sich unter Zugrundelegung dieser Annahme derart vorzustellen, daß sich die kleinsten Teilchen der betreffenden Elemente zu einem neuen kleinsten Teilchen der fraglichen Verbindung vereinigen; es muß sich demzufolge immer das gleiche Gewichtsverhältnis der Bestandteile ergeben.

Man hat diese Annahme durch die verschiedensten Experimente zur Gewißheit machen können. Am sinnfälligsten geht die Existenz von einzelnen Materieteilchen aus den Erscheinungen der Radioaktivität hervor. Man kennt eine Reihe von Elementen, welche ununterbrochen Strahlen aussenden, die radioaktiven Elemente. Die Strahlung (α-Teilchen) ist für unser Auge nicht wahrnehmbar, läßt sich aber sichtbar machen, wenn man einen solchen Stoff in eine Wilsonsche Nebelkammer bringt (das ist ein mit Wasserdampf gesättigter Raum), und den Wasserdampf durch Verbinden der Kammer mit einem luftleeren Raum sich plötzlich ausdehnen läßt. Im Augenblick der Expansion sieht man von dem radioaktiven Stoff ein

Büschel von Strahlen ausgehen (bestehend aus kondensierten Wassertröpfchen). Jeder einzelne Strahl muß als Ursache offenbar ein von dem radioaktiven Stoff ausgesandtes Teilchen haben. Daß es sich dabei tatsächlich um Materieteilchen und nicht etwa um eine unbekannte Strahlungsart handelt, zeigt sich, wenn man einen radioaktiven Stoff im Vakuum längere Zeit sich selbst überläßt. Man kann dann nach einer gewissen Zeit in dem vorher völlig leeren Raum auf spektroskopischem Wege Helium nachweisen. Es handelt sich also wirklich um einzelne aus Materie bestehende Teilchen, die von dem radioaktiven Stoff ausgesandt werden. Infolgedessen muß auch der radioaktive Stoff selbst aus Einzelteilchen bestehen. Da die radioaktiven Elemente ferner mit anderen Elementen Verbindungen auf Grund des Gesetzes von den konstanten und multiplen Proportionen eingehen, muß eine solche atomistische Struktur auch bei allen übrigen Elementen vorliegen.

9. Atome, Molekeln

Man bezeichnet die kleinsten Teilchen, aus denen die Elemente bestehen, als Atome, da man sie früher für unteilbar hielt. *Ein Atom ist also der kleinste Baustein eines chemischen Elementes, der noch die gesamten chemischen und physikalischen Eigenschaften des betreffenden Elementes besitzt.*

Die Atome sind nämlich, wie wir in Bd. II, Kp. V sehen werden, tatsächlich noch weiter zerlegbar. Die weitere Zerteilung eines Atoms führt aber zu Bausteinen, welche gänzlich andere physikalische und chemische Eigenschaften besitzen als das Ausgangsteilchen.

Für die kleinsten Teilchen von Verbindungen hat man den Namen „Molekeln" geprägt. Eine Molekel besteht also aus einigen Atomen verschiedener Elemente oder auch des gleichen Elementes. Zerteilt man eine Molekel weiter (was durch chemische Eingriffe gelingt), so gehen die physikalischen Eigenschaften der betreffenden Verbindung verloren; es entstehen neue Stoffe.

10. Avogadrosche Hypothese

Molekeln aus gleichartigen Atomen mußte man erstmalig zur Deutung der bei Gasreaktionen gefundenen Gesetzmäßigkeiten einführen. Gay-Lussac beobachtete, daß gleiche Volumina verschiedener Gase oder deren Vielfache sich restlos miteinander umsetzen. Es ergeben sich hierbei überdies Endvolumina, die zu den Ausgangsvolumina in einfachen ganzzahligen Verhältnissen stehen. (Voraussetzung ist dabei, daß alle Gase unter den gleichen Bedingungen von Druck und Temperatur vorliegen.) Hieraus folgt, daß in gleichen Gasvolumina gerade die Verbindungsgewichte oder deren Vielfache enthalten sein müssen; und daraus ergibt sich wiederum, daß die Zahlen der Molekeln in gleichen Volumina verschiedener Gase durch eine einfache Beziehung miteinander verknüpft sein müssen. Avogadro nahm an, daß diese Zahl für alle Gase die gleiche ist, daß also *gleiche Volumina verschiedener Gase unter gleichen Bedingungen gleichviel Teilchen enthalten.* Bei Anwendung dieser Hypothese auf die von Gay-Lussac bei Gasreaktionen gefundenen Volumverhältnisse ergeben sich jedoch Schwierigkeiten. Zum Beispiel erhält man im Versuch aus 1 Vol. Wasserstoff + 1 Vol. Chlor 2 Vol. Chlorwasserstoffgas, während auf Grund der Avogadroschen Hypothese nur 1 Volumen erhalten werden sollte, da sich ja je ein Teilchen Chlor und ein Teilchen Wasserstoff zu einem neuen Teilchen Chlorwasserstoffgas vereinigen und nach Avogadro die Volumina den Teilchenzahlen proportional sind. Die Avogadrosche Hypothese muß also noch erweitert werden; und zwar gelangt man in allen Fällen zu richtigen Ergebnissen, wenn man annimmt, daß die *kleinsten Teilchen der elementaren Gase* nicht aus einfachen Atomen, sondern *aus doppelatomigen Molekeln* bestehen. Ein Vorhandensein von vier-, sechs- oder achtatomigen Molekeln führt zwar ebenfalls zu richtigen Ergebnissen, jedoch geht aus der Theorie der spezifischen Wärmen der Gase (s. S. 50) eindeutig hervor, daß es sich um zweiatomige Molekeln handelt. Wasserstoff z. B. besteht also aus H_2-Molekeln, und ähnliches gilt für alle elementaren Gase.

11. Molekulargewicht und Atomgewicht

Gleiche Volumina verschiedener Gase sind nun bekanntlich verschieden schwer, obwohl nach Avogadro die Molekelzahl die gleiche ist. Die Dichte eines Gases ist also ein direktes Maß für das relative Gewicht der Molekeln, das relative „Molekulargewicht" (im Gegensatz zum absoluten Gewicht einer Molekel in Gramm, dem „Molekelgewicht"). Bezeichnen wir die Dichten zweier Gase *1* und 2 mit d_1 bzw. d_2 und die entsprechenden Molekulargewichte mit M_1 bzw. M_2, so gilt $d_1/d_2 = M_1/M_2$, oder umgeformt $M_1 = M_2 \cdot (d_1/d_2)$. Wenn die Größe eines Molekulargewichts festgelegt wird, läßt sich aus Messungen der Dichte der Gase jedes weitere Molekulargewicht berechnen.

Zur Festsetzung der Maßzahl für die Molekulargewichte (und der Atomgewichte) führt folgender Gedankengang: Auf Grund des Gesetzes von den konstanten und multiplen Proportionen liegen in einer Molekel die Elemente in konstantem Gewichtsverhältnis vor, das man durch Analyse ermitteln kann. Da nun die kleinsten in der Molekel vorkommenden Bausteine die Atome sind, wird man bei analytischem Vergleich verschiedener Verbindungen, die den gleichen Stoff enthalten, sicher auch eine finden, welche nur ein Atom des fraglichen Elementes enthält. Aus dieser Verbindung ergibt sich dann das „Atomgewicht" des Elementes, wobei man als Bezugseinheit (wie bei den Verbindungsgewichten) wiederum Sauerstoff wählt. Aus den Analysedaten folgt nun, daß man, um für das leichteste Element (den Wasserstoff) mindestens die Zahl 1 zu erhalten, für Sauerstoff die Zahl 16 als relatives Atomgewicht annehmen muß. Da nun eine Sauerstoffmolekel, wie oben gezeigt wurde, aus zwei Atomen besteht, muß man als Bezugseinheit für die Molekulargewichte die Zahl 32 wählen.

Die Grammzahl eines Stoffes, welche sein Molekulargewicht angibt, bezeichnet man als ein Mol des betreffenden Stoffes. Ein Mol Sauerstoff sind also 32 g Sauerstoff. Diese Größe wird bei chemischen Betrachtungen zweckmäßig statt des Grammes als Gewichtseinheit zugrunde gelegt.

Die zur Molekulargewichts-Bestimmung verwendbare Gleichung $M_1 = M_2 \cdot \frac{d_1}{d_2}$ läßt sich nunmehr mit dem Molekulargewicht $M_2 = 32$ des Sauerstoffs und seiner Dichte $d_2 = 1{,}4289$ (gemessen in Gramm/1000 ccm bei 0° C und 760 mm Hg) schreiben:

$$M_1 = 32 \cdot d_1/1{,}4289 = 22{,}414 \cdot d_1$$

Man braucht also nur die Dichte eines gasförmigen Stoffes zu messen und kann dann mittels dieser Formel das Molekulargewicht sehr einfach berechnen.

12. Die Loschmidtsche Zahl

Einen weiteren, von den radioaktiven Erscheinungen unabhängigen Beweis für die atomistische Struktur der Materie bietet die Ermittlung der Anzahl von Teilchen, welche in einem Mol eines beliebigen Stoffes vorhanden sind. Diese muß nach Avogadro einen bestimmten Wert besitzen. Sie wird nach ihm die Avogadrosche Zahl oder nach demjenigen, der sie als erster (1865) berechnete, die Loschmidtsche Zahl genannt. Man kennt zur Berechnung dieser Zahl (mit N_L bezeichnet) eine ganze Reihe von Wegen, die sämtlich voneinander unabhängig sind. Alle diese Wege ergeben aber immer den gleichen Wert für die Loschmidtsche Zahl. Einige dieser Verfahren werden in ihren Grundzügen später besprochen. Die folgende Tabelle 1 gibt einen Überblick über die verschiedenen Methoden und die mit diesen erhaltenen Werte.

Tabelle 1: Ermittlung der Loschmidtschen Zahl

Methode	Ergebnis ($N_L \cdot 10^{-23}$)
Kinetische Theorie	5,95 bis 6,8
Brownsche Bewegung	6,09
Oberflächenspannung wäss. Na-Oleatlösungen	6,004
Lichtstreuung an Gasen	6,03
Wärmestrahlung	6,03
Millikansche Öltröpfchenmethode	6,067
Feinstruktur von Spektrallinien	6,08
Röntgenstrahlbeugung an künstlichen Gittern	6,022

Eine solche Übereinstimmung kann keine Zufälligkeit mehr sein, sondern verdankt ihr Bestehen offensichtlich einer gemeinsamen richtigen Grundlage, eben der Tatsache, daß alle Materie aus kleinsten Bausteinen zusammengesetzt ist.

Die zweite Behauptung der kinetischen Theorie wird am eindrucksvollsten durch die von Brown entdeckte *Molekularbewegung* bewiesen. Beobachtet man Tabakrauch oder andere kleine Teilchen durch ein Mikroskop, so sieht man die Rauchteilchen in fortwährender, zitternder Bewegung. Es ist dies einer der eindrucksvollsten Versuche bezüglich des Feinbaus der Materie. Das Zittern der Teilchen ist so zu erklären, daß die verhältnismäßig großen Teilchen des Rauches von den kleinsten Teilchen der umgebenden Luft allseitig Stöße empfangen, die in völliger Regellosigkeit erfolgen, und daß bisweilen auf die eine Seite eines Rauchteilchens mehr Stöße ausgeübt werden als auf die übrigen Stellen. Dadurch wird das Rauchteilchen in der Stoßrichtung in Bewegung gesetzt, und wir beobachten ein Zittern des Teilchens. Letzteres wird also durch die Stöße der umgebenden Luftteilchen dauernd hin und her geworfen, woraus zu schließen ist, daß eben die Luftteilchen sich in dauernder Bewegung befinden, wie die kinetische Theorie das behauptet. Die Geschwindigkeit der Luftteilchen und die Anzahl der Stöße pro Sekunde lassen sich aus der kinetischen Theorie richtig berechnen, was für die Richtigkeit der Annahmen spricht (Bd. II, Nr. 65).

Die dritte Behauptung der kinetischen Theorie nimmt die Gültigkeit der mechanischen Grundgesetze für die Bewegung der Teilchen an. Es handelt sich hier im wesentlichen um die Gesetze des Energieaustausches beim Stoß der Teilchen gegeneinander oder an eine Wand. Ihre Anwendbarkeit ergibt sich aus den mit Versuchsdaten übereinstimmenden verschiedenartigsten Rechnungen, von denen wir eine Reihe von Beispielen kennenlernen werden.

13. Allgemeines über Aggregatzustände

Alle Stoffe pflegt man hinsichtlich ihrer äußeren Erscheinungsform in drei Gruppen einzuteilen und unterscheidet allgemein gasförmige, flüssige und feste Stoffe. Bei einem Stoff gegebener chemischer Zusammensetzung treten immer alle drei „Formarten“ (= Aggregatzustände) auf, wenn man nur Druck und Temperatur geeignet wählt. Als Beispiel sei das Wasser angeführt, das bei Atmosphärendruck unterhalb 0° C fest (als Eis), zwischen 0° und 100° flüssig und oberhalb 100° gasförmig (als Wasserdampf) vorliegt.

Für ein Gas ist charakteristisch, daß es einen ihm zur Verfügung gestellten Raum vollständig auszufüllen trachtet. Flüssigkeiten besitzen demgegenüber einen festen Rauminhalt und füllen einen Behälter nur dann völlig, wenn man genügend Flüssigkeit hineingibt. Sie passen ihre Gestalt aber den Wandungen des Gefäßes an, in welchem sie sich befinden; die Form der Flüssigkeitsmenge ist also veränderlich. Infolge des unveränderlichen Volumens der Flüssigkeit existiert eine Grenzschicht, welche die Flüssigkeit von ihrer Umgebung (z. B. der Atmosphäre) trennt, die *Oberfläche* der Flüssigkeit. Deren Form ist abhängig von den Kräften, welchen die Flüssigkeit unterliegt.

Unter dem Einfluß der Schwerkraft bildet sich eine ebene Oberfläche aus, während sich z. B. unter der Wirkung von Zentrifugalkräften und der Schwerkraft eine parabolische Oberfläche einstellt. Wirken auf eine Flüssigkeit keinerlei Kräfte, so nimmt die Oberfläche Kugelgestalt an, wie z. B. bei fallenden Tropfen oder einem Flüssigkeitstropfen, der in einer Flüssigkeit gleicher Dichte schwebt, die sich aber mit der ersten nicht mischt. Die Kugel ist derjenige Körper, der bei gegebenem Volumen die kleinste Oberfläche besitzt; alle anderen Körper (z. B. Würfel, Eiform usw.) haben bei gleichem Volumen größere Oberflächen.

Das Streben der Flüssigkeiten nach einer kleinsten Oberfläche zeigt, daß die Herstellung der Oberfläche Arbeit erfordert. Man bezeichnet die Arbeit, die erforderlich ist um 1 cm^2 Oberfläche herzustellen, als die *Oberflächenspannung* der Flüssigkeit. Ihre Größe ist für einen gegebenen Stoff charakteristisch.

Feste Stoffe passen auch ihre Gestalt nicht mehr dem Behälter an; sie sind weitgehend *formbeständig und volumbeständig*. Flüssigkeiten sind volumbeständig, aber nicht formbeständig und Gase sind weder form- noch volumbeständig.

14. Zwischenstufen der Formarten

Die Einordnung eines gegebenen Stoffes in das Schema der drei Formarten ist bisweilen schwierig, da die zur Kennzeichnung der Aggregatzustände benutzten Eigenschaften der Form- und Volumenbeständigkeit von Stoff zu Stoff größeren Schwankungen unterworfen sind. Zumal die Formbeständigkeit als Unterschied zwischen fest und flüssig ermöglicht keine eindeutige Zuordnung, da es bei manchen Stoffen (wie Glas oder Pech) keine bestimmte Temperatur gibt, bei der ein sprunghafter Übergang der beiden Zustände erfolgt (*Gläser* erweichen ganz allmählich). Man kann diese Stoffe einerseits als sehr zähe Flüssigkeiten, andererseits wegen ihrer Formbeständigkeit und Elastizität als feste Stoffe auffassen. Infolgedessen ist man übereingekommen, nur Kristalle zu den festen Stoffen zu rechnen. Diese zeichnen sich vor den erwähnten Zwischenstufen dadurch aus, daß — abgesehen von der vorhandenen Formbeständigkeit — manche ihrer Eigenschaften von der Richtung, in welcher man sie im Kristall mißt, abhängig sind. Diese als „Anisotropie" bezeichnete Erscheinung gibt sich darin zu erkennen, daß z. B. Spaltbarkeit, Brechungsindex, Härte, Ausdehnungsvermögen bei ein und demselben Kristall je nach der Richtung verschiedene Größe besitzen.

Anisotropie wird auch bei den *kristallinen Flüssigkeiten* beobachtet, die ein weiteres Zwischenglied zwischen fest und flüssig darstellen; sie besitzen jedoch keine Formbeständigkeit.

15. Kinetische Vorstellungen von den Aggregatzuständen

Mit den Grundsätzen der kinetischen Theorie und den eben beschriebenen Erscheinungen können wir nun ein verfeinertes Bild von den Eigentümlichkeiten der drei

Formarten entwerfen. Die Teilchen eines Gases sind offenbar weder an eine bestimmte gegenseitige Lage noch an eine feste Entfernung voneinander gebunden. Das konstante Volumen der Flüssigkeiten läßt sich unter diesem Gesichtspunkt so deuten, daß die Flüssigkeitsteilchen feste Entfernungen besitzen, die nur durch Aufwand von Arbeit geändert werden können. Zwischen den Teilchen wirken also Kräfte, welche den Abstand der Teilchen bedingen. Beim Versuch, die Entfernungen zu ändern, müssen diese Kräfte überwunden werden. Jede Flüssigkeit besitzt daher eine *Zerreißfestigkeit*, auf deren Vorhandensein z. B. die Möglichkeit zur Bildung von Flüssigkeitsstrahlen beruht. Die Lage der Teilchen zueinander ist in Flüssigkeiten aber beliebig, da Flüssigkeiten nicht formbeständig sind. Die Leichtigkeit, mit der sich die Teilchen gegeneinander verschieben lassen, kann indessen sehr verschieden sein und äußert sich in der *Zähigkeit* der Flüssigkeit, wie aus dem Beispiel der in dieser Hinsicht sehr verschiedenen Flüssigkeiten Äther und Teer hervorgeht.

In festen Körpern ist auch noch die gegenseitige Lage der Teilchen festgelegt, da feste Stoffe auch Formänderungen Widerstand entgegensetzen. Eine Stahlfeder z. B. läßt sich wohl verbiegen, nimmt aber nach Aufhören der wirkenden Kraft ihre frühere Gestalt wieder an; sie ist „elastisch". Die Größe der *Elastizität* kann jedoch sehr verschieden sein, wie man beispielsweise durch Vergleich der elastischen Eigenschaften von Blei und Stahl erkennt.

Feste Stoffe kommen häufig in sehr regelmäßig geformten Stücken vor. Sie bilden Kristalle, deren Form je nach Art der chemischen Zusammensetzung und auch der Herstellungsbedingungen verschieden ist. Die Erforschung dieser Zusammenhänge ist Gegenstand der Mineralogie und Kristallographie.

Die regelmäßige Gestalt der festen Stoffe läßt vermuten, daß auch die Anordnung der kleinsten Bausteine in diesen Fällen eine regelmäßige sein wird. Daß dies tatsächlich so ist, geht aus Versuchen über die *Beugung von Röntgenstrahlen* (d. i. kurzwelliges Licht mit Wellenlängen zwischen 1 und 10 Å;

1 Å = 10^{-8} cm) eindeutig hervor. Durchstrahlt man einen Kristall mit Röntgenlicht, so geht das Licht nicht nur gradlinig hindurch (Primärstrahl), sondern wird an den einzelnen Bausteinen des Kristalls abgebeugt (gestreut), und man erhält ein regelmäßig aussehendes Beugungsbild, bestehend aus einer ganzen Reihe von Strahlen, die den Kristall unter verschiedenen Winkeln verlassen.

Eine solche Beugung von Licht ist immer nur dann möglich, wenn einerseits die streuenden Stellen regelmäßig angeordnet sind und falls andererseits die Wellenlänge des benutzten Lichtes in der Größenordnung des Abstandes der „Beugungszentren" liegt. Durch die beobachtete Beugung von Röntgenstrahlen wird somit eindeutig die gut ausgebildete Ordnung der Bausteine eines Kristalls bewiesen.

Man gelangt so zu der Vorstellung, daß die Teilchen eines Kristalls auf ein räumliches Punktgitter verteilt sind, dessen Art je nach der vorliegenden chemischen Verbindung verschieden ist. Aus Lage, Anzahl und Intensität der gebeugten Strahlen gegenüber dem Primärstrahl lassen sich Anordnung, Abstand und Häufigkeit der Kristallbausteine auf den einzelnen Gitterpunkten, also die „Struktur" des Kristalls genau ermitteln.

Es scheint, daß durch dieses Bild eines festen Stoffes die von der kinetischen Theorie geforderte Bewegung der Teilchen unmöglich wäre, da ja jedes Teilchen an einen bestimmten Platz gebunden ist. Auch hier ist indessen eine Form der Bewegung noch möglich; die Teilchen können nämlich Schwingungen um ihre Ruhelage ausführen und die kinetische Theorie der spezifischen Wärmen der festen Stoffe zeigt, daß solche Schwingungen tatsächlich vorhanden sind.

Im einfachsten Fall handelt es sich dabei um *„harmonische" Schwingungen*. Das sind Schwingungen, bei denen die Kraft K, welche das schwingende Teilchen in seine Ruhelage zurückzieht, proportional der Entfernung x des Teilchens aus der Ruhelage ist; also $K = k . x$, wo k eine Konstante bedeutet. Die Abhängigkeit der Lage des Teilchens von der Zeit t wird hier durch die Formel beschrieben $x = A \cdot \sin \omega t$. Solche Schwingungen führt z. B. ein Pendel unter dem Einfluß der Schwerkraft aus. Ein harmonisch schwingendes Teilchen bezeichnet man als „harmonischen Oszillator". Einen festen Stoff kann man sich also vorstellen als zusammengesetzt aus harmonischen Oszillatoren, deren Bewegungen miteinander gekoppelt sind.

Die Aggregatzustände unterscheiden sich also kinetisch gesehen durch den Ordnungsgrad der Teilchen, und man kann sich zwei extreme Zustände denken, einerseits die vollständige Unordnung der Teilchen, andererseits eine völlig geordnete Struktur. Den ersten Zustand bezeichnet man als „idealen Gaszustand". Ein in diesem Zustand befindlicher Stoff besitzt gänzlich voneinander unabhängige Teilchen; zwischen ihnen wirken keine Kräfte, die eine Ordnung hervorbringen könnten. Die meisten Gase nähern sich diesem Zustand um so mehr, je geringer der Druck, also je größer der Abstand der Teilchen wird. Eine vollständig geordnete Struktur liegt in einem gut ausgebildeten Kristall bei möglichst tiefer Temperatur vor; denn je tiefer die Temperatur ist, um so kleiner werden die Schwingungen der Teilchen und demzufolge die gegenseitigen Störungen der einzelnen Schwingungen durch die Nachbarteilchen.

Ein wirklicher Kristall ist natürlich nie völlig fehlerfrei. Er besitzt Lücken in der Anordnung seiner Teilchen (*Fehlstellen*), ferner können die Teilchen an manchen Stellen falsch angeordnet sein (*Fehlordnung*). Auch wird seine Oberfläche nie absolut eben sein, also aus einer glatten Schicht von regelmäßig nebeneinander liegenden Molekeln bestehen. Gerade diese Unregelmäßigkeiten sind für das Verständnis der Reaktionsweise fester Körper wesentlich (z. B. feste Katalysatoren, Bd. II).

16. Kinetische Deutung der Zustandsgleichung der Gase

Die auf experimentellem Wege gewonnene Zustands-Gleichung der Gase wollen wir nun mit Hilfe der kinetischen Theorie deuten, d. h. ein Modell eines Gases ersinnen, welches genau das durch Gleichung (7), S. 13 beschriebene Verhalten zeigt. Dadurch gewinnen wir eine verfeinerte, auf mechanische Gesetze zurückgeführte Vorstellung von einem Gas. Zu diesem Zweck müssen wir zunächst Annahmen machen, welche Druck und Temperatur kinetisch erklären.

Die Teilchen eines Gases stellt man sich als Kügelchen vor, die sich in lebhafter, völlig ungeordneter Bewegung befinden und dabei gegeneinander wie auch gegen die Wände des Behälters stoßen. Infolge dieser Stöße wird auf die Wand eine Kraft ausgeübt, welche diese nach außen zu drücken bestrebt ist. Der Druck des Gases ist dann die auf 1 cm^2 Wandfläche ausgeübte Kraft. Die Berechnung dieser Kraft führt also zur Ermittlung des Gasdruckes.

Nach dem Newtonschen Gesetz der Mechanik ist immer Kraft = Masse mal Beschleunigung, und wir müssen daher die Masse eines stoßenden Teilchens und die Änderung seiner Geschwindigkeit während des Stoßes ermitteln. Die Masse einer Molekel ist aus dem Gewicht eines Mols und der in einem Mol enthaltenen Molekelzahl N_L (Loschmidtsche Zahl) bekannt. Zur Ermittlung der Beschleunigung nehmen wir an, das Teilchen habe vor dem Stoß die Geschwindigkeit c und fliege senkrecht auf die Wand zu. Falls der Stoß elastisch erfolgt, wird das Teilchen mit der gleichen Geschwindigkeit zurückgeworfen; und zwar besitzt die Geschwindigkeit jetzt entgegengesetzte Richtung, d. h. das Vorzeichen von c ist nun negativ. Die gesamte Änderung der Geschwindigkeit beträgt also je Stoß $2c$.

Die Angabe der Richtung einer Geschwindigkeit ist offenbar wesentlich, wie sich aus dem Beispiel zweier Molekeln ergibt, die sich auf einer Geraden bewegen und zahlenmäßig gleiche Geschwindigkeiten besitzen. Ist die Richtung der Bewegung die gleiche, so kann nie ein Stoß erfolgen; ist jedoch die eine Geschwindigkeit entgegengesetzter Richtung, so findet ein Zusammenstoß statt. Eine Änderung der Richtung einer Geschwindigkeit bedeutet also immer eine Änderung der Geschwindigkeit überhaupt, selbst wenn — wie im obigen Fall — der Zahlenwert der Geschwindigkeit der gleiche bleibt.

Infolge der gegenseitigen Stöße der Molekeln aufeinander ändern sich Richtung und Wert der Geschwindigkeit eines Teilchens dauernd; d. h. die Teilchen besitzen sehr verschiedene Geschwindigkeiten. Mittelt man jedoch in einem bestimmten Zeitpunkt die Geschwindigkeiten aller Teilchen, so kann man eine mittlere Geschwindigkeit angeben, die jedes Teilchen haben müßte, damit die Summe der Geschwindigkeiten aller Teilchen wieder den gleichen Wert besitzt.

Wir denken uns nun einen gasgefüllten Würfel von 1 cm Kantenlänge, der N Molekeln der Masse m enthalten soll. Die mittlere Geschwindigkeit der Teilchen sei ihrem Wert nach gleich c, während wir die Richtungen vereinfachend derart annehmen, daß gerade auf jede der 6 Würfelflächen je $^1/_6$ der Molekeln senkrecht zufliegt. Jedes der auf eine Würfelfläche zustrebenden Teilchen ist gerade einmal auf die Wand gestoßen, wenn der eine Zentimeter (das ist die größtmögliche Entfernung) durchflogen ist. Da die Molekeln die Geschwindigkeit c haben, ist hierzu wegen der Beziehung: Geschwindigkeit = Weg/Zeit die Zeit $t = \frac{1}{c}$ erforderlich. Während dieser Zeit ändert sich also die Geschwindigkeit jedes Teilchens um $2c$, so daß die in die Newtonsche Gleichung der Mechanik einzusetzende Beschleunigung b (= Änderung der Geschwindigkeit/dazu benötigte Zeit) wird $b = \frac{2c}{(1/c)} = 2c^2$. Die Kraft welche alle Teilchen auf die eine Wand von 1 cm² Größe ausüben, ist daher $K = \frac{1}{6} \cdot m \cdot 2c^2 \cdot N$, wobei N die Zahl der Molekeln im ccm bedeutet. Diese Kraft ist laut Definition des Druckes (= Kraft/cm²) gleich dem gesuchten Gasdruck p, also

$$(8) \qquad p = \frac{1}{6} m \cdot 2c^2 \cdot N = \frac{1}{3} N \cdot mc^2 \cdot$$

Legen wir nun der Betrachtung nicht 1 ccm Gas, sondern das Molvolumen V zugrunde, das N_L Molekeln enthält, so gilt die Beziehung $N \cdot V = N_L$ oder $N = \frac{N_L}{V}$. Einsetzen dieser Beziehung in (8) ergibt dann

$$(9) \qquad p \cdot V = \frac{1}{3} N_L \cdot mc^2 \qquad (V = \text{Volumen eines Mols}).$$

Wenn man genauestens die Geschwindigkeitsverteilung der Molekeln berücksichtigt, also alle vereinfachenden Annahmen fortläßt, wird übrigens dieselbe Gleichung erhalten.

17. Kinetische Deutung der Temperatur

Diese grundlegende Beziehung der kinetischen Theorie, die den Gasdruck auf die Stöße der Teilchen gegen die Wand zurückführt, hat nun schon einige Ähnlichkeit mit der experimentell ermittelten Zustandsgleichung der Gase. Durch Vergleich beider Formeln gelangen wir zu einer kinetischen Deutung der Temperatur eines Gases. Wir erinnern uns, daß das Produkt $p \cdot V$ bei konstanter Temperatur nach den Versuchen von Boyle und Mariotte immer den gleichen Wert haben muß. Da in Gl. (9) bei konstanter Temperatur die linke Seite konstant ist, muß also auch die rechte Seite immer den gleichen Wert besitzen, solange die Temperatur unverändert bleibt. Da nun Masse (m) und Zahl (N_L) der Teilchen durch Temperaturänderung nicht beeinflußt werden können, muß daher einer geänderten Temperatur eine andere mittlere Geschwindigkeit c der Teilchen und also der gleichen Temperatur die gleiche mittlere Geschwindigkeit entsprechen, wenn das gewählte Modell eines Gases richtig sein soll. Der Ausdruck mc^2, der mechanisch gleich dem Doppelten der *kinetischen Energie eines Teilchens* der Masse m ist, ist also ein *Maß für die Temperatur* und direkt proportional T.

Führt man in Gl. (9) die kinetische Energie E_{kin} aller Teilchen eines Mols ein: $E_{\text{kin}} = N_L \cdot \frac{m}{2} c^2$ und vergleicht dann die rechten Seiten der Gleichungen (7) und (9), so folgt: $RT = \frac{2}{3} E_{\text{kin}}$. Die kinetische Energie der Molekeln eines Mols ist bei der Temperatur T also gegeben durch

$$E_{kin} = \frac{3}{2} RT \qquad (10)$$

(gültig für ein Mol).

Auf diese wichtige Beziehung werden wir bei der Theorie der spezifischen Wärmen zurückgreifen.

Aus ihr ergibt sich ferner eine anschauliche Bedeutung der absoluten Temperatur: das Erreichen des absoluten Nullpunktes bedeutet einfach, daß bei $T = 0$ die kinetische Energie der Teilchen gleich Null geworden ist. Die Temperaturbewegung der Teilchen ist eingefroren.

18. Zustandsgleichung von Festkörpern und Flüssigkeiten

Flüssigkeiten und feste Stoffe besitzen keine für alle gültige einfache Zustandsgleichung, wie dies bei verdünnten Gasen der Fall ist. Die Form der zwischen p, V und T geltenden Beziehung ist je nach der vorliegenden Verbindung verschieden, und man kann immer nur durch formelmäßiges Erfassen einer Zahl von Versuchsergebnissen eine Beziehung ermitteln, die für einen begrenzten Temperatur- und Druckbereich gilt. Solche in großer Zahl bekannten empirischen Beziehungen vermitteln indessen keine grundsätzlich neuen Erkenntnisse über den flüssigen oder festen Zustand.

Man pflegt die Eigenschaften der festen und flüssigen Stoffe durch den *thermischen Ausdehnungskoeffizienten* α, d. i. die Volumenänderung mit der Temperatur, bezogen auf das Volumen 1, und den *Kompressibilitätskoeffizienten* β, d. i. die Volumenänderung bei Änderung des Druckes, bezogen auf das Volumen 1, anzugeben. Diese beiden Größen hängen außer von der Natur des Stoffes auch noch von der Temperatur ab und entsprechen dem Gay-Lussacschen Gesetz und dem Boyle-Mariotteschen Gesetz für ideale Gase.

Das Bestehen einer allgemein gültigen Zustandsgleichung für Flüssigkeiten bzw. feste Stoffe können wir auch gar nicht erwarten, denn schon die oben besprochenen Gasgesetze geben die Versuchsergebnisse nicht mehr ganz exakt wieder, wenn man den Druck hinreichend hoch und die Temperatur der Gase entsprechend niedrig wählt. Hierbei nähern sich die Molekeln einander und stoßen immer häufiger mit ihresgleichen zusammen. Dabei machen sich dann die zwischen den Molekeln grundsätzlich immer vorhandenen Kräfte stärker bemerkbar, die je nach Art der Molekeln verschieden sind, so daß die Wechselwirkungen stark von dem betrachteten Stoff abhängen müssen. Die Einfachheit der Gasgesetze rührt offenbar daher, daß die Molekeln der Gase bei geringem Druck so große Abstände voneinander haben, daß sich solche individuellen Kraftwirkungen nicht bemerkbar machen. Im Idealfall (bei verschwindend kleinen Drucken) treten solche Kräfte überhaupt nicht auf, weswegen man einen solchen Zustand als den *idealen Gaszustand* bezeichnet.

19. Van der Waalssche Gleichung

Bringt man ein Gas unter hinreichend hohen Druck, so tritt außer den Wechselwirkungen zwischen den Molekeln noch eine andere zu Abweichungen von den idealen Gasgesetzen führende Erscheinung auf. Die Zahl der Molekeln ist jetzt so groß geworden, daß die Bewegung der einzelnen Teilchen durch das von den Molekeln selbst eingenommene Volumen behindert wird. Das tatsächlich für die Bewegung verfügbare Volumen ist um einen Betrag b, der von Stoff zu Stoff verschieden ist, kleiner als im idealen Zustand, so daß statt Gl. (7) nunmehr zu schreiben ist: $p \cdot (v - b) = nRT$.

Die zwischen den Molekeln wirkenden Kräfte bedingen eine gegenseitige Anziehung der Teilchen, weswegen eine Molekel, die im Begriff ist, auf die Wand zu stoßen, die also nicht mehr allseitig von ihresgleichen umgeben ist, Anziehungskräfte erfährt, welche sie ins Innere des Gases zurückzuziehen sucht. Daher hat der beobachtete Druck p nicht mehr die Größe $n \cdot RT/(v - b)$, sondern ist kleiner als dieser Ausdruck, was man durch ein Glied der Form a/v^2 berücksichtigen kann. Die so verbesserte Zustandsgleichung der Gase kann man dann schreiben $p = \frac{n \cdot RT}{(v - b)} - \frac{a}{v^2}$ oder in Analogie zu Gl. (7)

$$\left(p + \frac{a}{v^2}\right) \cdot (v - b) = n \cdot RT . \tag{11}$$

Sie wurde von van der Waals gefunden und gibt das Gebiet der komprimierten Gase verhältnismäßig gut wieder, wobei auch der flüssige Zustand rein qualitativ noch ausreichend erfaßt wird.

Das Verhalten der realen Gase und Flüssigkeiten kann man noch besser beschreiben, wenn man in die Zustandsgleichung mehr als die 2 Konstanten a und b einführt. Diese Konstanten erschweren aber die Handhabung der Gleichung und meist lassen sich für sie auch keine physikalisch sinnvollen Deutungen angeben.

Weil die van der Waalssche Gleichung sowohl für die Gase als auch für Flüssigkeiten gilt, wird sie besonders wichtig, weil mit ihrer Hilfe die Umwandlung von Flüssigkeiten in den Gaszustand kinetisch verständlich gemacht werden kann. (S. Bd. II, Phasenumwandlungen.)

III. Kennzeichnung chemisch reagierender Systeme

20. Kompliziertere Systeme. Reaktionslaufzahl

Für den Chemiker ist die Betrachtung von Mehrstoffsystemen am wichtigsten, denn nur in diesen können chemische Reaktionen ablaufen. Homogene Mehrstoffsysteme sind auch hier wieder am einfachsten zu behandeln. Zur Beschreibung der Reaktion muß nun ebenfalls eine Kenngröße eingeführt werden. Man könnte hier an die Angabe der Konzentration aller beteiligten Stoffe denken. Eine weit einfachere Möglichkeit bietet sich jedoch bei Zurückgreifen auf die Reaktions-Formel, deren allgemeine Form sei:

$$\nu_1 A + \nu_2 B + \ldots \rightarrow \nu_3 C + \nu_4 D \ldots$$

Hierin sollen die ν_i die sogenannten *Äquivalentzahlen* bezeichnen, welche angeben, wieviel Mole der Stoffe sich bei Ablauf der Reaktion miteinander umsetzen. Rechnet man die ν_i der linken Seite negativ (verschwind. Stoffe) und rechts positiv, so gibt $\sum \nu_i = \nu_1 + \nu_2 + \nu_3 + \ldots$ die Änderung der Gesamtmolzahl während eines *Formelumsatzes* an. Wir wollen nun den Ablauf der Reaktion an der von Schottky eingeführten Zahl λ der (von einem bestimmten Anfangszeitpunkt an erfolgten) Formelumsätze messen.

Diese *Reaktionslaufzahl* steht zu den Änderungen, welche der Molzahlen n_i der einzelnen Stoffe erfahren, in folgender Beziehung:

Während e i n e s Formelumsatzes $(\Delta\lambda = 1)$ ändert sich die Molzahl n_i des i-ten Stoffes um $\Delta n_i = \nu_i$ Mole. Bei einem beliebigen Formelumsatz $\Delta \lambda$ ist also die Änderung der Molzahl des i-ten Stoffes

$$\Delta n_i = \nu_i \cdot \Delta \lambda.$$

Für ganz kleine Umsätze $d\lambda$ gilt also

$$dn_i = \nu_i \cdot d\lambda \text{ oder } \frac{dn_i}{d\lambda} = \nu_i.$$

Da diese Gleichung für jeden der beteiligten Stoffe gilt, regelt die Angabe der abgelaufenen Formelumsätze gleichzeitig die Änderung der Molzahlen aller Stoffe. Vorausgesetzt ist dabei, daß man die Reaktionsgleichung genau kennt (Zahlenwerte von ν_i) und auch die Richtung der Reaktion (Vorzeichen der ν_i) festgesetzt hat.

21. Variablensysteme

Je nach den experimentellen Möglichkeiten, die man für eine willkürliche Wahl der Kenngrößen des Systemzustandes hat, kann man entweder

$$V, \lambda, T \quad \text{oder} \quad p, \lambda, T$$

zur Beschreibung des Zustandes des Systems verwenden. Bei Gasreaktionen kann man mit der gleichen experimentellen Leichtigkeit über V oder über p verfügen; bei Festkörperreaktionen ist es jedoch äußerst schwer, ein Gefäßmaterial zu finden, das den durch die Reaktion erstrebten Volumänderungen hinreichenden Widerstand entgegensetzt. Daher ist es z. B. sehr schwierig, V konstant zu halten (was ja eine willkürliche Wahl darstellen würde) und deswegen wählt man zweckmäßig für solche Fälle (die im Labor die häufigsten sind) das Variablensystem p, λ, T. Man wählt also diejenigen Kenngrößen als Variable, die man am leichtesten konstant halten kann, was zunächst paradox erscheinen mag.

22. Phasenumwandlungen

Es sei hier gleich auf eine bei heterogenen Einstoffsystemen mögliche Formulierung aufmerksam gemacht, die für die Anwendung der später abzuleitenden Formeln sehr nützlich ist. Die Umwandlung von z. B. flüssigem Wasser in Wasserdampf läßt sich als chemische Reaktion auffassen, bei der 1 Mol $H_2O_{\text{flüssig}}$ in 1 Mol $H_2O_{\text{gasförmig}}$ übergeht. Die entsprechende Reaktions-Gleichung wäre

$$(H_2O)_{\text{flüssig}} \rightarrow (H_2O)_{\text{gasförmig}},$$

wobei man nur den unveränderten Molekelzustand in Gas und Flüssigkeit voraussetzt. Damit wird auch eine Phasenumwandlung reiner Stoffe durch die Kenngröße λ vollständig beschrieben.

IV. Gesetze des Wärme- und Arbeitsaustausches

Nachdem wir nun eine ungefähre Vorstellung über die Formarten, die Beschreibung ihres Zustandes und die Kennzeichnung chemischer Reaktionen gewonnen haben, können wir an die Beschreibung der *Zustandsänderungen* gehen, die sich bei Austausch von Wärme und Arbeit mit der Umgebung ergeben.

23. Definition der Wärme und Nachweis des Wärmeaustausches

Für den Nachweis des Durchtritts von Wärme durch die Systemgrenzen benutzt man (nach Ulich) eine Art Hg-Thermometer als Zwischenträger für die Wärme zwischen System und Umgebung. Das Hg des Thermometers kann nämlich Wärme aufnehmen, was durch Steigen des Hg in der Kapillare beobachtbar wird. Falls die aufgenommene Wärmemenge von dem Zwischenträger wieder abgegeben wird, so sinkt der Hg-Faden auf seinen alten Stand. Man denkt sich nun System und Umgebung einmal völlig isoliert voneinander und versucht, durch fortwährendes Hin- und Herführen des Zwischenträgers zwischen System und Umgebung die gleiche Veränderung der Kenngrößen des Systems herbeizuführen, wie sie bei direktem Kontakt von System und Umgebung eintritt. Tritt die gleiche Veränderung tatsächlich ein, so ist der Nachweis eines Austausches von Wärme erbracht. Gleichzeitig liefert diese Methode auch ein Maß für die M e n g e der ausgetauschten Wärme durch die Zahl der mit dem Zwischenträger erforderlichen Einzelübertragungen.

24. Maßeinheiten der Wärme

Praktisch mißt man Wärmemengen in Kalorien. Eine (kleine) *Kalorie* (= cal) ist als diejenige Wärmemenge definiert, die erforderlich ist, um 1 g Wasser unter Atmosphärendruck von 14,5° C auf 15,5° C zu erwärmen. Die Technik benutzt auch die Kilokalorie (kcal), die in gleicher Weise für 1 kg Wasser definiert ist *(1 kcal = 1000 cal).*

Elektrisch erzeugte Wärmemengen werden auch in *Wattsekunden* angegeben. Es ist

$$1 \text{ Wattsekunde} = 0{,}239 \text{ cal.}$$

25. Nachweis und Definition der Arbeit

Ganz ähnlich läßt sich auch der Nachweis eines Arbeitsaustausches durch Verwendung einer Probiereinrichtung führen. Zuvor sei jedoch die Herkunft des Begriffs Arbeit besprochen. Er entstammt der Mechanik und wird dort als Produkt aus einer Wegstrecke und der längs des Weges überwundenen Kraft definiert. Dabei muß also immer ein makroskopisch sichtbarer Gegenstand längs des betr. Weges transportiert werden. Also muß auch an unserem System bei Arbeitsaustausch eine makroskopisch sichtbare Veränderung stattfinden. Das Übliche ist die Veränderung der Größe des Systems, also eine Volumenänderung, eine Verschiebung der Systemgrenzen. Man spricht dann speziell von einer *Volumarbeit.* Ihr Nachweis gelingt durch optische Beobachtung der Lage der Systemgrenzen. Mit solchen Volumarbeiten werden wir es später ausschließlich zu tun haben.

Es gibt jedoch noch eine weitere Art der Arbeit, nämlich *elektrische Arbeit.* Sie kann jedoch nur beobachtet werden, falls elektrische Ableitungen am System vorhanden sind. Einschluß des Systems in ein (elektrisch leitendes) Metallgefäß verhindert ihr Auftreten vollständig. Es kommt dann zu keinem Austausch elektrischer Arbeit mit der Umgebung. Sie wird uns erst später bei Besprechung der Theorie der galvanischen Elemente näher beschäftigen, wenn nämlich elektrisch geladene Teilchen an den Reaktionen beteiligt sind. Ihr Nachweis kann mit einem kleinen Probemotor erfolgen, der an die elektrischen Leitungen angeschlossen wird und in makroskopisch sichtbare Bewegung gerät, wenn ein Austausch elektrischer Arbeit mit der Umgebung stattfindet. Der Probemotor läßt sich einfacher durch ein Drehspulinstrument ersetzen, dessen Ausschlag man beobachtet.

Wir erkennen aus diesen Beispielen, daß Wärme und Arbeit sich insofern unterscheiden, als ein Wärmeaustausch keine makroskopisch sichtbare Veränderung am System hervorbringt (ein heißer Gegenstand ist von einem kälteren mit dem Auge nicht zu unterscheiden — jedenfalls unterhalb 450° C), während ein Austausch von mechanischer Arbeit immer eine makroskopisch sichtbare Veränderung des Systems bewirkt (z. B. Volumenzunahme).

26. Vorzeichen-Definition

Für thermodynamische Rechnungen ist entscheidend, daß man eindeutig festlegt, welche Austauschrichtung beim Transport von Wärme oder Arbeit die positive sein soll. Zu diesem Zwecke denke man sich selbst im System befindlich, dann erscheint jede *dem System zugeführte* Wärme- oder Arbeitsmenge als Gewinn und soll daher ein für allemal *positiv gerechnet* werden. Diese Festsetzung ist in der Literatur am meisten eingebürgert; sie wird jedoch leider nicht allgemein verwendet, worauf beim Studium anderer Literatur immer genau zu achten ist.

Ferner sollen Unterschiede von Zustandsvariablen wie beispielsweise Volumenänderungen ΔV immer so gerechnet werden, daß

Änderung = Endwert — Anfangswert

ist (also ΔV = Endvolumen — Anfangsvolumen).

27. Maßeinheiten für Arbeitsgrößen

Mechanische Arbeit läßt sich immer angeben als Kraft mal Weg und wird daher gemessen in *Meterkilogramm* (1 mkg = Überwindung der Kraft 1 kg auf 1 m Wegstrecke) oder in *erg* (1 erg = Überwindung der Kraft 1 dyn auf 1 cm Wegstrecke). Für Volumarbeiten verwendet man häufig die *Literatmosphäre* als Einheit (1 Literatm. = Veränderung eines Volumens um 1 Liter unter Überwindung des Druckes 1 atm.). Daß es sich dabei wirklich um ein Arbeitsmaß handelt, zeigt der Vergleich der „Dimension“

$$[\text{Arbeit}] = [\text{Kraft} \cdot \text{Länge}]$$
$$= \left[\text{Kraft} \cdot \text{Länge} \cdot \frac{\text{Länge}^2}{\text{Länge}^2}\right]$$
$$= \left[\frac{\text{Kraft}}{\text{Fläche}} \cdot \text{Volumen}\right] = [\text{Druck} \cdot \text{Volumen}].$$

(Zur Umrechnung der Energieeinheiten vgl. Tabelle 2).

Tabelle 2: Umrechnungsfaktoren von Energieeinheiten

	erg	Wattsek.	Kalorie	Literatm.	mkg
1 erg =	1	$0{,}9995 \cdot 10^{-7}$	$2{,}39 \cdot 10^{-8}$	$9{,}869 \cdot 10^{-10}$	$1{,}02 \cdot 10^{-8}$
1 Wattsek. =	$1{,}0005 \cdot 10^{7}$	1	$2{,}39 \cdot 10^{-1}$	$9{,}874 \cdot 10^{-3}$	$1{,}02 \cdot 10^{-1}$
1 Kalòrie =	$4{,}186 \cdot 10^{7}$	4,184	1	$4{,}131 \cdot 10^{-2}$	$4{,}27 \cdot 10^{-1}$
1 Literatm. =	$1{,}013 \cdot 10^{9}$	$1.013 \cdot 10^{2}$	$2{,}42 \cdot 10$	1	$1{,}03 \cdot 10$
1 mkg =	$9{,}81 \cdot 10^{7}$	9,80	2,34	$9{,}678 \cdot 10^{-2}$	1
R =	$8{,}313 \cdot 10^{7}$	8,309	1,986	$8{,}2 \cdot 10^{-2}$	$8{,}48 \cdot 10^{-1}$

28. Arten von Prozessen; Kreisprozesse

Denken wir uns ein System durch V, λ, T gekennzeichnet, so können sich bei einer Zufuhr von Wärme zum System alle drei Variablen ändern. Das wird ohne besondere Vorsichtsmaßnahmen auch eintreten. Jedoch können wir durch geeignete Wahl der experimentellen Bedingungen dafür sorgen, daß sich jeweils nur e i n e dieser Variablen verändert.

Damit V sich nicht ändert, schließen wir z. B. das System in absolut feste Wände ein, konstantes λ erfordert Ausschaltung jeder chemischen Reaktion (also spezielle Wahl der Bestandteile des Systems) und die Temperatur läßt sich dadurch konstant halten, daß man jeweils durch eine wärmeleitende Schleuse (Metallblech in der sonst nicht wärmeleitenden Wand) soviel Wärme zu- oder abführt, daß ein im System hängendes Thermometer dauernd die gleiche Temperatur anzeigt.

Die entsprechenden Vorgänge, die bei Konstanthaltung einer Variablen dann noch möglich sind, haben bestimmte Namen. Man nennt einen Vorgang

bei konstantem Volumen *isochor*,
bei konstanter Temperatur *isotherm*,
bei konstantem Druck *isobar*.

Denkt man jeden Wärmeaustausch verhindert, so spricht man von einem *adiabatischen* Vorgang.

Eine besonders einfach zu behandelnde Art von Prozessen sind die *Kreisprozesse*, die dadurch gekennzeichnet sind, daß mit dem System zwar nacheinander eine ganze Serie von Zustandsänderungen durchgeführrt wird (und bei denen Wärme- oder Arbeitsaustausch mit der Umgebung durchgeführt wird oder nicht), die jedoch schließlich das System wieder genau in den Ausgangszustand zurückführen. Die Wärme- und Arbeitseffekte, die als Resultat eines solchen Kreisprozesses auftreten, sind das einzige, worum man sich zu kümmern braucht, da das System selbst laut Voraussetzung keine Veränderung seines Zustandes erlitten hat.

29. Aufteilung der Wärmeeffekte

Ebenso wie es möglich ist, eine Variable konstant zu halten, läßt sich auch die alleinige V e r ä n d e r u n g einer einzigen (willkürlich ausgesuchten) Variablen experimentell realisieren.

1. Führt man dem System Wärme zu und läßt nur T-Änderungen zu, so erhöht sich lt. experimentellem Befund die Temperatur *(Temperatur-Wärme)*. Näheres: S. 47.
2. Hält man V, T konstant, so kann Wärmezufuhr nur eine Änderung von λ hervorrufen. (Diese Wärmezufuhr ist also n i c h t von T-Änderung begleitet.) Ein Beispiel wäre die teilweise Verdampfung einer Flüssigkeit, welche lt. experimentellem Befund ohne T-Änderung erfolgt. Solche Wärmen heißen „latente" Wärmen,

in diesem Spezialfall der λ-Änderung auch *Reaktions-Wärmen.* (Näheres: S. 85.)

3. Verhindert man Reaktion und T-Änderungen, so bleibt als Effekt einer Wärmezufuhr zum System nur eine Volumänderung zu erwarten. Man spricht dann von *latenter Volumwärme* (latent wieder wegen der nicht eintretenden T-Änderung). Die Volumänderung ist natürlich gleichzeitig Anlaß zu einem Arbeitsumsatz.

30. Aufteilung der Arbeitseffekte

Auch den Arbeitsaustausch kann man unter Veränderung von jeweils nur e i n e r der Zustandsvariablen (z. B. V, λ, T) durchführen:

1. Soll nur V verändert werden (bei λ = konstant und T = konstant), so spricht man von *Volumenarbeit.* (Näheres: folgender Abschnitt.)
2. Ist der Arbeitsaustausch nur durch den Ablauf einer Reaktion bedingt, ohne daß sich V und T ändern, so sprechen wir von *Reaktionsarbeit* oder *chemischer Arbeit.* Diese chemische Arbeit läßt sich z. B. an der Reaktion

$$Zn + CuSO_4 \rightarrow Cu + ZnSO_4$$

bei geeigneter Anordnung (konstantem Volumen und elektrischen Ableitungen) direkt als elektrische Arbeit sichtbar machen. *Ob eine chemische Arbeit beobachtbar ist, hängt aber ganz von der gewählten Versuchsanordnung ab!* In unserem Beispiel kann man sie n i c h t beobachten, wenn man einen Zn-Stab direkt in $CuSO_4$-Lösung taucht. Trotzdem ist sie für jede Reaktion eine sehr wichtige, ja ausschlaggebende Größe. Nur ist ihre *Meßbarkeit* an bestimmte Voraussetzungen gebunden (reversible Durchführung der Reaktion! Siehe S. 79.)

3. Der Fall, daß Arbeitsaustausch nur eine Temperaturänderung bewirkt, ohne daß sich V bzw. λ ändern, ist nicht bekannt. *Eine „Temperaturarbeit" gibt es daher nicht.*

31. Volumenarbeit

Ihre Größe läßt sich formelmäßig leicht angeben, wenn wir als System beispielsweise eine Gasmenge in einem Zylinder mit beweglichem Kolben betrachten (vgl. Fig. 1).

Der Kolben bleibt nur dann an einer Stelle im Gleichgewicht, wenn der vom Gas ausgeübte Innendruck p durch eine von außen wirkende gleichgroße Gegenkraft K aufgehoben wird. In dem einfachen Fall, daß $p = 1$ Atm. ist, wird diese Gegenkraft von der umgebenden Atmosphäre geliefert. Stellt man den Zylinder in ein Vakuum, so muß dem beliebigen Druck p des Gases anderweitig das Gleichgewicht gehalten werden. Eine Bewegung des Kolbens, also eine Volumenänderung, erfordert immer die Überwindung einer dieser gegeneinander gerichteten Kräfte, nämlich bei Ausdehnung des Gases Überwindung der von außen wirkenden Kraft, bei Kompression Überwindung des Druckes p des Gases. Will man das Volumen des Gases ändern, so muß also immer mechanische Arbeit (= Kraft mal Weg) umgesetzt werden.

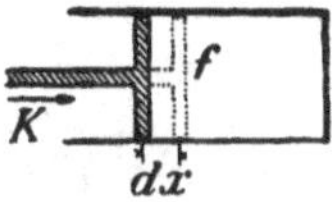

Fig. 1

Eine Volumenänderung kann nun auf verschiedene Weise vorgenommen werden. Einwirkung einer verhältnismäßig großen Kraft von außen komprimiert das Gas augenblicklich, wobei eine Temperaturerhöhung erfolgt, wie man an jeder Fahrradpumpe beobachten kann. Die aufgewandte mechanische Energie wird also in Wärmeenergie umgewandelt, was kinetisch so zu deuten ist, daß die schnelle Bewegung des Kolbens Wirbel in dem Gase hervorruft, deren kinetische Energie sich im Laufe der Zeit in ungeordnete Bewegung der Molekeln, also in Wärme umsetzt. Eine schnelle Ausdehnung bewirkt analog eine Abkühlung des Gases.

Bei sehr langsamer Kompression, also Einwirkung einer nur kleinen Kraft, unterscheiden sich Außen- und Innendruck zu jedem Zeitpunkt nur außerordentlich wenig. Es ist daher jederzeit möglich, durch Wegnahme der kleinen drückenden Kraft das Ausgangsvolumen wieder herzustellen. Hier liegt also ein *reversibler* Vorgang vor, im Gegensatz zur schnellen Kompression, welche *irreversibel* verläuft, da die durch Wirbelbildung verbrauchte mechanische Energie nicht wieder zurückgewonnen werden kann.

Wir betrachten nun irgendeinen Augenblick des reversiblen Vorganges, nämlich den Fall, daß der Kolben durch eine Kraft K nur um eine sehr kleine Wegstrecke dx bewegt wird. Die Kraft, welche längs dieses Weges zu überwinden ist, ist gegeben durch den Druck p des Gases. Dieser wirkt auf die Fläche f des Kolbens und sucht ihn nach links (Fig. 1) zu verschieben. Ein Druck ist nun definiert als Kraft pro cm^2, also muß auf dem Wege dx die Kraft $p \cdot f$ überwunden werden. Die dem System zugeführte Arbeit dA, die infolge des nur unendlich kleinen Weges dx ebenfalls nur unendlich klein ist, beträgt also $dA = p \cdot f \cdot dx$. Das Produkt $f \cdot dx$ stellt nun aber die Volumenänderung dV dar, welche das Gas bei der Kompression erleidet. Ist die Volumenänderung positiv, d. h. vergrößern wir das Volumen von V auf $V + dV$, so verliert das System mechanische Energie, d. h. A ist negativ. dA und dV besitzen also immer entgegengesetzte Vorzeichen, was wir dadurch ausdrücken, daß wir schreiben:

(12) $dA = -p \cdot dV$ (dV = *Endvolumen-Anfangsvolumen*).

Diese wichtige Beziehung gilt nicht nur für Gase, sondern für alle Stoffe und ist auch unabhängig von der hier angenommenen Zylinderform des Behälters.

Die unendlich kleinen Größen dx und dA bezeichnet der Mathematiker als Differentiale.

32. Endliche Volumenänderung

Erfolgt statt einer sehr kleinen eine endlich große Volumenänderung, so muß man beachten, daß im Falle idealer Gase nach dem Gesetz von Boyle-Mariotte ($p \cdot V =$ konst.) der Druck vom jeweiligen Volumen abhängig ist. In das Produkt $p \cdot dV$ ist also jeden Augenblick ein anderer Druck einzusetzen; aus allen diesen unendlich kleinen Schritten ergibt sich dann die gesamte geleistete Arbeit als Summe. Wählt man die dV alle gleich groß, so ist also

$$A = p_1 \cdot dV + p_2 \cdot dV + p_3 \cdot dV + \ldots = \sum p_i \cdot dV \cdot$$

Graphisch stellt das Gesetz von Boyle-Mariotte eine Hyperbel dar (s. Fig. 2). Die Produkte $p \cdot dV$ werden in einem p, V-Diagramm dargestellt durch die Fläche eines Rechtecks der Höhe p und der Breite dV. Die Summe $A = \Sigma\, p_i \cdot dV$ ist die Summe aller dieser Rechtecke, also gleich dem Flächenstück unterhalb der Hyperbel bis zur V-Achse zwischen den V-Werten V_1 und V_2. Die Größe A wird durch diese Summe um so genauer festgestellt, je kleiner dV gewählt wird. Geht dV gegen Null, so ist das Ergebnis exakt. Man drückt das dadurch aus, daß man statt des Summenzeichens $\sum$ das „Integralzeichen" $\int$ schreibt und die Volumengrenzen vermerkt:

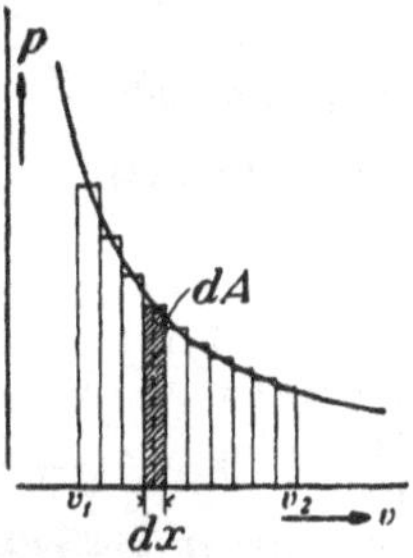

Fig. 2

$$A = -\int_{V_1}^{V_2} p \cdot dV \cdot \tag{13}$$

Für die Auswertung solcher Integrale gelten die von der Mathematik abgeleiteten allgemeinen Formeln (vgl. Bürklen-Ringleb: Mathem. Formelsammlung; Samml. Göschen Bd. 51).

Im Fall idealer Gase kann man p mit Hilfe der Zustandsgleichung $pV = n \cdot RT$ durch V ausdrücken: $p = \frac{n \cdot RT}{V}$ und erhält $A = -n \cdot RT \int_{V_1}^{V_2} \frac{dV}{V}$. Nach den Regeln der Integralrechnung ist dann

$$\boxed{A_{rev} = n \cdot RT \cdot ln \frac{V_1}{V_2}} \tag{14}$$

worin „ln" den natürlichen Logarithmus mit der Basis

$e = 2{,}71828\ldots$ bedeutet. Diese wichtige und häufig benutzte Formel stellt also die mechanische Arbeit dar, die bei *isothermer und reversibler* (daher der Index „*rev*" an *A*) *Volumenänderung von idealen Gasen* umgesetzt wird.

Das Vorzeichen von *A* wird durch dasjenige von $ln \frac{V_1}{V_2}$ bestimmt, da alle übrigen Größen immer positiv sind, während die Logarithmen kleinerer Zahlen als 1 negativ, die aller übrigen Zahlen positiv sind. Für Kompression ist das Ausgangsvolumen V_1 größer als das Endvolumen V_2, also $\frac{V_1}{V_2} > 1$. $ln \frac{V_1}{V_2}$ ist dann positiv, also auch *A*. Das stimmt mit unserer Festsetzung auf S. 35 überein, nach der dem System zugeführte Energien positiv zu rechnen sind. Bei Ausdehnung von Gasen von V_1 auf V_2 mit $V_1 < V_2$ ist $ln \frac{V_1}{V_2}$ negativ, also auch *A*.

33. I. Hauptsatz für Kreisprozesse, Energie

An Kreisprozessen kann man ein grundlegendes Gesetz über den Arbeits- und Wärmeaustausch besonders einfach studieren, das das Verhältnis von Arbeit und Wärme zueinander klärt. Eine ganze Reihe solcher Kreisprozesse hat Joule durchgemessen und unter anderem den sogen. „Rührkreisprozeß" untersucht. Das System besteht aus einer Wassermenge in einem mit mechanisch angetriebenem Rührer versehenen Behälter. Durch Betätigung des Rührers führt man dem System Arbeit zu. Als Ergebnis findet man experimentell eine Temperaturerhöhung des Systems (also des Wassers). Um das System am Ende des Prozesses wieder auf die Ausgangstemperatur zu bringen, muß man die offenbar entstandene Wärme an die Umgebung abführen. Es wird also in diesem Rührkreisprozeß Arbeit in Wärme verwandelt. Das bemerkenswerte Ergebnis von Joule und von ungezählten anderen ähnlichen Untersuchungen war, daß *eine bestimmte Arbeitsmenge immer genau die gleiche Wärmemenge* ergibt, gleichgültig wie man den Kreisprozeß zur Umwandlung der Arbeit in Wärme experimentell gestaltet. Das heute genau bekannte Verhältnis ist

$$1\ cal = 0{,}4269\ mkg.$$

Es wird *mechanisches Wärmeäquivalent* genannt und dient zur Umrechnung von Arbeit in Wärmeeinheiten und umgekehrt. Zur Umrechnung der Einheiten ineinander dienen die Angaben der Tab. 1 (Seite 36).

Dies Ergebnis über die Äquivalenz von Arbeit und Wärme ist allgemeingültig. Man hat niemals eine Ausnahme davon gefunden und faßt daher Arbeit und Wärme zu einem Oberbegriff *Energie* zusammen. Damit kann man folgende (gleichwertige) Formulierungen dieses allgemeinen Naturgesetzes angeben, das man als *I. Hauptsatz der Thermodynamik* bezeichnet:

1. Bei einem Kreisprozeß ist es *nicht möglich, Energie aus Nichts zu erzeugen. Es finden immer nur Umwandlungen der Energieformen statt. (Prinzip der Erhaltung der Energie* bei Kreisprozessen; Energiesatz.) Gilt auch für Nicht-Kreisprozesse!
2. Mathematisch: Bezeichnen wir Arbeitsmengen mit A und Wärmemengen mit Q und beachten die Vorzeichen-Definition von S. 35, so kann man schreiben:

$$\sum_{\circ} A + \sum_{\circ} Q = 0$$

In Worten: *Die Summe aller Arbeits- und Wärmebeträge, die im Laufe eines Kreisprozesses ausgetauscht werden, ist gleich Null.*

Dabei sind natürlich alle Energien in einheitlichem Maß anzugeben, also z. B. die Arbeitsgrößen in cal, wenn die Q in cal gemessen wurden.

34. Innere Energie als Zustandsfunktion

Der I. Hauptsatz für Kreisprozesse läßt sich leicht auf beliebige Vorgänge erweitern. Zu diesem Zweck zeichnen wir die Zustandsänderungen des Systems während eines beliebigen Kreisprozesses auf, indem wir z. B. die Veränderungen des Volumens V und der Temperatur T in ein Koordinatensystem eintragen (Fig. 3). Jeder Punkt der T, V-Ebene entspricht dabei einem bestimmten Wertepaar von Volumen und Temperatur und die durch die geschlossene Linie dargestellten Zustandsänderungen soll unser System nacheinander in der Pfeilrichtung durchlaufen, bis der Anfangszustand („Start") wieder erreicht ist.

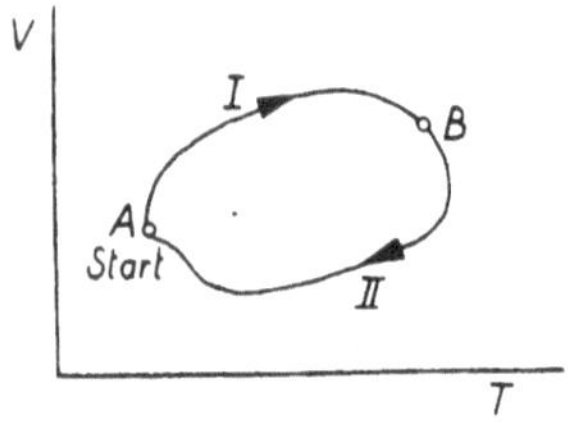

Fig. 3

Für diese Umsätze an Arbeit und Wärme muß dann gelten

$$\sum_{\circ} A + \sum_{\circ} Q = 0$$

Greifen wir jetzt einen beliebigen Zustandspunkt B heraus, den das System während des Kreisprozesses berührt, so kann man die obige Gleichung aufteilen in

$$(15)\qquad I\sum_{A}^{B} A + I\sum_{A}^{B} Q + II\sum_{B}^{A} A + II\sum_{B}^{A} Q = 0$$

Denken wir nun den Teilweg II des Kreisprozesses in umgekehrter Richtung durchlaufen, so werden auch jeweils die Arbeits- und Wärmeumsätze das umgekehrte Vorzeichen bekommen. Also wird gelten

$$-II\sum_{A}^{B} A = II\sum_{B}^{A} A \quad \text{und} \quad II\sum_{B}^{A} Q = -II\sum_{A}^{B} Q.$$

Durch Einsetzen in Gleichung (15) folgt dann

$$I\sum_{A}^{B} A + I\sum_{A}^{B} Q = II\sum_{A}^{B} A + II\sum_{A}^{B} Q,$$

was man vereinfacht auch schreiben kann:

$$I\sum_{A}^{B}(A + Q) = II\sum_{A}^{B}(A + Q),$$

d. h., die Summe über alle Arbeits- und Wärmeumsätze ist auf Weg I und Weg II (beide von A nach B durchlaufen) die gleiche. Da die beiden Wege I und II völlig willkürlich gewählt sind, gilt dasselbe für j e d e n Weg.

Die Σ *(A+Q)* ist also nur von den E n d punkten *A* und *B* abhängig, nicht vom Wege. Man kann daher auch sagen: Die Zustandspunkte *A* und *B* unterscheiden sich um ein ganz bestimmtes $\Sigma(A+Q)$. Ordnet man also einem einzigen Zustandspunkt einen willkürlich wählbaren Zahlenwert (z. B. Null) zu, so liegen die Werte von *$\Sigma(A+Q)$ für jeden anderen Zustandspunkt e i n d e u t i g* fest. Σ *(A+Q)* ist also (bis auf eine willkürliche Konstante) eine Zustandsfunktion. Man bezeichnet diese Funktion zweckmäßig mit einem neuen Buchstaben *U* und nennt sie die *Innere Energie* des Systems. Die genaue Definition würde heißen:

$$\sum_A^B (A+Q) \equiv U_B - U_A \equiv \Delta U_{AB}$$

Für die Zwecke der Thermodynamik kommt man immer mit Differenzen von *U* zwischen zwei Zustandspunkten oder kürzer zwischen zwei „Zuständen" des Systems aus. Daher ist die Festlegung des Nullpunktes für die *U*-Zählung unwichtig.

Da diese Definition der Inneren Energie unter wesentlicher Benutzung des I. Hauptsatzes für Kreisprozesse gewonnen wurde, kann man die Definitionsgleichung als kürzesten Ausdruck für den Energiesatz benutzen, etwa in der abgekürzten Form

$$\Delta U = \Delta A + \Delta Q,$$

d. h. eine Änderung ΔU der Inneren Energie *U* kann nur durch Arbeitsumsatz ΔA und Wärmeumsatz ΔQ zustande kommen. Verschwindet z. B. Arbeit oder Wärme im System, so kann sie nur als Innere Energie „gespeichert" worden sein, umgekehrt kann eine vom System gelieferte (abgegebene) Arbeits- oder Wärmemenge nur dem Vorrat des Systems an Innerer Energie entstammen. Wir können also die *Innere Energie als neue Energieform* auffassen.

Für ganz kleine Zustandsänderungen eines Systems wird man nur differentiell kleine Energieumsätze zu erwarten haben. Dann schreibt man

$$\boxed{dU = \delta A + \delta Q.}$$

Das „d" bedeutet, genau wie in der Mathematik, daß dU ein „vollständiges" Differential ist, d. h. einer eindeutigen Funktion der Zustandsvariablen zugehört. Wählen wir als Variable V, λ, T, so ist nach den Vorschriften der Mathematik das vollständige Differential dU gegeben durch

$$dU = \frac{\partial U}{\partial V} dV + \frac{\partial U}{\partial \lambda} d\lambda + \frac{\partial U}{\partial T} dT,$$

wobei die runden „∂" in üblicher Weise die partiellen Differentialquotienten der Funktion $U(V, \lambda, T)$ andeuten sollen.

A und Q sind im Gegensatz zu U keine Zustandsfunktionen. Ihre Einzelwerte hängen entscheidend auch vom durchlaufenen Wege ab. Daher müssen kleine Umsätze in A und Q mit einem anderen Zeichen, dem „δ", benannt werden. $\frac{\delta Q}{dT}$ ist also kein Differentialquotient nach den Regeln der Mathematik, sondern ein Quotient aus zwei endlichen, allerdings sehr kleinen Größen.

35. Innere Energie idealer Gase

Als Beispiel der Anwendung des I. Hauptsatzes betrachten wir die reversible Volumänderung eines idealen Gases. Bei Ausdehnung gegen den Druck p gibt das System die Arbeit $A = -\int_{V_1}^{V_2} p \cdot dV$ ab. Man kann nun die Ausdehnung auch gegen den Druck $p = 0$, d. h. in ein Vakuum hinein (z. B. durch Öffnen eines Hahnes) vornehmen. Dann ist der Arbeitsumsatz $\Delta A = 0$, weil kein Widerstand zu überwinden ist. Nun nehmen wir weiter eine experimentelle Erfahrung von Gay-Lussac hinzu. Er beobachtete, daß *bei der Ausdehnung einer Gasmenge ins Vakuum* hinein *keine Temperaturänderung* erfolgt. Das bedeutet, daß das Gas weder Wärme von außen aufnimmt noch nach außen abgibt ($\Delta Q=0$). Mit $\Delta A=0$ und $\Delta Q=0$ folgt dann aus dem I. Hauptsatz auch $\Delta U=0$. Das Volumen der Gasmenge hat sich nun aber geändert (während die Temperatur konstant geblieben ist), d. h.

die Innere Energie idealer Gase ist vom Volumen unabhängig. In mathematischer Schreibweise:

$$\left(\frac{\partial U}{\partial V}\right)_T = 0 \quad (\text{für ideale Gase}). \tag{16}$$

Die kinetische Theorie erklärt dies Verhalten folgendermaßen: Die innere Energie des Gases besteht teils aus der kinetischen Energie der Teilchen infolge ihrer Zickzackbewegung, teils aus Energie, die den Teilchen selbst innewohnt (z. B. Schwingungen oder Rotationen der Atome in den Molekeln). Nach der Gleichung $E_{kin} = (3/2) \cdot RT$ ist die kinetische Energie nicht vom Volumen abhängig, sondern nur von der Temperatur. Die Energie im Inneren einer Molekel ist nun ebenfalls vom Volumen unabhängig, da in einem idealen Gas die Teilchen derart weit voneinander entfernt sind, daß sie sich nicht gegenseitig beeinflussen. Die Summe beider Anteile der Inneren Energie kann also nur von der Temperatur, nicht aber vom Volumen abhängen.

36. Wärmekapazität, spezifische Wärmen

Wie hoch bei Zufuhr einer gegebenen Wärmemenge die Temperatur eines gerade betrachteten Systems steigt, hängt nach den experimentellen Erfahrungen von der Größe und der stofflichen Zusammensetzung des betreffenden Systems ab. Wir definieren die *für 1° C Temperaturerhöhung erforderliche Wärmemenge* als *Wärmekapazität des Systems.*

Am einfachsten liegen die Verhältnisse bei einem homogenen Einstoffsystem (z. B. 13 g flüssiges Wasser). Es zeigt sich, daß die Temperaturerhöhung umgekehrt proportional der Stoffmenge im System ist, daß also 1° Temperaturerhöhung durch um so mehr Wärme bewirkt wird, je höher die Stoffmenge im System ist. (Die Wärme verteilt sich dann auf mehr Moleküle.) Vergleicht man Systeme aus jeweils 1 Gramm verschiedener Stoffe, so ergibt sich 1° Temperaturerhöhung durch immer andere Wärmemengen. Man bezeichnet die zur Erzielung von 1° Temperaturänderung in 1 g reinem Stoff erforderliche Wärmemenge als *spezifische Wärme c*. Sie ist also eine Stoffkonstante.

Auf Grund dieser Erfahrung hat man auch die Einheit der Wärmemenge durch die spezifische Wärme des Wassers festgelegt. Auf Wasser fiel die Wahl deswegen, weil es leicht zugänglich und leicht zu reinigen ist, sowie außerdem die höchste spezifische Wärme besitzt, daher liegen alle spezifischen Wärmen unterhalb 1.

Ähnlich wie man auf 1 g bezieht, kann man auch als Stoffmenge jeweils 1 Mol wählen und spricht dann von der Molwärme eines Stoffes. Beide Größen werden mit c bezeichnet, da Mißverständnisse schlecht möglich sind.

Die spezifischen Wärmen sind weiterhin verschieden groß, je nachdem wir zur Kennzeichnung des Zustandes unseres Systems V, λ, T oder p, λ, T als Variable wählen. Im ersten Fall geben wir die Wärmemenge Q bei konstantem Volumen ins System und beobachten die Temperaturerhöhung, im zweiten Fall muß p konstant gehalten werden (λ-Änderungen sind in beiden Fällen definitionsgemäß verboten). Die experimentellen Zahlenwerte sind in den beiden Fällen unterschiedlich und daher kennzeichnet man die spezifische Wärme bei $V =$ konst. als c_v und diejenige bei $p =$ konst. als c_p. Die entsprechenden Wärmekapazitäten eines ganzen (beliebig gearteten) Systems sollen mit C_v bzw. C_p bezeichnet werden.

Zur *mathematischen Formulierung* wenden wir den I. Hauptsatz an:

$$dU = \delta A + \delta Q.$$

U ist Funktion von V und T (λ-Änderungen sollen nicht eintreten); also gilt mathematisch

$$dU = \frac{\partial U}{\partial V} \cdot dV + \frac{\partial U}{\partial T} dT.$$

Da das *Volumen* konstant gehalten wird, ist $dV=0$, d. h. $\delta A=0$ und durch Gleichsetzung beider rechter Seiten folgt

$$\delta Q \equiv \left(\frac{\partial U}{\partial T}\right) \cdot dT.$$

Die Wärmemenge δQ erzeugt dT° Temperaturänderung, also wird 1° Temperaturänderung hervorgerufen durch $c_v \equiv \delta Q/dT$ Kalorien. Somit kann man auch schreiben

$$\boxed{c_v = \frac{\delta Q}{dT} = \left(\frac{\partial U}{\partial T}\right)_v}$$

d. h. *die spezifische Wärme bei konstantem Volumen ist gleich der Änderung der Inneren Energie mit der Temperatur.*

Man kann nun — im besonderen auch bei unserem im Zylinder der Fig. 1, S. 39 eingeschlossenen Gasvolumen — die Wärmezufuhr derart vornehmen, daß der *Druck p konstant* bleibt, während sich das Volumen dabei dann ändert. In diesem Fall wird nicht die gesamte zugeführte Wärme Q zur Erhöhung der inneren Energie (also der Temperatur) beitragen, da infolge der Volumenänderung die mechanische Arbeit $-\int_{V_1}^{V_2} p \cdot dV$ umgesetzt wird. Die spezifische Wärme bei konstantem Druck $c_p \equiv \delta Q/dT$. unterscheidet sich daher von c_v; und zwar ist meist $c_p > c_v$, da die meisten Stoffe sich bei Temperaturerhöhung ausdehnen, das System im Fall p = konst. also mechanische Arbeit abgibt. Um die gleiche Temperaturerhöhung des Systems zu erhalten, muß man also bei konstantem Druck mehr Wärme hineinstecken als bei konstantem Volumen.

Die Arbeit A ist für den Fall konstanten Drucks besonders einfach zu berechnen. Sie ist einfach gleich $p(V_1 - V_2)$, wo V_1 das Anfangsvolumen und V_2 das Endvolumen bedeutet. Es gilt also für Temperaturänderungen bei konstantem Druck $\delta Q = c_p \cdot dT$; $\delta A = -p \cdot dV$; $dU = \delta Q + \delta A = c_p \cdot dT - p \cdot dV$.

Für ideale Gase kann man, da $p \cdot (V_1 - V_2)$ aus der Zustandsgleichung berechenbar ist, einen einfachen und wichtigen Zusammenhang zwischen c_p und c_v angeben, der also für alle Gase der gleiche ist. Wir betrachten die Änderungen der Inneren Energie, die eintreten, wenn man die Wärmemenge δQ einmal bei konstantem Volumen und einmal bei konstantem Druck zuführt. Die Änderung der Inneren Energie ist bei idealen Gasen in beiden Fällen die gleiche, da der einzige Unterschied in der Volumänderung besteht und nach Gl. (16) S. 47 die Innere Energie idealer Gase vom Volumen unabhängig ist. Bei konstantem Volumen ist die Änderung der Inneren Energie $dU_1 = c_v \cdot dT$, im zweiten Fall ist $dU_2 = c_p \cdot dT - p \cdot dV$. Da nun die Volumänderung dV auf Grund der eingetretenen Temperaturänderung dT erfolgt ist, muß nach der Zustandsgleichung der idealen Gase gelten: $p \cdot dV = R \cdot dT$. Also wird $dU_2 = c_p \cdot dT - R \cdot dT$. Da $dU_1 = dU_2$ ist, gilt also $c_v \cdot dT = c_p \cdot dT - R \cdot dT$ oder vereinfacht $c_v = c_p - R$, woraus durch Umformung erhalten wird

$$\boxed{c_p - c_v = R} \qquad \textit{(für ideale Gase).}$$

37. Kinetische Theorie der spezifischen Wärmen von Gasen

Für Gase hat man experimentell die in Fig. 4 wiedergegebenen Werte der spezifischen Wärmen bei konstantem Volumen in Abhängigkeit von der Temperatur gefunden. Die Figur zeigt, daß der Zahlenwert von c_v (je Mol) einerseits von der Temperatur und andererseits im wesentlichen von der Atomzahl der betrachteten Molekel abhängt. Da wir für die Temperatur schon eine kinetische Vorstellung entwickelt haben, muß der Tatbestand der Fig. 4 sich kinetisch deuten lassen.

Wenn die Temperaturänderung eines Gases sich in einem Wechsel der kinetischen Energie E_{kin} der Molekeln

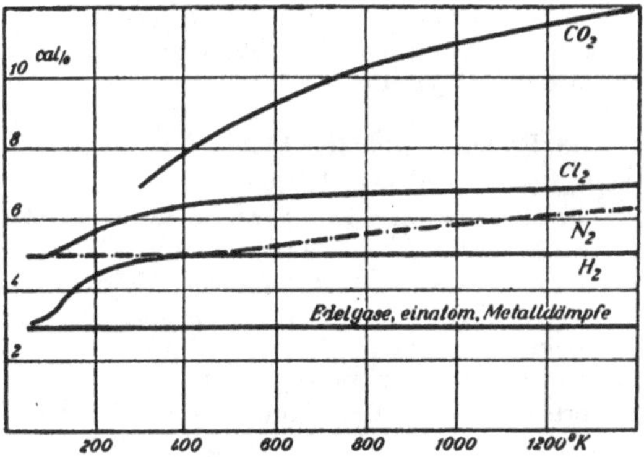

Fig. 4

auswirkt, wie dies nach der Formel $E_{kin} = \frac{3}{2} RT$ zu erwarten ist, so hätte man bei 1° Temperaturänderung eine Erhöhung der E_{kin} um $\frac{3}{2}$ *R cal* zu fordern. Da $R = 1{,}986 \approx 2$ *cal* ist, muß in einem solchen Fall $c_v = \frac{3}{2} \cdot 2 = 3$ *cal/o* werden, und zwar unabhängig von *T* selbst. Experimentell findet man tatsächlich diesen Wert bei einatomigen Gasen, wie Fig. 4 zeigt. Man entnimmt der Figur ferner, daß dieser Wert der kleinste vorkommende ist, also jedes andere (vor allem höheratomige) Gas eine höhere spezifische Wärme besitzt. Der höhere Energiebetrag wird also in diesen Fällen nicht n u r zur Steigerung der E_{kin} der Teilchen und damit der Temperatur (nach der kinetischen Vorstellung) verwendet, sondern wird auf andere Weise in dem Gas „gespeichert". Solche anderen *Speicherungsmöglichkeiten* sind die bei mindestens 2-atomigen Molekeln auftretenden *Schwingungen* der Atome gegeneinander innerhalb der Molekel, sowie die *Rotation* der einzelnen Molekeln um sich selbst. Zur Anregung dieser Bewegungen ist zwar Energie erforderlich, jedoch bewirken sie keine Steigerung der kinetischen Stoßenergie der Teilchen und damit der Temperatur.

38. Freiheitsgrade der Molekelbewegung

Natürlich ist es möglich, die Art und Anzahl der möglichen Schwingungen und Rotationen einer Molekel abzuzählen. Eine solche Abzählung nützt jedoch erst dann etwas (in der Theorie der spezifischen Wärmen), wenn man weiß, wieviel Energie die einzelnen Bewegungsformen speichern können. Hierzu verhilft eine genauere Analyse der auftretenden Bewegungen.

Die fortschreitende Bewegung eines Teilchens der Masse ist energetisch durch seine $E_{kin} = \frac{m}{2} w^2$ gekennzeichnet. Man muß also die Geschwindigkeit w des betr. Teilchens kennen, um seine Temperatur und damit seine E_{kin} angeben zu können. Nun ist die Geschwindigkeit aber ein Vektor (also eine gerichtete Größe), deren Kennzeichnung erst dann vollständig ist, wenn man außer dem Absolutbetrag auch die Richtung (bezogen auf irgendein räumliches Koordinatensystem) angibt. Ausreichend sind z. B. die Längen der 3 Projektionen des Geschwindigkeitsvektors auf die 3 Achsen eines rechtwinkligen Koordinatensystems, die man als „Komponenten" der Geschwindigkeit bezeichnet. Die 3 Komponenten kennzeichnen also die kinetische Energie des Teilchens vollständig. Man bezeichnet die *Zahl der zur Kennzeichnung nötigen Bestimmungsstücke* als *Freiheitsgrade der* (fortschreitenden) *Bewegung.* Da eine Bevorzugung irgendeines Freiheitsgrades bei der Energiespeicherung (wegen der willkürlichen Lage des Koordinatensystems) nicht einzusehen ist, kann man schließen, daß von der gesamten $E_{kin} = \frac{3}{2} RT$ jeder Freiheitsgrad $\frac{RT}{2}$ speichert, also jeder Freiheitsgrad bei Erhöhung der Temperatur um 1° $\frac{R}{2}$ cal aufnimmt.

Wenn es jetzt gelingt, auch die Freiheitsgrade der verschiedenen Rotationen und Schwingungen der Molekeln anzugeben, so kann man schließen, daß auch diese Freiheitsgrade je $\frac{R}{2}$ cal zur spezifischen Wärme eines Mols Stoff beitragen. Denn auch hier ist eine Bevorzugung in der Art der Freiheitsgrade durch nichts gerechtfertigt, wie die kinetische Theorie streng beweisen kann.

Die *Rotation* einer Molekel um eine im Raum beliebig liegende Achse, läßt sich ähnlich wie die Geschwindigkeit auch durch Angabe der Anteile dieser Rotation in Richtung von 3 senkrecht aufeinander stehenden Koordinatenachsen eindeutig beschreiben. Die Mechanik lehrt, daß dazu am besten die sogen. „Hauptträgheitsachsen" des betr. Teilchens verwendet werden können (s. Fig. 5). Für die Rotation gibt es also auch 3 Freiheitsgrade, die je $\frac{R}{2}$ zur spezifischen Wärme beitragen.

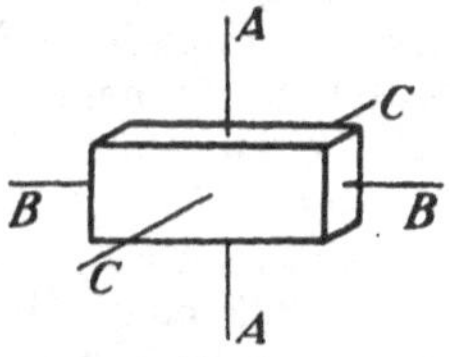

Fig. 5

Zur Abzählung und Kennzeichnung der möglichen *Schwingungen* eines Moleküls aus n Atomen führt der Gedanke, daß die n Atome des Moleküls bei Nichtbestehen der chemischen Bindungen je 3 Freiheitsgrade besitzen (denn sie können einzeln nur Translationen ausführen), und daß die Zahl 3 n dieser Bestimmungsstücke sich nicht vermindern wird, wenn die chemischen Bindungen, also der Molekelverband hergestellt wird. Da nun 3 Freiheitsgrade für die Translation des Moleküls und 3 Freiheitsgrade für die Rotation verbraucht sind, bleiben noch 3 n-6 Freiheitsgrade für die Bestimmung aller möglichen Schwingungsformen übrig. Ein 3-atomiges Molekel hätte daher $3 \cdot 3 - 6 = 3$ Schwingungsfreiheitsgrade. Man wählt für diese Freiheitsgrade die sog. Normalschwingungen aus, die für das H_2O-Molekül in Fig. 6 aufgezeichnet ist.

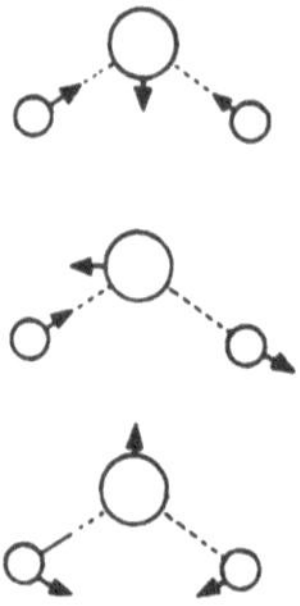

Fig. 6

Eine scheinbare Schwierigkeit tritt nach der Formel für *2-atomige* Teilchen auf, da hier ganz sicher eine und nur eine Schwingungsform vorhanden ist, während die Formel $3 \cdot 2 - 6 = 0$ Schwingungsfreiheitsgrade ergibt. Man stellt jedoch leicht fest, daß eine solche 2-atomige Molekel tatsächlich *nur 2 Rotationsfreiheitsgrade* besitzt. Denn die Rotation um die Verbindungslinie der Atome hat überhaupt kein Trägheitsmoment (oder doch nur ein gleich kleines wie die Rotation eines Atomes um sich selbst es besitzt). Daher kann dieser Freiheitsgrad keine Energie speichern. Damit folgt für alle (auch mehratomigen) gestreckten Molekeln als Formel für die Schwingungsfreiheitsgrade $3n-5$.

Schwingungen speichern nun nicht nur kinetische Energie, sondern auch potentielle Energie, und zwar im Mittel in gleichem Betrage. Bei Verteilung der Energie auf die einzelnen Freiheitsgrade sind *Schwingungsfreiheitsgrade* also *doppelt zu zählen.*

Die Auswertung dieser Gesichtspunkte auf die Theorie der spezifischen Wärmen der Gase führt zu Tabelle 3, deren Vergleich mit Fig. 4 die Übereinstimmung mit dem

Tabelle 3

Atomzahl pro Molekel	Freiheitsgrade translat.	rotat.	C_v (ohne Schwingungen)
1	3	0	(3/2) R = 3 cal
2	3	2	(3/2) bis (5/2) R = 3-5 cal
3 (gestreckt)	3	2	(5/2) R = 5 cal
3 (gewinkelt)	3	3	(6/2) R = 6 cal

Experiment zeigt. Die beobachtete Temperaturabhängigkeit der Molwärme c_v läßt sich durch Beachtung der Tatsache erklären, daß die Energiespeicherung einer Molekel ein Vorgang in atomaren Dimensionen ist, auf welchen zwangsläufig die Gesetze der Quantentheorie anzuwenden sind. Der *grundlegende Satz der Quantentheorie* behandelt nun gerade die Aufnahme von Energie durch Teilchen atomarer Größe. Es mußte von Planck (1900) zur Erklärung der Gesetze der Wärmestrahlung (Umwandlung von Wärme- in Lichtenergie) angenommen werden und lautet:

Führt ein System periodische Bewegungen (Schwingung, Rotation) aus, so kann es Energie nicht in beliebig großen Anteilen, sondern nur in „Quanten“ aufnehmen oder abgeben, deren Größe zu der Frequenz ν der periodischen Bewegung in der Beziehung steht: $\varepsilon = h \cdot \nu$, worin h eine universelle Naturkonstante, das „Plancksche Wirkungsquantum“ bedeutet. h hat den Wert $6{,}627 \cdot 10^{-27}$ erg.sek.

Reicht also die Temperaturbewegung der Teilchen eines Gases n i c h t aus, um durch Stöße eine Schwingung der Frequenz ν anzuregen, so speichert diese Schwingung (oder Rotation) keine Energie. Man sagt dann, dieser Freiheitsgrad sei *eingefroren* oder „nicht angeregt“.

Bei welchen Temperaturen Schwingungen oder Rotationen angeregt werden, hängt von der Art des untersuchten Stoffes ab, nämlich von der Festigkeit der Bindung der Atome bzw. dem Trägheitsmoment des Atomskeletts. Je fester die chemische Bindung ist, um so höher muß die anregende Temperatur liegen, da die Frequenz der Schwingung parallel der „Steifheit“ der Bindung geht. Aus Fig. 4 ist sofort erkennbar, daß N_2 eine festere Bindung als Cl_2 besitzen muß. (Den Massenunterschied der Atome N bzw. Cl muß man natürlich auch berücksichtigen.)

39. Flüssigkeiten

Flüssigkeiten weisen hinsichtlich ihrer spezifischen Wärmen kein so einfach zu formulierendes Verhalten auf wie Gase. Dies ist auch nicht verwunderlich, wenn man bedenkt, daß die gegenseitige Beeinflussung der Flüssigkeitsteilchen, die sich in Schwingungen und Rotationen der Molekeln auswirken kann, sehr vielfältig sein dürfte. Man kann daher für die Energiemengen, welche durch diese zwischenmolekularen Kräfte gespeichert werden können, keine allgemein gültigen Angaben machen.

40. Spezifische Wärme fester Stoffe

Die spezifische Wärme fester Stoffe, die immer bei konstantem Druck gemessen wird, läßt sich indessen durch die kinetische Theorie deuten. Das ist aus dem Grunde möglich, weil wir für den festen Zustand ein allgemein gültiges Modell kennen. Wie schon früher erwähnt wurde (S. 24), besteht die einzige wesentliche Bewegungsmöglichkeit der Bausteine eines Kristallgitters in Schwingungen um eine feste Ruhelage. Nur in diesen Schwingungen kann Energie gespeichert werden.

Denken wir uns, daß im einfachsten Fall alle Gitterbausteine aus Atomen bestehen (feste Elemente) und die Schwingungen harmonisch verlaufen. Zur Festlegung der Bewegung eines Teilchens sind dann drei Bestimmungsstücke notwendig (Oszillation in Richtung von drei senkrechten Achsen); es besitzt drei Freiheitsgrade, die doppelt zu zählen sind, da kinetische und potentielle Energie gleichzeitig gespeichert werden. Sind alle Schwingungen angeregt, was bei hinreichend hohen Temperaturen der Fall sein wird, so sollte in Analogie zu den bei Gasen gemachten Ausführungen die spezifische Wärme (Atomwärme) von 1-atomigen Kristallen $3 \cdot 2 = 3R \approx 6$ cal/Grad betragen. *Dulong* und *Petit* haben auch wirklich gefunden, daß die *Atomwärme vieler Elemente etwa 6,4 cal/Grad* beträgt.

Das ist jedoch ein Zufallsergebnis, denn es gibt, hauptsächlich bei den *leichtesten Elementen*, eine ganze Reihe von Stoffen, welche der Dulong-Petitschen Regel nicht folgen. Das hat seine Ursache darin, daß einerseits die Anregung von Schwingungen von der Bindungsfestigkeit im Gitter abhängt und andererseits in wirklichen festen Stoffen nicht nur harmonische Schwingungen einer einzigen Frequenz, sondern im allgemeinen gestörte Schwingungen der verschiedensten Frequenzen vorliegen. Die Art der Frequenzwerte hängt dabei von den elastischen Eigenschaften der Kristalle ab. Die Bindungsfestigkeit zweier Atome wird um so größer sein, je dichter sich die Teilchen einander nähern können, je kleiner also die Atome sind. Das Diamantgitter des Kohlenstoffs (kleine Bausteine, dichte Packung) besitzt aus diesem Grunde bei Zimmertemperatur einen Wert von $c_p = 1{,}34$ cal/Grad, der also von der Dulong-Petitschen Regel stark abweicht, sich aber bei höherer Temperatur dem Wert von 6 cal/Grad nähert. Man besitzt eine von Debye, Planck und Einstein stammende genaue Theorie der spezifischen Wärmen fester Stoffe, in welcher die obengenannten Gesichtspunkte verarbeitet sind, und die mit den experimentellen Ergebnissen übereinstimmt.

41. Arbeitserzeugung aus Wärme

Auf Seite 42 wurden nur solche Kreisprozesse betrachtet, bei denen Arbeit in eine Wärmemenge umgewandelt wird. Während die Umwandlung Arbeit → Wärme tatsächlich immer möglich ist, stößt man bei dem *Versuch Wärme in Arbeit zu verwandeln,* gelegentlich auf *Schwierigkeiten,* wie einige einfache Beispiele zeigen: Ein fallender Stein, der auf eine Unterlage auftrifft, erwärmt diese infolge des Aufpralls. Die kinetische Energie des Steins wird also in Wärme umgewandelt. Wenn man nun versuchen wollte, umgekehrt durch Erwärmung der Unterlage den Stein wieder in die Höhe zu schnellen (ihm also wieder kinetische Energie zu erteilen), so sieht man sofort ein, daß dies auf keine Weise möglich ist. Hier handelt es sich also um einen Vorgang, der nicht umkehrbar (*irreversibel)* ist. Mittels dieses Prozesses kann also Wärme nicht in mechanische Arbeit umgewandelt werden, obwohl das Umgekehrte ohne weiteres möglich ist.

Man beobachtet weiter, daß ein Wärmetransport zwischen zwei Körpern verschiedener Temperatur immer nur derart vor sich geht, daß die Wärmeenergie des heißeren zum kälteren Stoff wandert. Der umgekehrte Fall, daß der heißere Körper in Kontakt mit dem kälteren nun noch heißer wird, ist nie beobachtet worden. Die *Wärmeleitung* ist also auch ein irreversibler Vorgang.

Ferner sind alle diejenigen Prozesse, bei denen irgendeine Form der *Reibung* auftritt, irreversibel (z. B. Feilstriche, die das bearbeitete Werkstück erhitzen; jedes Lager einer Maschine). Bei allen Reibungsvorgängen wird mechanische Arbeit in Wärme verwandelt, und es ist — wenn man das wollte — nur unter Zuhilfenahme weiterer Vorrichtungen möglich, diese Wärmeenergie wieder in mechanische Arbeit umzusetzen.

Man erkennt aus dem letzten Beispiel, daß praktisch überhaupt keine völlig umkehrbaren (reversiblen) Vorgänge verwirklicht werden können; denn in jeder Vorrichtung befinden sich Stellen, an denen Reibung vorhanden ist. Solche reversiblen Vorgänge sind immer nur ideale Grenzfälle, die wir in Form von *Gedankenexperimenten* bei der Ableitung von Formeln noch häufig verwenden werden. Eine recht gute Annäherung an die Umkehrbarkeit stellen z. B. die *Schwingungen eines Pendels* dar, da hier die Reibung verschwindend klein gehalten werden kann. (Bei Pendelschwingungen wird abwechselnd kinetische Energie in potentielle Energie verwandelt und umgekehrt.)

Die Wärme nimmt unter den Energieformen noch in anderer Hinsicht eine Sonderstellung ein. Man erhält zwar immer aus 0,427 mkg mechanischer Arbeit eine Kalorie, gleichgültig bei welcher Temperatur die Kalorie erzeugt wird. Der Zahlenwert des mechanischen Wärmeäquivalents ist also von der Temperatur unabhängig. Besitzt man jedoch anfangs eine Kalorie, so ist es bezüglich der Effekte, die man mit ihr erzielen kann, keineswegs gleichgültig, bei welcher Temperatur die Kalorie zur Verfügung steht. Will man z. B. ein Gramm Wasser von 50° C auf 51° C erwärmen, so ist das mit einer bei 100° oder gar bei 1000° vorliegenden Kalorie ohne weiteres möglich, mit einer bei 0° C gegebenen Kalorie jedoch nicht. *Was man mit einer Wärmemenge anfangen kann, hängt also ganz von der Temperatur ab, bei der sie gegeben ist.*

42. II. Hauptsatz

Diese allgemeinen Erfahrungen über das Vorhandensein irreversibler Prozesse faßt man in dem II. Hauptsatz der Thermodynamik zusammen, der also Angaben darüber enthält, wann und in welchem Maße eine Umwandlung von Wärmeenergie in Arbeit möglich oder unmöglich ist. Diese Aussage ist notwendig, da der I. Hauptsatz nur angibt, daß *im Falle* einer Umwandlung von Wärme bzw. Arbeit ineinander die Summe beider Energieformen konstant bleiben muß.

Als *Formulierung des II. Hauptsatzes* wählt man meist die von *Planck* herrührende Fassung:

Es ist unmöglich, eine periodisch arbeitende Maschine zu ersinnen, die nichts weiter bewirkt als Abkühlung eines Wärmebehälters und Hebung einer Last. (Prinzip der Unmöglichkeit des Perpetuum II. Art.)

Eine solche Maschine könnte z. B. den ungeheuren Wärmevorrat des Ozeans zum Antrieb einer Schiffsmaschine verwenden, indem sie dem Wasser Wärme entnimmt und diese in mechanische Arbeit für die Fortbewegung des Schiffes umwandelt. Der II.Hauptsatz sagt aber aus, daß es eine solche Vorrichtung nicht geben kann.

43. Irreversible und reversible Kreisprozesse

Als Ergebnis der Betrachtung der obigen Beispiele können wir zwei typisch irreversible Effekte unterscheiden, die also auch bei Kreisprozessen auftreten werden:

1. Absinken von *Wärme von hoher zu tiefer Temperatur* (Wärmeleitung).
2. *Umwandlung von Arbeit in Wärme* einheitlicher Temperatur (z. B. Reibung, Rühren).

Will man möglichst viel von einer gegebenen Wärmemenge in Arbeit verwandeln, so muß man in dem durchzuführenden Kreisprozeß diese beiden typisch irreversiblen Schritte vermeiden. Mit anderen Worten: Der untersuchte Kreisprozeß muß in allen Schritten r e v e r s i b e l sein.

Um die Gesetzmäßigkeiten bei solchen reversiblen Kreisprozessen studieren zu können, verwendet man möglichst einfache Kreisprozesse, wie sie schon von Carnot untersucht wurden. Ein Kreisprozeß, der isotherm arbeitet, kann *nicht* zur Umwandlung von Wärme in Arbeit benutzt werden, denn nach der Formulierung des II. Hauptsatzes von Planck ist gerade diese Umwandlung nicht möglich. Sie widerspricht allen Erfahrungen. Daher muß der fragliche Kreisprozeß bei mindestens zwei Temperaturen Wärme mit der Umgebung austauschen. *Kreisprozesse mit nur zwei Austauschtemperaturen heißen Carnotsche Kreisprozesse.*

44. Carnotscher Kreisprozeß

Wir stecken bei einer Temperatur T_1 eine gegebene Wärmemenge Q_1 in unser beliebig beschaffenes System hinein (man kann als Anhalt für die Vorstellung eine Gasmenge in einem Zylinder mit beweglichen Kolben wählen. Das Gas könnte jedoch für das folgende ebensogut durch eine Flüssigkeit ersetzt werden) und versuchen, *möglichst viel von dieser Wärme in Arbeit umzuwandeln,* aber so, daß schließlich das System wieder seinen Anfangszustand erreicht. Erlaubt soll dabei sein, bei einer tieferen Temperatur T_2 eine Wärmemenge Q_2 wieder abzuführen. Außerdem sollen alle vorkommenden Schritte reversibel sein. (Vgl. auch Fig. 7, S. 65.)

Die Zufuhr von Q_1 zum System kann man nur isotherm, also bei der Temperatur T_1 vornehmen, denn würde das System durch die Wärmezufuhr wärmer, so würde sofort durch (irreversible!) Wärmeleitung zwischen System und Umgebung ein Teil der Wärme wieder zur Umgebung zurückfließen. Um also die Wärmezufuhr reversibel vornehmen zu können, muß Q_1 sofort in eine andere Energieform übergeführt werden. Im Sinn unserer Absicht, Arbeit zu gewinnen, werden wir also durch Ausdehnung des Systemvolumens um einen entsprechenden Betrag das System Arbeit abgeben lassen, genau vom Betrage der zugeführten Q_1 Kalorien. Dies geht durch reversible Ausdehnung des Systems (des Gases) und man hat nun schon die gesamte Wärmemenge Q_1 in Arbeit übergeführt, aber leider hat das Systemvolumen nun durch die Ausdehnung nicht mehr seinen alten Wert. Diese Volumenänderung muß nun unter möglichst wenig Arbeitsaufwand rückgängig gemacht werden, wobei nach S. 60 der Wärmeaustausch bei einer tieferen Temperatur T_2 benutzt werden darf. Wir suchen also die tiefe Temperatur T_2 in einem 2. Schritt zu erreichen, der aber keinen Wärmeaustausch enthalten darf, denn erst wenn T_2 wirklich erreicht ist, darf wieder Wärmeaustausch erfolgen. Der 2. Schritt muß also adiabatisch durchgeführt werden. Eine Temperaturerniedrigung ist möglich, indem wir nochmals expandieren (jetzt adiabatisch!). Hierbei gibt das System nochmals Arbeit an die Umgebung ab, verliert also an Energie, ohne daß von der Umgebung eine Nachlieferung erfolgt, weswegen die Temperatur sinkt. Bei T_2 angekommen, komprimieren wir im 3. Schritt das System isotherm. Hierbei wird eine Wärmemenge Q_2 an die Umgebung abgegeben, die der (von außen dem System zugeführten) Kompressionsarbeit genau gleich ist. Allerdings dürfen wir nicht bis zum Anfangsvolumen des Systems komprimieren, da dann zwar das Volumen, nicht aber die Temperatur den Ausgangswert (T_1) besitzen würde. Wir komprimieren im 3. Schritt nur so weit, daß eine im 4. Schritt erfolgende adiabatische Kompression das System die Ausgangstemperatur T_1 *und* das Ausgangsvolumen erreichen läßt.

Unser reversibler Carnotscher Kreisprozeß hat also zwei isotherme und zwei adiabatische Teilschritte, für welche die Arbeitsbeträge und Wärmeumsätze auszurechnen sind. Dies ist für ein ideales Gas als arbeitendes System ohne weiteres möglich, da man dessen Zustandsgleichung kennt.

45. Eigenschaften reversibler Carnotscher Kreisprozesse

Satz I: *Ein reversibler Carnotscher Kreisprozeß muß einen Arbeitseffekt haben.*

Dies ist nicht selbstverständlich, da man die Forderung des Wärmetransports von höherer zu tieferer Temperatur auch ohne Arbeitsumsatz für möglich halten könnte. Dies ist natürlich möglich, jedoch nur durch den typisch irreversiblen

Vorgang der Wärmeleitung, der in dem reversibel angenommenen Kreisprozeß ausdrücklich verboten ist.

Deswegen müssen Q_1 und Q_2 (vgl. Seite 60/61) verschieden groß sein. Da außerdem der I. Hauptsatz gilt $[\Sigma A + \Sigma Q = 0$ im Kreisprozeß], muß gelten

$$A = -(Q_1 + Q_2)$$

In dem beschriebenen Kreisprozeß (Seite 60) hat Q_1 positives und Q_2 negatives Vorzeichen, ferner ist $T_1 > T_2$ gewählt. Daher wird A nach obiger Gleichung negativ, d. h. das System gibt Arbeit an die Umgebung ab. Dies ist der Typ der „Wärmekraftmaschine", speziell der Dampfmaschine.

Man kann auch den umgekehrten Fall betrachten, daß nämlich in einer „Kraftkältemaschine" Arbeit ins System gesteckt werden muß, um der Umgebung bei der tieferen Temperatur T_2 die Wärmemenge Q_2 zu entziehen (Abkühlung der „Umgebung") und sie bei höherer Temperatur T_1 wieder einer anderen Stelle der Umgebung zufließen zu lassen. Dann ist also

$$A > 0; \; Q_2 > 0; \text{ und } Q_1 < 0.$$

Satz II: *Reversible Carnotsche Kreisprozesse liefern ein Maximum an Arbeit aus einer gegebenen Wärmemenge.*

Der Beweis dieses Satzes ist ein typisches Beispiel für die thermodynamische Schlußweise. Man weist einfach nach, daß die Möglichkeit, mit einem irreversiblen Kreisprozeß *mehr* Arbeit zu erhalten, einen Widerspruch zur Planckschen Formulierung des II. Hauptsatzes ergibt.

Wir denken uns zwischen den Temperaturen T_1 und T_2 zwei Kreisprozesse: einen davon irreversibel (I_{irr}) und einen reversibel (II_{rev}) arbeitend. Wichtig ist ferner die Angabe, daß *beide bei T_2 die gleiche Wärmemenge Q_2 an die Umgebung* abführen.

Nehmen wir jetzt an, daß I_{irr} mehr Arbeit an die Umgebung liefert als II_{rev}. Dann wird als Q_1 in I_{irr} anfänglich (wegen des I. Hauptsatzes) mehr Wärme hineingesteckt als in II_{rev}. Nun kann man die Wärmemenge Q_2, die durch I_{irr} bei T_2 ankommt, mittels des in umgekehrter Richtung durchgeführten II_{rev} wieder auf die höhere Temperatur T_1 befördern, wozu man aber lt. Voraussetzung weniger Arbeit braucht als in I_{irr} entstanden ist.

Es bleibt als Ergebnis vom Ablauf des Prozesses I_{irr} ein Arbeitsbetrag übrig und dafür ist das entsprechende Äquivalent an Wärme (von Q_1 her) verschwunden. Weiter ist in der ganzen Welt nichts passiert, und man könnte nun mit der abwechselnden Durchführung von I_{irr} und II_{rev} (umgekehrt) portionsweise soviel Wärme in Arbeit verwandeln wie man will. Das wäre aber genau das, was nach der Planckschen Formulierung des II. Hauptsatzes aller Erfahrung widerspricht.

Daher kann es keinen irreversiblen Kreisprozeß geben, der mehr Arbeit liefert als ein reversibler.

Gleichviel Arbeit wie ein reversibler Kreisprozeß kann bei einem irreversiblen Kreisprozeß auch nicht erhalten werden, denn dann könnte man ihn ja rückgängig machen, d. h. seinen Effekt umkehren, womit er zu einem reversiblen (= umkehrbaren) Kreisprozeß geworden wäre. Die Voraussetzung der Irreversibilität wäre damit verletzt.

Also bleibt nur der Wortlaut des Satz II als Tatbestand übrig.

Satz III: *Der Effekt eines reversiblen Carnotschen Kreisprozesses ist von der Art des Prozesses und damit vom Arbeitsstoff* (im System) *sowie auch vom Wege* (den die Zustandsänderungen im einzelnen durchlaufen) *unabhängig.*

Der Beweis läßt sich wörtlich von Satz II übertragen, wenn man auch I als reversiblen Kreisprozeß annimmt, sonst ihm aber die gleichen Eigenschaften wie bei Satz II zuschreibt (gleiches Q_2, größerer Arbeitseffekt als bei Prozeß II). Auch hier führt die Annahme von Verschiedenheiten in A, falls sich I und II in Art, Arbeitsstoff oder Weg des Carnotschen Kreisprozesses unterscheiden, zu einem Perpetuum mobile II. Art.

Als Folgerung aus den angeführten Sätzen I bis III schließen wir, daß es *genügt, den Effekt irgendeines* besonders einfachen Carnotschen *Kreisprozesses zu berechnen.* Dann kann man die erhaltene Formel auf alle reversiblen Carnotschen Kreisprozesse übertragen. Diese Rechnung ist für ein ideales Gas als Arbeitsstoff durchführbar.

Dazu muß man jedoch noch das Verhalten eines idealen Gases bei adiabatischer Volumänderung kennen.

46. Gleichung der Adiabaten

Bei einer adiabatisch geleiteten Zustandsänderung darf das System definitionsgemäß keine Wärme mit der Umgebung austauschen. Führen wir mit einem idealen Gas eine adiabatische Zustandsänderung durch, so gilt natürlich der I. Hauptsatz:

$$dU = \delta Q + \delta A.$$

Da keine Wärme mit der Umgebung ausgetauscht werden soll, ist $\delta Q = 0$ und der I. Hauptsatz erhält die Form

$$dU = -p \cdot dV \text{ (wegen } \delta A = -p \cdot dV).$$

Fassen wir nun U als Funktion von V und T auf, so gilt für das vollständige Differential nach den Regeln der Mathematik

$$dU = \frac{\partial U}{\partial V} \cdot dV + \frac{\partial U}{\partial T} \cdot dT$$

In dieser Gleichung ist nun aber nach S. 47 $\left(\frac{\partial U}{\partial V}\right)_T = 0$, da es sich um ideale Gase handelt; ferner ist auf Grund der Definition der spezifischen Wärme c_v auf S. 49 $\left(\frac{\partial U}{\partial T}\right)_v = c_v$. Also können wir für dU auch schreiben $dU = c_v \cdot dT$. Setzt man diesen Wert von dU mit dem aus dem I. Hauptsatz folgenden gleich, so erhält man

$$(17) \quad \boxed{c_v \cdot dT = -p \cdot dV} \quad \textit{adiabatische Zustandsänderung.}$$

Da nun wegen der Zustandsgleichung der idealen Gase $p = RT/V$ ist, folgt weiter

$$c_v \cdot dT + RT \cdot (dV/V) = 0$$

oder

$$dT/T + (R/c_v)\,(dV/V) = 0$$

In dieser Form läßt sich die Gleichung integrieren und es ergibt sich

$$\ln T + (R/c_v)\cdot \ln V = konst.$$

Auf Grund der Rechenregeln für Logarithmen $\ln a + \ln b = \ln(a\cdot b)$ und $n \cdot \ln x = \ln x^n$ läßt sich das auch schreiben

$$T \cdot V^{(R/c_v)} = \text{konst.}$$

Für ideale Gase ist nach S. 48 $R = c_p - c_v$; *wenn wir* noch c_p/c_v *mit* $\varkappa$ bezeichnen, so folgt

$$T \cdot V^{\varkappa - 1} = \text{konst.}$$

Diese Beziehung muß also für jede mit idealen Gasen durchgeführte adiabatische Zustandsänderung erfüllt sein. Es ist die Gleichung der Adiabaten. Mittels der Zustandsgleichung idealer Gase kann man noch T durch p ersetzen: $T = p\cdot V/R$, und es folgt dann

$$\boxed{p \cdot V^{\varkappa} = \text{Konst.}} \quad \textit{(Gleichung der Adiabaten).}$$

Das ist eine Gleichung, die dem Boyle-Mariotteschen Gesetz ganz ähnlich sieht.

47. Carnotscher Kreisprozeß für ideale Gase

In Fig. 7 sind die einzelnen Schritte eines Carnotschen Kreisprozesses im V, T-Diagramm dargestellt. Die Isothermen 12 und 34 sind Waagerechte, während die adiabatischen Teilschritte 23 und 41 der Kurve $T \cdot v^{x-1} = $konst. entsprechen. Da bei jedem Teilschritt Volumänderungen erfolgen, setzt sich die „Arbeitsbilanz" des Prozesses aus 4 Teilbeträgen zusammen:

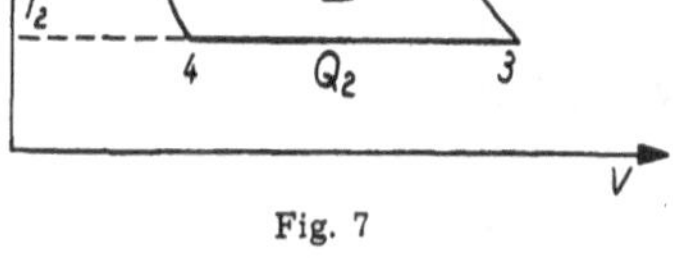

Fig. 7

$$A = A_{12} + A_{23} + A_{34} + A_{41}$$

Die Wärmebeträge sind Q_1 (im Schritt 12) und Q_2 (im Schritt 34). Wegen der isotherm erfolgenden Umsätze ist $Q_1 = -A_{12}$ und $Q_2 = -A_{34}$. Ferner muß nach dem I. Hauptsatz gelten

$$A = -(Q_1 + Q_2)$$

Nach S. 41 ist

$$A_{12} = RT_1 \cdot ln\frac{v_1}{v_2}$$

$$A_{34} = RT_2 \cdot ln\frac{v_3}{v_4} \quad \left(= -\ RT_2 \cdot ln\frac{v_4}{v_3}\right)$$

Für die adiabatischen Schritte gilt allgemein nach Gl. (17)

$$c_v \cdot dT = -p \cdot dV$$

Also

$$A_{23} = -\int_{V_2}^{V_3} p \cdot dV = \int_{T_1}^{T_2} c_v \cdot dT\ ,$$

wobei also die V-Grenzen des Integrals über V durch die entsprechenden T-Grenzen zu ersetzen sind. Analog folgt

$$A_{41} = -\int_{V_4}^{V_1} p \cdot dV = \int_{T_2}^{T_1} c_v \cdot dT = -\int_{T_1}^{T_2} c_v \cdot dT$$

und somit

$$A_{23} = -A_{41}$$

Als Arbeitsumsatz bleibt also

$$A = A_{12} + A_{34} = RT_1 \cdot ln\frac{v_1}{v_2} - RT_2 \cdot ln\frac{v_4}{v_3}$$

Für die Punkte 2 und 3 als Punkte der gleichen Adiabaten gilt

$$T_1 \cdot V_2^{\varkappa-1} = T_2 \cdot V_3^{\varkappa-1}$$

analog für 1 und 4 als Punkte der anderen Adiabaten

$$T_1 \cdot V_1^{\varkappa-1} = T_2 \cdot V_4^{\varkappa-1}$$

Division beider Gleichungen liefert

$$\frac{V_1}{V_2} = \frac{V_4}{V_3}$$

Damit ergibt sich für

$$A = R \cdot (T_1 - T_2) \cdot ln \frac{v_1}{v_2}$$

Wegen $\quad Q_1 = - A_{12}$ folgt

$$Q_1 = - RT_1 \cdot ln \frac{v_1}{v_2}$$

und wegen $Q_2 = - A_{34}$

$$Q_2 = - RT_2 \cdot ln \frac{v_3}{v_4} = + RT_2 \cdot ln \frac{v_1}{v_2}$$

Wir finden damit für das Verhältnis des Arbeitsumsatzes A zur hineingesteckten Wärmemenge Q_1:

$$\frac{A}{Q_1} = \frac{R\,(T_1 - T_2) \cdot ln \frac{v_1}{v_2}}{- RT_1 \cdot ln \frac{v_1}{v_2}}$$

$$\boxed{\frac{A}{Q_1} = \frac{T_2 - T_1}{T_1}}$$

Da $T_2 < T_1$, haben A und Q_1 entgegengesetzte Vorzeichen, d. h. einer ins System gegebenen Wärme entspricht tatsächlich ein negatives, also nach außen geliefertes A.

Diese Formel gilt für alle reversiblen Kreisprozesse (wegen Satz I bis III), da sich jeder reversible aus kleinen Carnotprozessen aufbauen läßt. Wir erkennen weiter, daß nur die Wärmeaustauschtemperaturen den Arbeitsumsatz festlegen und daß es dabei wesentlich auf die Temperaturdifferenz ankommt.

Wir fassen nochmals zusammen: Die Ableitung der Formel benutzt wesentlich die Reversibilität aller Schritte sowie die ideale Gasgleichung (beides bei den Formeln für A_{12} und A_{34}). Sonst wird nur der I. Hauptsatz verwendet. Erst bei Verallgemeinerung des Ergebnisses auf reversible Kreisprozesse beliebiger Art (Schritte, Arbeitsstoff, Größe) wird vom II. Hauptsatz Gebrauch gemacht. (Benutzung von Satz I—III).

48. Nutzeffekt

Technisch ist man an zwei Typen von Carnotschen Kreisprozessen interessiert:

1. *Wärmekraftmaschinen* (Dampfmaschine, Explosionsmotor) sollen aus Wärme Arbeit erzeugen,
2. *Kraftkältemaschinen* sollen einem Wärmebehälter Wärme entziehen und ihn damit abkühlen. Dies ist nur unter Arbeitsaufwand möglich.

Den Bruchteil einer gegebenen Wärmemenge, der von einer Wärmekraftmaschine in Arbeit übergeführt wird, nennt man den *Nutzeffekt* η dieser Maschine. Nach unserer Vorzeichendefinition ist also

$$\eta = -\frac{A}{Q_1}$$

Für die reversibel arbeitende Idealmaschine ist

$$\eta = \frac{T_1 - T_2}{T_1}$$

Eine mit Wasserdampf arbeitende Maschine hat also einen um so höheren Nutzeffekt, je höher T_1 liegt, was man durch Konstruktion von Hochdruckkesseln bis zu 120 Atm. zu erreichen sucht. Bei $p = 100$ Atm. liegt der Siedepunkt des Wassers bei 309,5° C = 582,7° K, während man als untere Temperatur etwa 40° C = 313,2° K ansetzen kann. In diesem Fall wird $\eta = 0{,}46$, d. h. noch nicht die Hälfte der eingesetzten Kalorien erscheint als nutzbare Arbeit. Wegen mannigfacher Verluste kommt man praktisch auf etwa den halben Nutzeffekt ($\eta = 0{,}23$).

In einer Kraftkältemaschine läuft der beschriebene Kreisprozeß umgekehrt. Hier interessiert die bei der tiefen Temperatur T_2 vom System aufgenommene Wärme Q_2, die durch die aufgewandte Arbeit A vom zu kühlenden Objekt weggeführt wird. Die *Leistungsziffer* f ist also

$$f = -\frac{Q_2}{A}$$

49. II. Hauptsatz für reversible Kreisprozesse

Die Gleichung $\frac{A}{Q_1} = \frac{T_2 - T_1}{T_1}$

läßt sich unter Benutzung des I. Hauptsatzes

$A = -(Q_1 + Q_2)$ auch schreiben

$$-\frac{(Q_1 + Q_2)}{Q_1} = \frac{T_2 - T_1}{T_1}$$

oder durch Ausdividieren

$$\frac{Q_1}{T_1} + \frac{Q_2}{T_2} = 0 \text{ (für reversible Kreisproz.)}$$

Die Größen Q/T, die bei thermodynamischen Rechnungen häufig auftreten, bezeichnet man als *reduzierte Wärmen*. Da jeder reversible Kreisprozeß aus kleinen Carnotschen Kreisprozessen aufgebaut werden kann, die nur sehr kleine Wärmemengen δQ austauschen, gilt dieser Satz auch für beliebige reversible Kreisprozesse.

In Worten:

Bei reversiblen Kreisprozessen ist die Summe der reduzierten Wärmen gleich Null.

$$\boxed{\sum_{O_{rev}} \frac{Q}{T} = 0}$$

Diese Gleichung enthält auch die Möglichkeit zur exakten Definition der *thermodynamischen Temperaturskala.* Schreibt man nämlich die Gleichung um in $-(Q_1/Q_2) = T_1/T_2$, so erkennt man, daß durch Messung von Q_1 und Q_2 bei einem (vom benutzten Stoff wegen Satz I—III vollständig unabhängigen) reversiblen Carnotschen Kreisprozeß die Zahlenwerte für T_2 berechenbar werden, falls man nur *einen* Wert T_1 willkürlich festsetzt und außerdem die Größe eines Temperatur*grades* definiert hat. Nach Lord KELVINs Vorschlag hat man für die Differenz zwischen Eispunkt und Siedepunkt des Wassers (unter Atmosphärendruck) die Graddifferenz 100 definiert. Dann ergibt sich nach den besten Messungen für den absoluten Nullpunkt (s. S. 11) der Wert —273,15° Celsius, und die so von allen Stoffeigenschaften freie Skala stimmt mit der früher erwähnten aus dem Gasgesetz praktisch überein.

50. Irreversible Kreisprozesse

In einem irreversiblen Carnotschen Kreisprozeß erhält man (falls er als Wärmekraftmaschine arbeitet) nach Satz I nicht das Maximum an Arbeit aus dem System. Bei gegebenem Q_1 als Wärmeeinsatz gibt daher das System als Q_2 eine größere Wärmemenge ab, d. h. Q_2 wird negativer als im reversiblen Fall.

Bei einer Kraftkältemaschine braucht man zum Entzug einer gegebenen Wärmemenge Q_2 aus der Umgebung einen höheren Arbeitseinsatz. Daher wird nach dem I. Hauptsatz Q_1 größer als im reversiblen Fall, d. h. Q_1/T_1 wird negativer.

In beiden denkbaren Fällen wird also

$$\sum_{\circ} \frac{Q}{T}\bigg|_{irr} < \sum_{\circ} \frac{Q}{T}\bigg|_{rev} \boxed{= 0}$$

Daher gilt *für irreversible Kreisprozesse* allgemein

$$\boxed{\sum_{\circ} \frac{Q}{T}\bigg|_{irr} < 0}$$

Aus der Ableitung dieser Ungleichung folgt, daß die Summe der reduzierten Wärmen um so negativer ist, je irreversibler der Prozeß abläuft. Daher dient die *Summe der reduzierten Wärmen* als *Maß der Irreversibilität.*

51. Entropie als Zustandsfunktion

Für reversible Zustandsänderungen, die keine Kreisprozesse sind, kann man, ganz analog wie wir die Innere Energie U einführten, ebenfalls eine Zustandsfunktion definieren.

Zu diesem Zweck zeichnen wir wieder die Zustandsänderungen unseres Systems in der V,T-Ebene als geschlossenen Linienzug auf (Fig. 3, S. 44). Für die reduzierten Wärmen muß dann gelten

$$\sum_{\circ\,rev} \frac{Q}{T} = 0$$

analog der Ableitung der Inneren Energie

$$\sum_{\circ} (A + Q) = 0$$

(vgl. S. 44)

Greifen wir jetzt einen beliebigen Zustandspunkt B heraus, den das System während des (reversiblen) Kreisprozesses berührt, so kann man die obige Gleichung aufteilen in

$$(18)\quad \mathrm{I} \underset{rev}{\sum_{B}^{A}} \frac{Q}{T} + \mathrm{II} \sum_{B}^{A} \frac{Q}{T} = 0 \qquad \Bigg| \qquad \mathrm{I} \sum_{A}^{B} (A + Q) + \mathrm{II} \sum_{B}^{A} (A + Q) = 0$$

Denken wir nun den Teilweg II des Kreisprozesses in umgekehrter Richtung durchlaufen, so werden auch die Umsätze an reduzierter Wärme das umgekehrte Vorzeichen bekommen. Also wird gelten

$$\mathrm{II} \underset{rev}{\sum_{B}^{A}} \frac{Q}{T} = -\,\mathrm{II} \underset{rev}{\sum_{A}^{B}} \frac{Q}{T} \qquad \Bigg| \qquad \mathrm{II} \sum_{B}^{A} (A + Q) = -\,\mathrm{II} \sum_{A}^{B} (A + Q)$$

Durch Einsetzen in Gleichung (18) folgt dann

$$\mathrm{I} \underset{rev}{\sum_{A}^{B}} \frac{Q}{T} = \mathrm{II} \underset{rev}{\sum_{A}^{B}} \frac{Q}{T} \qquad \Bigg| \qquad \mathrm{I} \sum_{A}^{B} (A + Q) = \mathrm{II} \sum_{A}^{B} (A + Q)$$

D. h. die Summe der reduzierten Wärmen ist auf Weg I und Weg II (beide von A nach B durchlaufen) die gleiche. Da die beiden Wege I und II völlig willkürlich gewählt sind, gilt dasselbe für j e d e n Weg, der die Bedingung der Reversibilität erfüllt. Die $\sum_{rev} \frac{Q}{T}$ ist also nur von den E n d p u n k t e n A und B abhängig, nicht vom Wege. Man kann daher auch sagen: Die Zustandspunkte A und B unterscheiden sich um ein ganz bestimmtes $\sum_{rev} \frac{Q}{T}$.

Ordnet man also einem einzigen Zustandspunkt einen

willkürlich wählbaren Zahlenwert (z. B. Null) zu, so liegen die Werte von $\sum_{rev} \frac{Q}{T}$ beim Übergang zu einem anderen Zustandspunkt e i n d e u t i g fest. $\sum_{rev} \frac{Q}{T}$ ist also (bis auf eine willkürliche Konstante) eine Zustandsfunktion. Man bezeichnet diese Funktion zweckmäßig mit einem neuen Buchstaben S und nennt sie die *Entropie* des Systems. Die genaue Definition würde heißen

$$\sum_{rev\,A}^{B} \frac{Q}{T} \equiv S_B - S_A \equiv \Delta S_{AB}$$

Liegen die Zustandspunkte A und B unendlich benachbart, so ist sowohl die ausgetauschte Wärmemenge δQ als auch die Entropieänderung dS des Systems unendlich klein. dS ist ein vollständiges Differential, da S eine Zustandsfunktion ist. Es gilt also

$$dS = \frac{\delta Q}{T}$$ *(für reversible Vorgänge)*

Es sei ausdrücklich betont, daß $\delta Q/T$ nur für reversible Vorgänge mit dS übereinstimmt. *Eine Entropieänderung ist also nur auf reversiblen Wegen berechenbar.*

52. Entropie bei irreversiblen Vorgängen

Es gibt nun auch irreversible Vorgänge, die von einem Zustand A zu einem anderen Zustand B führen. Die Entropieänderung ΔS_{AB} zwischen A und B ist auch auf diesen irreversiblen Wegen die gleiche, da S Zustandsfunktion ist. Jedoch ist das ΔS nicht mehr identisch mit $\sum_{irr} \frac{Q}{T}$. Über die Größe $\sum_{irr\,A}^{B} \frac{Q}{T}$ kann man nur folgende qualitative Aussage machen:

$$\sum_{irr\,A}^{B} \frac{Q}{T} < \Delta S_{AB}$$

in Worten: *Im irreversiblen Prozeß ist die Summe der*

reduzierten Wärmen immer kleiner (negativer) als die Entropieänderung.

Zum Nachweis dieses Satzes wählen wir einen irreversiblen Übergang I vom Zustandspunkt *A* nach *B* (vgl. Fig. 3 S. 41) und ergänzen ihn durch einen von *B* nach *A* zurücklaufenden r e v e r s i b l e n Weg II zu einem nun irreversiblen Kreisprozeß. Dann gilt

$$\sum_{\circ irr} \frac{Q}{T} = \sum_{irr\,A}^{B} \frac{Q}{T} + \sum_{rev\,B}^{A} \frac{Q}{T}$$

Es ist nun nach Seite 70 $\displaystyle {}_{irr}\sum_{\circ} \frac{Q}{T} < 0$

und nach Definition der Entropie $\displaystyle {}_{rev}\sum_{A}^{B} \frac{Q}{T} = -\Delta S_{AB}$.

Durch Einsetzen folgt $\displaystyle {}_{irr}\sum_{A}^{B} \frac{Q}{T} - \Delta S_{AB} < 0$

oder

$$\boxed{{}_{irr}\sum_{A}^{B} \frac{Q}{T} < \Delta S_{AB}} \qquad (19)$$

Diese Ungleichung gewinnt besondere Bedeutung für Systeme, die *abgeschlossen* sind. Darunter versteht man Systeme, die k e i n e n Arbeits- und Wärmeaustausch mit der Umgebung haben. Grundsätzlich kann man jedes System durch Erweiterung der Systemgrenzen zu einem abgeschlossenen machen, indem man die Arbeitsquellen oder Wärmebehälter mit zum System rechnet. Die in einem derart abgeschlossenen System sich abspielenden Prozesse verlaufen ohne äußeres Zutun, also „freiwillig".

Da *Q*-Austausch ausgeschlossen sein soll, wird also $= 0$ und damit

$$\Delta S_{AB} > 0 \quad \textit{(für freiwillige Vorgänge)}$$

Es gilt auch die Umkehrung, daß ein *Vorgang nur dann*

freiwillig verläuft, *wenn* bei ihm eine *Entropiezunahme möglich* ist. Dies allgemeine Prinzip ist für Reaktionen wichtig, da der beim Zusammengeben von Stoffen eintretende Vorgang immer freiwillig abläuft. (Z. B. Reaktion von *K*-Metall mit Wasser.) Dies Prinzip der „Entropieerzeugung" bildet eine wichtige Grundlage der Thermodynamik irreversibler Prozesse, die wir hier aber nicht weiter verfolgen wollen.

53. Veranschaulichung der Entropie

Ähnlich wie man sich die Innere Energie als Summe der Speicherungsmöglichkeiten von allen möglichen Energieformen in einem System vorstellen kann, gibt es auch ein anschauliches Bild der Entropie. Wir gewinnen es durch nähere Analyse des soeben abgeleiteten Satzes, daß die Entropie bei freiwilligen Vorgängen immer zunimmt. Betrachten wir als Beispiel die Diffusion zweier Gase ineinander. Hierbei tritt nämlich kein Wärmeaustausch mit der Umgebung auf, so daß wir von dieser hier störenden Begleiterscheinung frei sind. Die Diffusion ist ein typisch irreversibler Vorgang und verläuft freiwillig. Die (von Planck stammende) Überlegung geht nun davon aus, daß offenbar die Natur für die *End*zustände freiwillig verlaufender Vorgänge eine gewisse „Vorliebe" hat. Das besagt aber, daß die Endzustände freiwilliger Prozesse „wahrscheinlicher" in der Natur anzutreffen sind. Für diese Wahrscheinlichkeit eines Zustandes gilt es, ein exaktes Maß zu finden.

In der Wahrscheinlichkeitsrechnung bezeichnet man als Wahrscheinlichkeit W den Quotienten

$$W = \frac{\text{günstige Fälle}}{\text{mögliche Fälle}}.$$

So ist die Wahrscheinlichkeit, eine Münze mit der Zahl nach oben auf den Tisch zu werfen, gleich ½, da von den zwei möglichen Fällen (Zahl oder Bild) einer der günstige ist. Die so definierten Wahrscheinlichkeiten sind also höchstens gleich Eins. — Betrachten wir nun zwei Gase

A und B mit den Molekülzahlen n_A bzw. n_B, die ineinander diffundiert seien. Die Wahrscheinlichkeit, ein Molekül A in der linken Hälfte des Systemvolumens zu finden, ist gleich $\frac{1}{2}$. Die Wahrscheinlichkeit, zwei Moleküle A gleichzeitig in der linken Hälfte anzutreffen, ist $1/2 \cdot 1/2 = (1/2)^2$; denn von den vier möglichen Fällen

r, r; r, l; l, r; l, l

ist nur einer günstig. Drei Moleküle A können in folgenden acht möglichen Verteilungen auf rechte und linke Hälfte vorkommen:

rrr	rll
rrl	lrl
rlr	llr
lrr	lll,

von denen nur die letzte alle drei gleichzeitig in der linken Hälfte zeigt. Also ist die Wahrscheinlichkeit $1/8 = (1/2)^3$. Sollen alle n_A-Moleküle von A gleichzeitig links sein, so ist die Wahrscheinlichkeit hierfür $W = (1/2)^{n_A}$. Wählen wir $n_A = N_L/2 = 3{,}01 \cdot 10^{23}$, so ist dies W eine äußerst kleine Zahl. Dieser Zustand, der einer Trennung beider Gase gleichkäme, ist also sehr unwahrscheinlich.

In der „statistischen Thermodynamik" wählt man als Maß für die Wahrscheinlichkeit eines Zustandes direkt die Zahl der günstigen Fälle, d. i. die *Zahl der Realisierungsmöglichkeiten*, die für ein System unter gegebenen Voraussetzungen existieren. Wir vergleichen einmal den Zustand der getrennten Gase und der ineinander diffundierten Gase. Dabei sei die Teilchenzahl zunächst klein angenommen, z. B. = 8 für jedes Gas. Das Volumen des Systems teilen wir in 16 gleiche Zellen ein, so daß je Teilchen eine Zelle vorhanden ist. Die 8 Zellen des ursprünglichen Gasraumes A lassen sich dann auf soviel verschiedene Arten mit den A-Teilchen besetzen, wie es Vertauschungsmöglichkeiten der 8 Molekülnummern gibt. Das sind aber 8!. Für die andere Hälfte des Gasvolumens gibt es ebenfalls 8! Besetzungsmöglichkeiten mit B-Teilchen. Das wären die Realisierungsmöglichkeiten für die getrennten Gase, wobei jedes für sich als System betrachtet würde. Sollen beide Gase zusammen betrachtet werden (aber immer noch im getrennten Zustand), so gehören zu j e d e r Art der Besetzung des *A*-Teils alle 8! Besetzungen der anderen Hälfte. Insgesamt sind also 8! · 8! Besetzungsmöglichkeiten des Systems vorhanden. Man nennt diese auch die *Mikrozustände* des Systems, die zu dem „Makrozustand" „getrennte Gase" gehören.

Die gleiche Betrachtung für die v e r m i s c h t e n Gase gibt 8 + 8 Teilchen, die man auf 16 Plätze verteilen kann. Das sind (8 + 8)! Möglichkeiten. Da 16! sehr viel größer ist als 8! · 8!, kann man schließen, daß der vermischte Zustand wesentlich wahrscheinlicher ist als der entmischte Zustand beider Gase. Es wird also, im abgeschlossenen System, freiwillig die Diffusion ablaufen. Wir wissen (S. 74), daß dabei eine Entropiezunahme erfolgt und sehen nun aus der Wahrscheinlichkeitsbetrachtung, daß auch eine Zunahme der Zahl der Realisierungsmöglichkeiten eintritt. Daraus folgt ein zunächst qualitativer Zusammenhang von Entropie und „thermodynamischer Wahrscheinlichkeit". Er wurde von Boltzmann quantitativ formuliert in der wichtigen Beziehung

$$\boxed{S = k \cdot \ln P}$$

(P = Zahl der Realisierungsmöglichkeiten),

welche die Definition der *Boltzmann-Konstante k* enthält. k ist als „Gaskonstante pro Molekül" aufzufassen, da ihr Zahlenwert gleich R/N_L ist. Will man nur die Entropien zweier Zustände v e r g l e i c h e n, so genügt die Einigung auf e i n Abzählverfahren der Realisierungsmöglichkeiten. Will man jedoch die *Absolut*entropie eines Systemzustandes haben, so müssen wirklich alle überhaupt nur möglichen Realisierungsmöglichkeiten erfaßt werden.

Als Beispiel berechnen wir die *Entropiezunahme bei der Diffusion zweier Gase A* und *B* der Molekülzahlen n_A bzw.

n_B. Die Entropie der getrennten Gase ist einfach die Summe der beiden Werte

$$S_A = k \cdot ln\,(n_A!) \text{ und } S_B = k \cdot ln\,(n_B!),$$

nämlich $S_A + S_B = k \cdot ln\,(n_A! \cdot n_B!)$,

während sich für die vermischten Gase ergibt

$$S_m = k \cdot ln\,(n_A + n_B)!$$

Also ist der Entropiezuwachs bei der Diffusion

$$\Delta S = S_m - (S_A + S_B) = k \cdot ln \frac{(n_A + n_B)!}{n_A!\; n_B!}$$

Der Einfachheit wegen setzen wir z. B.

$$n_A = n_B = \frac{N_L}{2}$$

Dann kann man

$$\Delta S = k \cdot ln \frac{N_L!}{\left(\frac{N_L}{2}\right)! \cdot \left(\frac{N_L}{2}\right)!}$$

mittels der Stirlingschen Näherungsformel für $N!$ auswerten, die für sehr große N gilt und lautet

$$\ln N! = N \cdot lnN - N.$$

Es folgt durch einfaches Einsetzen

$$\Delta S = k \cdot N_L \,.\, ln\, N_L - 2 \cdot \frac{N_L}{2} \cdot ln\, \frac{N_L}{2}$$

$$= k \cdot N_L \cdot ln\; 2$$

$$\Delta S = R \cdot ln\; 2$$

Den gleichen Wert ΔS erhält man auch bei rein thermodynamischer Überlegung. Zur ΔS-Berechnung ist die Kenntnis eines reversiblen Weges nötig. Die Diffusion zweier Gase kann man in der durch Fig. 8 links wiedergegebenen Anordnung reversibel durchführen, in welcher die Pfeile andeuten sollen, daß die betreffende durchstoßene Wand für *A* oder aber für *B* allein durchlässig sein soll. Beim Ineinanderschieben beider Volumenteile ist dann kein Druckunterschied zu überwinden, da die beiden mittleren Wände gerade in der richtigen Weise halbdurchlässig sind. Man kann also beide Teile ohne Arbeitsaufwand ineinanderschieben. Um nun zu dem System zu kommen, das aus *A* und *B* durch einfaches

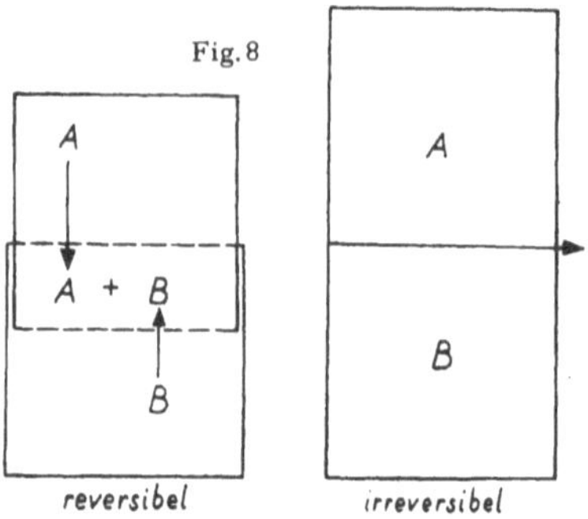

Fig. 8

Wegziehen einer Trennwand (Fig. 8, rechte Hälfte) entstehen würde, müssen wir noch das Volumen in reversibler Weise auf den Wert $2 \cdot V_0$ erhöhen. Dies geschieht durch isotherme reversible Expansion des beim linken Versuch entstandenen Gasgemisches. Dabei gibt das System den Arbeitsbetrag

$$A = -\int_{V_0}^{2V_0} p \cdot dV$$

ab, der in gleichem Absolutbetrag als Wärme wieder zugeführt werden muß, damit die Temperatur des Systems konstant bleibt. Diese Wärmemenge

$$Q = +\int_{V_0}^{2V_0} p \cdot dV$$

ist dann der Betrag, der dividiert durch T die ausgetauschte „reduzierte Wärme“ und damit die Entropieänderung des Systems angibt (s. S. 72). p läßt sich aus der Gasgleichung durch RT/V ersetzen, da das System aus genau einem Mol Gas besteht, und es ergibt sich

$$Q = RT \cdot ln \frac{2V_0}{V_0} = RT \cdot ln\ 2,$$

demzufolge also

$$\Delta S = \frac{Q}{T} = R \cdot ln\ 2,$$

wie auch durch statistische Betrachtung gefunden wurde.

54. Aufteilung der Wärme und Arbeit

Als mathematische Formulierung der beiden Hauptsätze können wir im folgenden die Gleichungen benutzen

$$dU = \delta A + \delta Q$$

$$dS = \delta Q/T \qquad \text{(nur für reversible Vorgänge).}$$

Alle aus ihnen abgeleiteten Folgerungen gelten nur für reversible Vorgänge, da die zweite Beziehung auf solche beschränkt ist.

Als erstes drücken wir die unvollständigen Differentiale δA und δQ durch die vollständigen Differentiale dS und dU aus:

$$\delta Q = T \cdot dS$$

$$\delta A = dU - T \cdot dS$$

Auf diese Weise erreichen wir, daß wir die δQ und δA aus den partiellen Differentialquotienten der Zustandsgrößen ermitteln können. Wählen wir etwa das Variablensystem V, λ, T, so läßt sich aus der Gleichung

$$\delta Q = T \cdot dS = T \cdot \frac{\partial S}{\partial V} dV + T \cdot \frac{\partial S}{\partial \lambda} d\lambda + T \cdot \frac{\partial S}{\partial T} dT$$

ablesen, daß ein Wärmeumsatz, der nur auf V-Änderung zurückgeht, geschrieben werden kann (wegen $d\lambda = dT = 0$)

$$\frac{(\delta Q)_{\lambda,T}}{dV} = T \cdot \frac{\partial S}{\partial V} \qquad \textit{lat. Volumenwärme [bei Volumenänderung 1]}$$

Analog gilt

$$\frac{(\delta Q)_{v,T}}{d\lambda} = T \cdot \frac{\partial S}{\partial \lambda} \qquad \textit{reversible Reaktionswärme [beim Formelumsatz 1]}$$

$$\frac{(\delta Q)_{v,\lambda}}{dT} = T \cdot \frac{\partial S}{\partial T} \qquad \textit{Wärmekapazität} = C_v \; \textit{[bei T-Änderung 1°]}$$

Ähnliches gilt für die Arbeitsbeträge; bei alleiniger V-Änderung:

$$\frac{(\delta A)_{\lambda,T}}{dV} = \frac{\partial U}{\partial V} - T \frac{\partial S}{\partial V} \qquad \textit{Volumenarbeit [bei V-Änderung 1]}$$

bei alleiniger λ-Änderung:

$$\frac{(\delta A)_{V,T}}{d\lambda} = \frac{\partial U}{\partial \lambda} - T \frac{\partial S}{\partial \lambda} \qquad \textit{reversible Reaktionsarbeit [beim Formelumsatz 1]}$$

Arbeit bei alleiniger T-Änderung gibt es nicht.

Zur Erleichterung der Schreibweise führen wir für alle auf λ bezogenen Differentialquotienten kürzere Bezeichnungen ein

$$\frac{\partial U}{\partial \lambda} \equiv \mathfrak{U}; \quad \frac{\partial S}{\partial \lambda} \equiv \mathfrak{S}_V; \quad \frac{(\delta A)_{V,T}}{d\lambda} \equiv \mathfrak{A}; \quad \frac{(\delta Q)_{V,T}}{d\lambda} \equiv \mathfrak{L}_V$$

Es sind dies gerade die Größen, die den Chemiker interessieren. Damit kann man nun zusammensetzen

$$\delta Q = T \cdot \frac{\partial S}{\partial V} \cdot dV + \mathfrak{L}_v \cdot d\lambda + C_v \cdot dT$$

(Vol.-Wärme) (Rk-Wärme) (Temp.-Wärme)

$$\delta A = -p.\, dV + \mathfrak{A} \cdot d\lambda$$

(Vol. Arbeit) (chem. Arbeit)

Zwischen den Reaktionsgrößen besteht nach der Definition folgende wichtige Beziehung:

$$\boxed{\mathfrak{U} = \mathfrak{A} + \mathfrak{L}_v}$$

55. Freie Energie. F-Stammbaum

Die Beziehungen zwischen den einzelnen Reaktionseffekten und den übrigen thermodynamischen Größen lassen sich sehr einfach ausrechnen, wenn es gelingt, eine Funktion zu finden, die möglichst viele dieser Größen in einfacher Form in ihren Differentialquotienten nach den Variablen V, λ, T enthält.

Eine solche Funktion ist beinahe schon U, wie man erkennt, wenn man

$$\delta A = -p \cdot dV + \mathfrak{A} \cdot d\lambda \quad \text{und} \quad \delta Q = T \cdot dS$$

in die Gleichung

$$dU = \delta A + \delta Q$$

einsetzt:

$$dU = -p \cdot dV + \mathfrak{A} \cdot d\lambda + T \cdot dS.$$

dV und $d\lambda$ sind schon vertreten. Man müßte nur noch dT anstelle von dS haben, dann wären die Faktoren der dV, $d\lambda$, dT die partiellen Differentialquotienten von U. Die Einführung von dT gelingt, wenn man auf beiden Seiten der Gleichung $d\,(T \cdot S) = T \cdot dS - S \cdot dT$ abzieht.

Dann folgt:

$$dU - d(T \cdot S) = -p \cdot dV + \mathfrak{A} \cdot d\lambda - S \cdot dT$$

$$d(U - TS) = -p \cdot dV + \mathfrak{A} \cdot d\lambda - S \cdot dT$$

Die Funktion links hat den Namen *Freie Energie F*. Sie ist definiert als

$$\boxed{F = U - T \cdot S}$$

und ihr vollständiges Differential lautet:

$$\boxed{dF = -p \cdot dV + \mathfrak{A} \cdot d\lambda - S \cdot dT}\ .$$

Wegen $$dF = \frac{\partial F}{\partial V} \cdot dV + \frac{\partial F}{\partial \lambda} \cdot d\lambda + \frac{\partial F}{\partial T} \cdot dT$$

gilt also $$\frac{\partial F}{\partial V} = -p; \quad \frac{\partial F}{\partial \lambda} = \mathfrak{A}; \quad \frac{\partial F}{\partial T} = -S.$$

Beziehungen zwischen diesen Größen sind nun sehr einfach angebbar. Nach einem mathematischen Satz von Schwarz ist nämlich bei der Bildung der 2. Differentialquotienten die *Reihenfolge der Differentiation vertauschbar*, d. h. *bei einer Funktion* $Z = f(x, y)$ gilt

$$\frac{\partial^2 Z}{\partial x\, \partial y} = \frac{\partial^2 Z}{\partial y\, \partial x}.$$

Für unsere Funktion $F(V, \lambda, T)$ bedeutet das, daß z. B.

$$\frac{\partial^2 F}{\partial V \cdot \partial \lambda} = \frac{\partial^2 F}{\partial \lambda \cdot \partial V}; \quad \frac{\partial^2 F}{\partial \lambda \cdot \partial T} = \frac{\partial^2 F}{\partial T \cdot \partial \lambda}; \quad \text{usw.,}$$

wofür wir abkürzend schreiben wollen

$$(V, \lambda) = (\lambda, V); \ (\lambda, T) = (T, \lambda); \ \ldots \ \text{usw.}$$

Für die 3. Differentialquotienten gilt analog z. B.

$$(V, V, T) = (V, T, V) = (T, V, V),$$

wodurch weitere Beziehungen gewonnen werden.

Um keine dieser Möglichkeiten auszulassen, kann man sich (nach Schottky) einen „Stammbaum" der Differentialquotienten, kurz den „F-Stammbaum" aufstellen, der in Tab. 4 wiedergegeben ist. Man braucht dann nur das vollständige Differential und das Variablensystem zu lernen, um a l l e Zusammenhänge sofort ableiten zu können.

Die drei wichtigen Zusammenhänge sind die folgenden:

1) $\frac{\partial \mathfrak{A}}{\partial V} = -\frac{\partial p}{\partial \lambda}$ *Le Chateliersches Prinzip*

2) $\frac{\partial \mathfrak{A}}{\partial T} = -\frac{\partial S}{\partial \lambda} = -\mathfrak{S}_V = -T \cdot \mathfrak{L}_V$ *Gibbs- Helmholtzsche Gleich.*

3) $\frac{\partial S}{\partial V} = \frac{\partial p}{\partial T}$

Die erste Gleichung ist Ausdruck des Le Chatelierschen Prinzips, daß nämlich die Reaktion in ihrem Ablauf dem äußeren Zwang auszuweichen strebt. Links steht die Änderung der Reaktionsarbeit bei Volumenänderung, rechts die Änderung des Druckes bei Fortschreiten der Reaktion.

Die zweite Gleichung gibt Auskunft über den Temperaturkoeffizienten der Reaktionsarbeit und kann also für Umrechungen von $\mathfrak{A}$ auf andere Temperaturen verwendet werden. Sie wird meist als Gibbs-Helmholtzsche Gleichung bezeichnet.

Die 3. Gleichung enthält keine Reaktionsgrößen (kenntlich an deutschen Buchstaben), ist also chemisch weniger wichtig. Sie vermittelt jedoch einen Zusammenhang energetischer Größen (S) mit denen, die in der Zustandsgleichung ($p = f(V, T)$) stehen.

$T \cdot \frac{\partial S}{\partial V}$ ist nämlich lt. Definition die latente Volumenwärme, die sich aus Messungen der Zustandsgleichung des Systems ohne weiteres ergibt zu $T \cdot \left(\frac{\partial p}{\partial T}\right)_V$. Für ein ideales Gas folgt so wegen $p \cdot V = RT$ oder $p = \frac{R}{V} \cdot T$ der Wert von $\frac{\partial p}{\partial T} = \frac{R}{V}$, also die latente Volumenwärme $T \cdot \frac{\partial S}{\partial V} = \frac{RT}{V}$, was identisch ist mit $T \cdot \frac{\partial S}{\partial V} = p$ für ideale Gase.

Tabelle 4: F-Stammbaum

$$dF = -p\,dV + \mathfrak{A}\,d\lambda - S\,dT$$

I. Gen.	(V) $-p$			(λ) $+\mathfrak{A}$			(T) $-S$		
II. Gen.	(V,V) $-\frac{\partial p}{\partial V}$	(V,λ) $-\frac{\partial p}{\partial \lambda}$	(V,T) $-\frac{\partial p}{\partial T}$	(λ,V) $\frac{\partial \mathfrak{A}}{\partial V}$	(λ,λ) $\frac{\partial \mathfrak{A}}{\partial \lambda}$	(λ,T) $\frac{\partial \mathfrak{A}}{\partial T}$	(T,V) $-\frac{\partial S}{\partial V}$	(T,λ) $-\frac{\partial S}{\partial \lambda}$ $= -\mathfrak{S}_v$	(T,T) $-\frac{\partial S}{\partial T}$ $= -\frac{C_v}{T}$

Tabelle 5: G-Stammbaum

$$dG = V\,dp + \mathfrak{A}\,d\lambda - S\,dT$$

I. Gen.	(p) V			(λ) $\mathfrak{A}$			(T) $-S$		
II. Gen.	(p,p) $\frac{\partial V}{\partial p}$	(p,λ) $\frac{\partial V}{\partial \lambda}$ $= \mathfrak{B}$	(p,T) $\frac{\partial p}{\partial T}$	(λ,p) $\frac{\partial \mathfrak{A}}{\partial p}$	(λ,λ) $\frac{\partial \mathfrak{A}}{\partial \lambda}$	(λ,T) $\frac{\partial \mathfrak{A}}{\partial T}$	(T,p) $-\frac{\partial S}{\partial p}$	(T,λ) $-\frac{\partial S}{\partial \lambda}$ $= -\mathfrak{S}$	(T,T) $-\frac{\partial S}{\partial T}$ $= -\frac{C_p}{T}$

56. Thermodynamisches Potential. G-Stammbaum

Für Vorgänge, die wir mit den Variablen p, λ, T beschreiben wollen, wäre eine Funktion zweckmäßig, die ähnlich wie die freie Energie F in einfacher Weise von diesen Variablen abhängt. Ausgehend vom Differential der Freien Energie

$$dF = -p \cdot dV + \mathfrak{A} d\lambda - S \cdot dT$$

wird dies erreicht, indem wir beiderseits das Differential $d\,(p \cdot V) = p \cdot dV + V \cdot dp$ addieren. Dann folgt

$$dF + d(p \cdot V) = -pdV + pdV + V \cdot dp + \mathfrak{A} \cdot \delta\lambda - S \cdot dT$$
$$d(U + p \cdot V - T \cdot S) = +V \cdot dp + \mathfrak{A} \cdot d\lambda - SdT$$

Die so festgelegte Funktion

$$\boxed{G \equiv U + p \cdot V - T \cdot S}$$

heißt die „freie Enthalpie" oder „thermodynamisches Potential". Entsprechend dem F-Stammbaum existiert dann auch ein G-Stammbaum, der sich von den I. Differentialquotienten

$$\frac{\partial G}{\partial p} = V; \qquad \frac{\partial G}{\partial \lambda} = \mathfrak{A}; \qquad \frac{\partial G}{\partial T} = -S$$

ableitet und in Tab. 5 bis zur 2. Generation angegeben ist. Für $\frac{\partial V}{\partial \lambda}$ führen wir analog S. 80 den deutschen Buchstaben $\mathfrak{B}$ ein, der also die Änderung des Systemvolumens bei einem Formelumsatz darstellt. Die Formeln aus der II. Generation sind

1) $$\frac{\partial \mathfrak{A}}{\partial p} = \frac{\partial V}{\partial \lambda} = \mathfrak{B}$$ *Le Chatelier*

2) $$\frac{\partial \mathfrak{A}}{\partial T} = -\mathfrak{S}$$ *Gibbs-Helmholtz*

3) $$-\frac{\partial S}{\partial T} = \frac{\partial V}{\partial T}$$

Die beiden ersten Gleichungen geben wieder die Abhängigkeit der Reaktions-Arbeit von p und T, die dritte liefert einen Zusammenhang der kalorischen Größe S mit Größen der Zustandsgleichung. (Erläuterung des Le Chatelierschen Prinzips vgl. S. 106/107.)

57. Die Enthalpie H

Im Laboratorium hat man bei Untersuchung der Energieeffekte an chemischen Reaktionen meist keine reversiblen Vorgänge, sondern freiwillig (d. h. ohne äußeres Zutun) ablaufende Reaktionen, wie etwa beim Bestimmen einer Verbrennungswärme im Kalorimeter. Dort wird durch Zündung die Verbrennung einer organischen Substanz (wie Benzoesäure) in einem O_2-Überschuß ausgelöst, die dann bis zu Ende abläuft, ohne daß man sie mittendrin aufhalten oder gar umkehren könnte. Es handelt sich also um irreversibel verlaufende Reaktionen. Im Spezialfall der *kalorimetrischen Bombe* spielen sie sich *bei konstantem Volumen* ab. Dann ist ein Austausch von Volumenarbeit ausgeschlossen, und es wird auch keine chemische Arbeit ausgetauscht. Also gilt $\delta A = 0$. Nach dem I. Hauptsatz folgt dann $dU = \delta Q_{\text{irr}} + 0$, d. h. die Änderung von U stellt die gesamte irreversible Reaktionswärme dar. Beziehen wir auf einen Formelumsatz

$$\frac{dU}{d\lambda} = \frac{\delta Q_{irr.}}{d\lambda} \quad \textit{(bei } V = \textit{konst. u. } T = \textit{konst.)}$$

so ist also die *Reaktionsenergie* $\mathfrak{U}$ ($\equiv dU/d\lambda$) *gleich der irreversiblen Reaktionswärme bei konstantem Volumen.*

In ähnlicher Weise kann man auch Vorgänge *bei konstantem Druck* behandeln. Hierbei sei *vorausgesetzt, daß die Volumarbeit* $-p \cdot dV$ *in reversibler Weise umgesetzt wird.* Dann würde nach dem I. Hauptsatz wieder

$$dU = \delta Q_{irr.} - p\,dV \quad \textit{(bei } p = \textit{konst., } T = \textit{konst.)}$$

sein müssen, da chemische Arbeit wegen der Irreversibilität

des Reaktionsablaufes nicht umgesetzt wird. Diese Gleichung läßt sich wegen $p = konst.$ umschreiben in

$$dU + \underbrace{pdV \ (+V \cdot dp)}_{= d\,(p \cdot V)} = (\delta Q_{irr})_p$$

Das links eingeklammerte Glied ist wegen $dp \equiv 0$ nur der Form halber geschrieben, weil dadurch erkennbar wird, daß das Differential $d\,(U + p \cdot V)$ gleich der irreversiblen Reaktionswärme bei konst. Druck ist. Diese Funktion

$$\boxed{H \equiv U + p \cdot V}$$

heißt „Enthalpie" oder Wärmefunktion. Beziehen wir die obige Gleichung auf einen Formelumsatz, so folgt

$$\mathfrak{H} = \frac{\partial H}{\partial \lambda} = \frac{d\,(U + pV)}{d\lambda} = \left(\frac{\delta Q_{irr}}{d\lambda}\right)_{p,\,T}.$$

$\mathfrak{H}$ *ist also die irreversible Reaktionswärme bei konstantem Druck.* Sie findet sich meist in Tabellenwerken angegeben als „Reaktionsenthalpie". Für Vorgänge bei $p = konst.$ *und* $T = konst.$ ist das vollständige Differential

$$dH = \delta Q_{irr}$$

Im übrigen ist H, weil es aus lauter Zustandsfunktionen zusammengesetzt ist, selbst Zustandsfunktion. Also gilt

$$dH = \frac{\partial H}{\partial p} \cdot dp + \frac{\partial H}{\partial \lambda} \cdot d\lambda + \frac{\partial H}{\partial T} \cdot dT$$

Für $dp = dT = 0$ folgt dann

$$\delta Q_{irr} = \frac{\partial H}{\partial \lambda} \cdot d\lambda = \mathfrak{H} \cdot d\lambda.$$

Auch bei reversiblen Vorgängen erweist sich die Einführung von H als zweckmäßig. Wählen wir einen Vorgang mit $dp = d\lambda = 0$, also ein System bei konstantem Druck, in welchem keine Reaktion abläuft, so ist nur Temperatur-Änderung zugelassen. Das Volumen kann sich natürlich auch ändern, wofür wieder Reversibilität vorausgesetzt sei. Dann gilt zunächst der I. Hauptsatz

$$dU = \delta Q_{rev.} + \delta A_{rev.}$$

δA ist lt. Voraussetzung reversibel und auch δQ. Also kann man schreiben $\left(\delta Q_{rev.}\right)_{p,\lambda} = dU + p \cdot dV$

Wegen $p = konst.$ ist $d\,(p \cdot V) = p \cdot dV$

also $\left(\delta Q_{rev.}\right)_{p,\lambda} = d\,(U + pV) = dH$

dH reduziert sich aber für $dp = d\lambda = 0$ auf $dH = \frac{\partial H}{\partial T} \cdot dT$,

also $\frac{\delta Q_{rev.}}{dT} = \left(\frac{\partial H}{\partial T}\right)_{\lambda,p}$

Die linke Seite ist aber der Wärmeaustausch des Systems pro Grad Temperaturänderung, d. i. die Wärmekapazität C_p des Systems. Daher gilt $C_p = \left(\frac{\partial H}{\partial T}\right)_{p,\lambda}$

58. Thermodynamische Formeln mit $\mathfrak{H}$

H läßt sich schon in die Definitionsgleichung für G einführen $G \equiv U + pV - TS \equiv H - TS$

Durch Differentiation nach λ folgt die wichtige Formel

$$\frac{\partial G}{\partial \lambda} = \frac{\partial H}{\partial \lambda} - T \cdot \frac{\partial S}{\partial \lambda}$$

oder mit den deutschen Buchstaben

(20) $$\mathfrak{A} = \mathfrak{H} - T \cdot \mathfrak{S}$$

Nun ist $T \cdot \mathfrak{S}$ aber gleich der reversiblen Reaktionswärme $\mathfrak{L}$ $\left(= \frac{\delta Q_{rev.}}{d\lambda}\right)$, also gilt $\boxed{\mathfrak{H} = \mathfrak{A} + \mathfrak{L}}$

Die irreversible Reaktionswärme ist gleich der Summe aus reversibler Reaktionsarbeit und reversibler Reaktionswärme.

Ferner lautete die Gibbs-Helmholtzsche Gleichung (aus dem G- Stammbaum)

$$\frac{\partial \mathfrak{A}}{\partial T} = -\mathfrak{S}$$

Wegen $\mathfrak{A} = \mathfrak{H} - T \cdot \mathfrak{S}$ folgt durch Einsetzen von $\mathfrak{S}$

$$\frac{\partial \mathfrak{A}}{\partial T} = \frac{\mathfrak{A} - \mathfrak{H}}{T}$$

oder $$T \cdot \frac{\partial \mathfrak{A}}{\partial T} - \mathfrak{A} = - \mathfrak{H}.$$

Die linke Seite ist aber nach den Regeln der Differentialrechnung gleich $$T^2 \cdot \frac{\partial}{\partial T} \left(\frac{\mathfrak{A}}{T}\right)$$

Daher kann man die Gibbs-Helmholtzsche Gleichung auch schreiben

$$\boxed{\frac{\partial}{\partial T} \left(\frac{\mathfrak{A}}{T}\right) = - \frac{\mathfrak{H}}{T^2}}$$

V. Homogene Mehrstoffsysteme

59. Zustand von homogenen Mehrstoffsystemen (Lösungen)

Mit den in den vorangehenden Abschnitten gewonnenen Begriffen soll nun im folgenden versucht werden, den Zustand und die Gesetzmäßigkeiten bei Systemen zu beschreiben, die aus mehreren Stoffen zusammengesetzt sind. Wir beschränken uns dabei zunächst auf Systeme, die jeweils nur eine Phase enthalten. Sie werden auch zusammenfassend als L ö s u n g e n oder Mischungen bezeichnet. Da wir drei Aggregatzustände unterschieden haben, sind auch hier drei Grundtypen solcher Lösungen zu finden: gasförmige, flüssige und feste Lösungen.

Die Ursachen für die Bildung solcher „Mischphasen" sind in den Kräften zu suchen, welche zwischen den Molekeln der reinen Komponenten *A* und *B* untereinander wie auch gegenseitig vorhanden sind. Es gibt hierbei zwei Möglichkeiten: entweder sind zwischen den Teilchen der reinen Stoffe keinerlei Kräfte wirksam, wie dies bei den idealen Gasen der Fall ist. Dann sind die beiden Stoffe *A* und *B* immer in allen Verhältnissen miteinander mischbar. Werden im Gegensatz hierzu die Teilchen der reinen Stoffe (wie bei Flüssigkeiten und festen Stoffen) durch Kräfte *A*—*A* bzw. *B*—*B* zusammengehalten, so müssen bei der Herstellung einer Mischung aus solchen Stoffen die Kräfte zwischen den Molekeln von *A* und denen von *B* überwunden werden, was nur dann möglich, ist, wenn die gegenseitigen Kräfte zwischen A und B größer sind als diejenigen der A-Molekeln untereinander oder der B-Molekeln. Da das naturgemäß nicht immer der Fall zu sein braucht, kennt man bei Lösungen, welche flüssige oder feste Komponenten enthalten, die Erscheinung der „unvollständigen Mischbarkeit“ von Flüssigkeiten bzw. die „Löslichkeitsgrenze“ von Gasen und festen Stoffen in Flüssigkeiten.

Um den Zustand einer Lösung zu kennzeichnen, muß man außer p und T die mengenmäßigen Anteile der einzelnen Komponenten angeben. Hierfür gibt es eine ganze Reihe von Möglichkeiten.

Beschränken wir uns zunächst auf Mischungen nur zweier Stoffe („binäre“ Lösungen), von denen der eine als „Gelöstes“ und der andere als „Lösungsmittel“ bezeichnet sei, so kann man folgende Angaben über die Konzentration wählen: Gewichtsprozente = Gramm Gelöstes in 100 g Lösung (oder auch Lösungsmittel), Volumprozente = Kubikzentimeter Gelöstes in 100 ccm Lösung (oder in 100 ccm Lösungsmittel). Als *Molarität* wird die Zahl der Formelgewichte auf 1000 ccm Lösung bezeichnet; bisweilen finden sich auch Angaben in Formelgewichten auf 1000 g Lösungsmittel. Bei all diesen Angaben sind diejenigen Maße, welche eine Volumgröße enthalten, temperaturabhängig, da die Dichte der Lösung sich mit der Temperatur ändert. Zu bevorzugen sind daher die Konzentrationsmaße, welche nur Angaben in Gramm oder Molen enthalten. Überdies ist bei den genannten Maßen immer ein Stoff (z. B. das Lösungsmittel) vor dem anderen ausgezeichnet. Völlig gleichberechtigt erscheinen beide Stoffe, falls man die Konzentration in Form des *Molenbruches* x angibt, der als Molzahl n_1 des einen Stoffes in der Gesamtmolzahl $n_1 + n_2$ einer Lösung definiert ist

$$x_1 = \frac{n_1}{n_1 + n_2}; \quad x_2 = \frac{n_2}{n_1 + n_2}; \quad \text{also } x_1 + x_2 = 1.$$

Je nach Wahl des Konzentrationsmaßes haben die für Lösungen geltenden Gesetze eine andere Form.

60. Gasmischungen

Mischungen von Gasen mit ihresgleichen stellen den einfachsten Typ der Lösungen dar. Sie sind wegen des Fehlens von Kräften zwischen den Molekeln immer in allen Verhältnissen miteinander mischbar; daher kann in einem gegebenen System immer nur eine einzige Gasphase auftreten. Die Zustandsgleichung einer Mischung von Gasen ist dieselbe wie die jedes reinen Gases: $pv = n \cdot RT$, wobei n jetzt die gesamte vorhandene Molzahl bedeutet, die sich additiv aus den Molzahlen der einzelnen Stoffe zusammensetzt: $n = n_1 + n_2 + n_3 + \ldots$.

Liegen in einer durch Wände unterteilten Kammer eine Anzahl Gase bei gleichen Druck p und den jeweiligen Volumina $v_1, v_2, v_3, \cdots$ vor, so bleibt bei Wegnahme der Wände der Druck der gleiche, d. h. es tritt beim Vermischen keine Volumenänderung auf; die Teilvolumina $v_1, v_2, v_3, \cdots$ addieren sich zum Gesamtvolumen der Mischung: $v = v_1 + v_2 + v_3 + \cdots$. Das ist zufolge der für alle Gase gleichen Zustandsgleichung selbstverständlich.

Jedes einzelne Gas hat sich bei der Vermischung auf das Gesamtvolumen v verteilt; daher muß sein eigener Druck (d. h. der Druck, den es ausüben würde, wenn es im Volumen v allein vorhanden wäre) kleiner geworden sein. Aus dem auch für Gasmischungen gültigen Boyle-Mariotteschen Gesetz folgt, daß der *Partialdruck* eines Gases die Beziehung $p_1 \cdot v = p \cdot v_1$ befolgen muß, wobei p_1 den Partialdruck, v_1 das Volumen des Gases unter dem Druck p vor der Vermischung und v das Gesamtvolumen der Mischung bedeutet. Das gilt für jedes Gas, also

$$p_1 \cdot v = p \cdot v_1; \quad p_2 \cdot v = p \cdot v_2; \quad p_3 \cdot v = p \cdot v_3; \quad \ldots$$

Addiert man die rechten und linken Seiten dieser Gleichungen, so folgt

$$(p_1 + p_2 + p_3 + \cdots) \cdot v = p \cdot (v_1 + v_2 + v_3 + \cdots) = p \cdot v$$

also

$$p = p_1 + p_2 + p_3 + \cdots. \tag{21}$$

Die Summe der Partialdrucke der Gase in einer Gasmischung ist also gleich dem Gesamtdruck (Dalton, 1802).

Man kann diese Partialdrucke experimentell messen, wenn man eine Wand besitzt, die nur für ein Gas der Mischung durchlässig ist. Glühendes Platin ist z. B. für Wasserstoff, aber nicht für andere Gase durchlässig. Trennt man daher eine Wasserstoff enthaltende Mischung durch eine glühende Platinwand von einem Raum, in welchem kein Wasserstoff (z. B. Vakuum) vorhanden ist, so wird der Wasserstoff so lange durch die Wand treten, bis auf beiden Seiten der Wand gleiche Konzentration an Wasserstoff herrscht, also der gleiche Partialdruck vorliegt, ähnlich wie Luft in ein Vakuum strömt. Ein Manometer zeigt dann den Partialdruck des Wasserstoffs an.

61. Gase in Flüssigkeiten

Mit Flüssigkeiten sind Gase nicht mehr in allen Verhältnissen mischbar, sondern sie lösen sich nur bis zu einem bestimmten Betrag in der Flüssigkeit auf, der ihre *Löslichkeit* angibt.

Die Löslichkeit von Gasen wird in verschiedener Weise ausgedrückt; entweder gibt man die höchste Konzentration der Lösung in einem der obengenannten Konzentrationsmaße an, oder aber den Bunsenschen „Absorptionskoeffizienten", der durch das auf 0° C reduzierte Gasvolumen definiert ist, das sich in der Volumeneinheit der Flüssigkeit bei einem Druck von 1 Atm. löst.

Die Löslichkeit von Gasen in Flüssigkeiten ist stark vom Partialdruck des Gases in der Gasphase und von der Temperatur abhängig, was kinetisch verständlich ist, da die Kräfte, welche zwischen Gas- und Flüssigkeitsteilchen wirken, um so weniger zur Geltung kommen, je höher die kinetische Energie der Stöße (Temperatur) ist. Henry hat (1803) gefunden, daß *bei konstanter Temperatur die Konzentration c des Gases in der Flüssigkeit proportional ist dem Druck* p_{gas} *des Gases in der Gasphase*

(22) $c = K \cdot p_{gas}$ *(Henrysches Gesetz)*,

und zwar gilt diese Beziehung um so besser, je verdünnter die Lösung des Gases in der Flüssigkeit ist.

Ganz exakt gilt das Henrysche Gesetz nur für unendlich verdünnte Lösungen, sogenannte „ideale" Lösungen. Auch das ist kinetisch zu verstehen: In einer Lösung sind immer beide Partner gegenüber den reinen Komponenten der Lösung verändert, da nicht mehr jede Molekel von ihresgleichen umgeben ist. Die Eigenschaften beider Stoffe müssen also verändert sein. In einer *verdünnten* Lösung sind so wenig gelöste Teilchen vorhanden, daß sie zwar die Lösungsmittel-Teilchen ihrer Nachbarschaft, nicht aber sich selbst gegenseitig beeinflussen. In einer *idealen* Lösung sollen weder die Molekeln des einen noch die des anderen Partners verändert sein. Steigt nun in einer verdünnten Lösung die Konzentration an, so lösen sich die später in die Flüssigkeit eintretenden Gasmolekeln nicht mehr in dem ursprünglichen reinen Lösungsmittel, sondern in der schon vorhandenen Lösung aus Gas und diesem Lösungsmittel. Daher muß der Wert der Konstanten K des Henryschen Gesetzes, der von den Eigenschaften des Lösungsmittels abhängig ist, verschieden sein von dem bei Beginn der Auflösung gültigen Wert dieser Konstanten. Für jede Konzentration ist also ein anderer Wert K zu benutzen, und es besteht um so weniger Proportionalität zwischen Konzentration der Lösung und Druck des Gases in der Gasphase, je höher die Konzentration der Lösung wird.

62. Flüssigkeiten in Flüssigkeiten

Solche Lösungen stellen einen praktisch sehr wichtigen Fall von Mischungen dar, da sehr viele chemische Reaktionen in flüssigen Mischungen durchgeführt werden. Eine Flüssigkeit A kann sich mit einer zweiten B nur mischen, wenn die zwischen den Molekeln von A und denen von B wirkenden Kräfte größer sind als die zwischen A-Molekeln unter sich und B-Molekeln unter sich. Andernfalls ist der

Zusammenhalt z. B. der *A*-Molekeln so fest, daß keine *B*-Molekel in *A* eindringen kann.

Als Beispiel für unvollständige Mischbarkeit sei das System Phenol-Wasser genannt, dessen Löslichkeitsdaten aus Fig. 9 zu entnehmen sind. Man sieht, daß die Löslichkeit stark von der Temperatur abhängt. Bei 20° lösen sich etwa 8% Phenol in Wasser und 28% Wasser in Phenol; d. h. wenn man Wasser und Phenol bei 20° zusammengibt, bilden sich zwei Schichten, wobei die phenolreiche Schicht 28% Wasser enthält, während die wasserreiche Schicht 8% Phenol enthält. Wird nun die Temperatur erhöht, so gleichen sich die Konzentrationen beider Schichten immer mehr an, und bei 66° ist die Konzentration beider Schichten gleich geworden, d. h., es existiert nur noch eine einzige Phase, Phenol und Wasser sind oberhalb 66°, der „oberen kritischen Lösungstemperatur", in allen Verhältnissen mischbar.

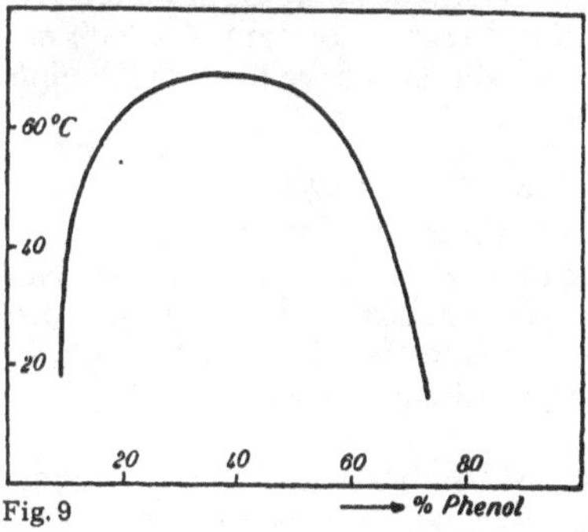

Fig. 9

63. Lösungen von festen Stoffen in Flüssigkeiten

Lösungen von festen Stoffen in Flüssigkeiten sind für chemische Reaktionen noch wichtiger als die Flüssigkeitsgemische, da in einer solchen Lösung der feste Stoff in molekulare Verteilung, also in einen sehr reaktionsfähigen Zustand gebracht wird. Die Löslichkeit eines gegebenen Stoffes (z. B. Zucker) ist vom Lösungsmittel abhängig und steigt im Gegensatz zu der Löslichkeit von Gasen in Flüssigkeiten mit der Temperatur an. Die Löslichkeit ist begrenzt, wie dies auch bei flüssigen Lösungen von Gasen und Flüssigkeiten der Fall ist. Eine gesättigte Lösung nimmt nichts mehr von dem gelösten Stoff auf. Dieser bleibt als *Bodenkörper* im Gleichgewicht mit der Lösung zurück. Andere Stoffe werden indessen von einer gesättigten Lösung eines gegebenen Stoffes noch aufgelöst, z. B. Kochsalz in einer wäßrigen Zuckerlösung. Da im letzteren Fall das Lösungsmittel nicht Wasser, sondern eine Zuckerlösung ist, ist natürlich auch die Löslichkeit des NaCl eine andere als in reinem Wasser.

64. Lösungen fester Stoffe

Lösungen fester Stoffe ineinander (feste Lösungen) finden sich in den Metallegierungen sehr zahlreich. Ihre Erforschung ist praktisch von großer Bedeutung, da die Eigenschaften der Legierungen bereits durch geringe Fremdzusätze wesentlich bestimmt werden.

65. Thermodynamik der Mischphasen. Partielle Größen

Die Eigenschaften der in einem homogenen Mehrstoffsystem enthaltenen Stoffe setzen sich im allgemeinen *nicht additiv* aus denen der reinen Stoffe zusammen. Dies ist nur bei Mischungen aus idealen Gasen der Fall, wo wir die Volumadditivität zur Ableitung des Daltonschen Gesetzes benutzt haben. Mischt man beispielsweise 10 ccm HOH und 10 ccm Alkohol, so erhält man nur 19 ccm Mischung. Es findet eine Kontraktion statt. Die Ursachen solcher Nichtadditivitäten sind letzten Endes die Wechselwirkungen der vermischten Moleküle, also die Tatsache, daß ein herausgegriffenes Molekül sich nicht in einer Umgebung von seinesgleichen befindet, sondern auch Teilchen des zweiten Partners als Nachbarn hat.

Die Beschreibung der Zustandsgrößen wird wegen dieser Nichtadditivität komplizierter, da man zunächst nicht weiß, welcher Teil z. B. der Volumkontraktion auf das Konto des einen oder anderen Partners zu setzen ist. Bei Additivität wäre für das Gesamtvolumen V eines Systems aus n_A Molen des Stoffes A und n_B Molen von B zu schreiben

$$V = n_A \cdot v^\circ_A + n_B \cdot v^\circ_B,$$

falls v_A° bzw. v_B° die Molvolumina der reinen Stoffe A bzw. B bedeuten. Bei Nichtadditivität kann man in Ermangelung einer physikalisch begründeten Aufteilung nur eine *mathematisch fundierte* benutzen, nämlich

$$\boxed{V = n_A \cdot \left(\frac{\partial V}{\partial n_A}\right) + n_B \cdot \left(\frac{\partial V}{\partial n_B}\right)}$$

oder kürzer

$$V = n_A \cdot v_A + n_B \cdot v_B$$

v_A und v_B heißen die *Partialvolumina*, oder die partiellen molaren Volumina der Stoffe A und B. Mit ihnen kann man genau so r e c h n e n wie mit den Molvolumina, muß aber beachten, daß die v keine Konstanten sind, sondern von der Konzentration abhängen.

Sie lassen sich erst ermitteln, wenn V des Systems als $f(n_A, n_B)$ bekannt sind. Dann sind sie einfach die partiellen Differentialquotienten vom Gesamtvolumen nach der jeweiligen Molzahl (n i c h t nach der Konzentration!). Eine Reihe recht einfacher graphischer Verfahren zur zweckmäßigen Ermittlung der Partialvolumina sind in größeren Lehrbüchern der Physikalischen Chemie nachzulesen.

Die *physikalische Bedeutung dieser Partialvolumina* ist recht einfach zu erkennen. Den Wert von v_A erhält man als tatsächlich eintretende Volumänderung, die ein System gegebener Konzentration (!) von sehr großer (im Grenzfall ∞ großer) Masse erfährt, falls man 1 Mol A hinzusetzt.

In ähnlicher Weise läßt sich *jede* thermodynamische Zustandsgröße (auch das Volumen ist eine solche!) in partielle molare Größen zerlegen, z. B. die Wärmekapazität C_p des Systems in partielle molare spezifische Wärmen, die freie Enthalpie G in die molaren partiellen freien Enthalpien g_i.

66. Zerlegung der Reaktionseffekte. Chemische Potentiale

Durch die partiellen molaren Größen lassen sich auch die Reaktionseffekte sehr einfach in Anteile der einzelnen, das reagierende System aufbauenden Stoffe zerlegen. Fassen wir z. B. das Systemvolumen als Funktion von p, T, λ auf, so gilt für das vollständige Differential

$$dV = \frac{\partial V}{\partial p} dp + \frac{\partial V}{dT} dT + \frac{\partial V}{\partial \lambda} d\lambda .$$

Betrachtet man aber das System als abhängig von p, T und den Molzahlen n_1, n_2, ... der beteiligten Stoffe, so lautet das vollständige Differential

$$dV = \frac{\partial V}{\partial p} dp + \frac{\partial V}{\partial T} dT + \frac{\partial V}{\partial n_1} dn_1 + \frac{\partial V}{\partial n_2} dn_2 \ldots$$

Beide Ausdrücke müssen identisch sein, also

$$\frac{\partial V}{\partial \lambda} d\lambda = \sum \frac{\partial V}{\partial n_i} dn_i \; .$$

Läuft nun im System eine Reaktion ab, so muß die Veränderung der Molzahlen n_i grundsätzlich so beschaffen sein, daß (s. S. 32)

$$\nu_i \cdot d\lambda = dn_i$$

ist. Einsetzen dieser Beziehung ergibt

$$\frac{\partial V}{\partial \lambda} d\lambda = \sum \nu_i \left(\frac{\partial V}{\partial n_i}\right) d\lambda$$

oder

$$\mathfrak{V} = \sum \nu_i \cdot v_i \; ,$$

wobei die Definitionsgleichungen

$$\frac{\partial V}{\partial \lambda} = \mathfrak{V} \text{ (s. S. 84) und } \frac{\partial V}{\partial n_i} = v_i \quad \text{(s. S. 95)}$$

verwendet wurden.

Für die übrigen Reaktionseffekte gilt daher ganz entsprechend

$$\mathfrak{U} = \sum \nu_i u_i \quad ; \qquad \mathfrak{H} = \sum \nu_i \bar{h}_i \; ; \qquad \mathfrak{S} = \sum \nu_i s_i \; ;$$

$$\mathfrak{A} = \sum \nu_i g_i = \sum \nu_i f_i \equiv \sum \nu_i \mu_i$$

Die letzte Gleichung enthält die Definition der häufig verwendeten „chemischen Potentiale“ μ_i, die also gleich den partiellen molaren freien Enthalpien *und* freien Energien sind. $\bar{g}_i$ und $\bar{f}_i$ werden als Bezeichnungen meist nicht benutzt.

67. Chemisches Gleichgewicht

Zu den Bedingungen, die eine leichte Beschreibbarkeit der behandelten Systeme ermöglichen, gehört außer dem Druck- und Temperatur-Gleichgewicht im System auch die Unveränderlichkeit der Stoffmengen, selbst dann, wenn eine chemische Reaktion möglich ist. Man spricht in diesem Sinne vom „chemischen Gleichgewicht“ im System.

Auf den ersten Blick scheint es, als ob viele, wenn nicht alle chemischen Reaktionen vollständig nach einer Richtung verliefen. So verbrennt z. B. ein Stück Kohle in Luft oder reinem Sauerstoff vollständig und ebenso verbinden sich äquivalente Mengen von Eisen und Schwefel scheinbar ohne Rest. Wasserstoff und Sauerstoff ergeben ebenfalls bei richtigem Mischungsverhältnis Wasser, ohne daß erkennbare Mengen der Ausgangsgase übrigbleiben. Tatsächlich gibt es aber eine solche vollständig verlaufende Reaktion nicht, wie man an vielen anderen Beispielen erkennt. Eine Vollständigkeit des Umsatzes kommt nur insofern in Frage, als eine Phase des Systems völlig verschwinden kann, wie z. B. die feste Phase bei Verbrennung von Kohlenstoff in Luft gänzlich aufgebraucht wird. Grundsätzlich haben wir uns vorzustellen, daß alle Stoffe (in diesem Fall Kohlenstoff) gasförmig in geringer Menge vorhanden bleiben, daß z. B. auch bei Vereinigung von Eisen und Schwefel der über beiden befindliche Raum nach der Reaktion sowohl geringe Mengen der Ausgangsstoffe wie der Endprodukte enthält. Eine solche Betrachtung erscheint nur deswegen zunächst ungewohnt, weil der Dampfdruck fester Stoffe bei gewöhnlicher Temperatur meist nur sehr klein ist, sich infolgedessen schlecht messen läßt und sich der direkten Wahrnehmung entzieht. Grundsätzlich müssen wir festhalten, daß jeder Stoff einen bestimmten Dampfdruck besitzt und daß deswegen j e d e Reaktion im Gaszustand durchgeführt werden kann. An Beispielen solcher Gasreaktionen erkennen wir dann sehr deutlich, daß die Umsetzungen zwar bis zum Aufbrauch einer Phase, nicht aber bis zum Aufbrauch eines Stoffes verlaufen.

Besonders deutlich wird dies an dem klassischen Beispiel der Bildung von Jodwasserstoff aus Wasserstoff und Jod. Schließt man H_2 und J_2 in ein Reaktionsgefäß ein, so verbinden sich beide Gase nur bis zu einem gewissen Grade miteinander, was man an der braunen Farbe des unverbundenen Jod er-

Tabelle 6: Jodwasserstoff-Gleichgewicht bei 444,5° C.

Ausgangsmenge in ccm		Gleichgewichtsmenge in ccm			HJ berechnet mit $K = 0{,}01984$
H_2	J_2	H_2	J_2	HJ	
8,10	2,94	5,27	0,13	5,66	5,64
7,94	5,30	3,18	0,54	9,52	9,49
8,07	9,37	1,40	2,60	13,34	13,47
8,12	14,44	0,72	7,03	14,82	14,93
8,02	27,53	0,32	19,83	15,40	15,54
7,89	33,10	0,33	25,54	15,12	15,40

kennt, und man kann nun den Prozentsatz aller vorhandenen Stoffe analytisch ermitteln, was von H. Bodenstein durchgeführt wurde. Tab. 6 zeigt, daß die Menge des gebildeten Jodwasserstoffes stark abhängt vom Verhältnis der Ausgangsmengen an Jod und Wasserstoff. Der Stoffumsatz erfolgt also nur bis zu einem gewissen Punkt, den man nicht überschreiten kann. Man sagt dann, die reagierenden Stoffe und ihre Produkte befinden sich im chemischen Gleichgewicht.

68. Katalysatoren

Den Begriff des Gleichgewichts hat man aus der Mechanik übernommen, und man kann beim chemischen Gleichgewicht ebensowenig eine Veränderung des Systems feststellen, wie bei einem im Gleichgewicht befindlichen mechanischen System, z. B. einer austarierten Waage. Dies Beispiel bietet noch eine weitere Vergleichmöglichkeit insofern, als eine Waage, die sich nicht bewegt, keineswegs immer im Gleichgewicht zu sein braucht. Man muß dazu auch noch wissen, ob die Waage arretiert ist oder nicht. Ebenso gibt es bei chemischen Untersuchungen Fälle, in welchen sich „Hemmungen" der Reaktion bemerkbar machen. Man muß dann die Reaktion erst durch irgendwelche Hilfsmittel in Gang bringen oder beschleunigen; sie muß erst „angeregt" werden. Z. B. bleibt ein Gemisch von Wasserstoff und Sauerstoff bei Zimmertemperatur ohne Veränderung. Wenn jedoch ein Funke im Reaktionsraum erzeugt wird, findet eine explosionsartige Vereinigung beider Stoffe zu Wasser statt. Das System befand sich also nicht im Gleichgewicht und die vorhandenen Hemmungen wurden durch den Funken beseitigt. Bei Vorliegen eines wirklichen Gleichgewichts darf eine derart kleine und kurz dauernde Veränderung des Systems die Zusammensetzung nicht so weitgehend verändern. — Die gleiche Wirkung bringt auch ein kleines Stückchen Platinschwamm hervor. Der Platinschwamm beschleunigt den Ablauf der ursprünglich außerordentlich langsam verlaufenden Reaktion und das „stabile" Gleichgewicht stellt sich ein. Wir erkennen dies daran, daß ein neuerlicher Funke keine Veränderungen des Systems mehr bewirkt. Stoffe, die (wie im vorliegenden Falle das Platin) eine Reaktion beschleunigen, ohne jedoch die Lage des Gleichgewichts zu ändern, und die außerdem unverändert aus der Reaktion hervorgehen, bezeichnet man als „Katalysatoren" (Anreger der Reaktion).

Wir erkennen also, daß das chemische Gleichgewicht dadurch gekennzeichnet ist, daß eine kleine Veränderung der inneren oder äußeren Bedingungen, unter denen sich das System befindet, ebenfalls einen nur kleinen Umsatz mit sich bringt. Im Beispiel der Waage würde das zusätzliche Auflegen eines kleinen Gewichtsstückes einer solchen Änderung entsprechen, während bei chemischen Systemen ein geringer Stoffzusatz oder eine geringfügige Änderung von Druck oder Temperatur solche Änderungen vorstellen.

69. Kinetische Ableitung des Massenwirkungsgesetzes

Daß die Lage des Gleichgewichts, also das im Gleichgewicht vorhandene Mengenverhältnis der Stoffe nicht nur von Druck, Temperatur und anderen äußeren Bedingungen abhängt, sondern wesentlich durch die Konzentration der Ausgangsstoffe zu Beginn der Reaktion bestimmt wird, wurde erstmals von Guldberg und Waage (1867) erkannt und ist als das Gesetz der chemischen Massenwirkung bekannt (MWG).

Am einfachsten gelangt man zu diesem Gesetz mit Hilfe der kinetischen Theorie, und zwar betrachten wir das Gasgemisch als den einfachsten Fall. Kinetisch stellen wir uns ein Gas vor als aus einzelnen Molekeln bestehend, die sich dauernd bewegen und gegeneinanderstoßen. Eine chemische Umsetzung kann offenbar nur dann erfolgen, wenn zwei Teilchen aneinanderstoßen. Zur Berechnung des chemischen Umsatzes müssen wir also die Stoßzahl ermitteln. Das ist mit Hilfe der kinetischen Theorie ohne weiteres möglich. Die Zahl wird um so größer sein, je höher die Temperatur ist, und wird ferner von der Volumkonzentration der Stoffe derart abhängen, daß bei höherer Konzentration auch die Stoßzahl wächst. Damit ist der Kern des MWG schon gegeben. Zur genauen Ableitung betrachten wir zunächst die Reaktion $H_2 + J_2 \rightleftarrows 2\,HJ$.

Gehen wir von reinem H_2 und reinem J_2 aus, so bildet sich durch Zusammenstoß von H_2- und J_2-Molekeln Jodwasserstoff. Je mehr HJ sich bildet, um so häufiger stoßen auch 2 HJ-Molekeln zusammen, wobei diese zerfallen und H_2 und J_2 zurückgebildet werden. Schließlich spielt sich das Gleichgewicht ein, und es zerfallen genau soviel HJ-Molekeln wie aus H_2 und J_2 gebildet werden. Das Gleichgewicht bedeutet also nur einen scheinbaren Stillstand der Reaktion; tatsächlich ist nur der Umsatz in der einen Richtung gleich dem in der anderen Richtung, also die Geschwindigkeit der Hinreaktion gleich der der Rückreaktion. Wir müssen also Ausdrücke für diese Geschwindigkeit aufstellen. Zu diesem Zweck betrachten wir im Gleichgewicht Hin- und Rückreaktion getrennt. Das ist erlaubt, weil ja z. B. die Molekeln H_2 und J_2 sich völlig unabhängig von den HJ-Molekeln bewegen, also gewissermaßen nichts voneinander wissen.

Wir betrachten das Einheitsvolumen und greifen eine H_2-Molekel heraus; dann ist die Zahl n der Stöße in der Zeiteinheit, die diese Molekel mit den J_2-Molekeln erleidet, offenbar proportional der Konzentration c_{J_2} der J_2-Molekeln; also $n = k_1 \cdot c_{J_2}$. Haben wir 2 H_2-Molekeln, so ist die Häufigkeit der Stöße doppelt so groß, also $n = k_1 \cdot 2 \cdot c_{J_2}$; sind nun im Einheitsvolumen c_{H_2}-Molekeln vorhanden, so beträgt die Stoßzahl $n = k_1 \cdot c_{H_2} \cdot c_{J2}$. Nun führen aber sicherlich nicht alle vorkommenden Stöße zu einem chemischen Umsatz, sondern nur z. B. besonders heftige oder genau treffende. Daher ist der Umsatz nicht direkt durch die Stoßzahl n in der Zeiteinheit, sondern einen nur von der Temperatur (Heftigkeit!) abhängigen Bruchteil gegeben. Das bedeutet, daß in dem Ausdruck $n = k_1 \cdot c_{H2} \cdot c_{J2}$ die Konstante k_1 einen anderen Wert erhält, den wir mit K_1 bezeichnen wollen. Die Geschwindigkeit der Hinreaktion ist also gegeben durch

$$v_1 = K_1 \cdot c_{H_2} \cdot c_{J_2}.$$

Die Ermittlung der Geschwindigkeit der Rückreaktion erfolgt in genau der gleichen Weise. Zur Reaktion ist der Zusammenstoß von 2 HJ-Molekeln erforderlich. Hätten wir nur eine spezielle HJ-Molekel, die mit den übrigen zum erfolgreichen Stoß kommen kann, so wäre die Stoßzahl gegeben durch $n = k_2 \cdot c_{HJ}$. Hätten wir im Einheitsvolumen 2 solcher HJ-Molekeln, so wäre n doppelt so groß, also $n = 2 \cdot k_2 \cdot c_{HJ}$. Liegen c_{HJ}-Molekeln vor, so muß daher die Stoßzahl gegeben sein durch $n = k_2 \cdot c_{HJ} \cdot c_{HJ} = k_2 \cdot c^2_{HJ}$. Da wiederum nur ein bestimmter Bruchteil der Stöße zum chemischen Umsatz führen wird, müssen wir die Konstante k_2 durch eine andere K_2 ersetzen und erhalten damit für die Geschwindigkeit v_2 der Rückreaktion

$$v_2 = K_2 \cdot c^2_{HJ}.$$

Im Gleichgewicht müssen nun v_1 und v_2 gleichgroß sein, sonst liegt kein Gleichgewicht vor. Also erhalten wir aus $v_1 = v_2$:

$$K_1 \cdot c_{H_2} \cdot c_{J_2} = K_2 \cdot c^2_{HJ}$$

oder

$$\frac{c^2_{HJ}}{c_{H_2} \cdot c_{J_2}} = \frac{K_1}{K_2} = K.$$

Das ist der mathematische Ausdruck für das MWG. Der Quotient K_1/K_2 ist eine nur von der Temperatur abhängige Konstante, die als Gleichgewichtskonstante K bezeichnet wird. Wir erkennen somit, daß bei gegebener Konzentration von H_2 und J_2 und gegebener Gleichgewichtskonstante K die Konzentration c_{HJ} eindeutig festgelegt ist.

Als zweites Beispiel wählen wir die Reaktion

$$N_2 + 3H_2 = 2NH_3.$$

Damit eine Reaktion eintreten kann, müssen offenbar 3 H_2- und 1 N_2-Molekel gleichzeitig zusammenstoßen, d. h. es muß ein Viererstoß erfolgen. Greifen wir wieder eine H_2-Molekel heraus, so beträgt die Häufigkeit der Zweierstöße zwischen dieser und den übrigen H_2-Molekeln $n = K_1 \cdot c_{H_2}$. Da nun alle H_2-Molekeln miteinander zusammenstoßen können, ist also die Häufigkeit aller Zweierstöße $n = K_1 \cdot c^2_{H_2}$ ähnlich wie im Beispiel des HJ-Gleichgewichts. Auf alle solche gerade sich berührende „Doppelmolekeln" soll jetzt noch gleichzeitig eine dritte H_2-Molekel stoßen. Eine bestimmte H_2-Molekel kann solche Doppelmoleküle um so öfter treffen, je größer deren Menge ist. Diese ist natürlich proportional der Häufigkeit der Zweierstöße $n = K_1 \cdot c^2_{H_2}$. Sind nun im betrachteten Volumen c_{H_2} Molekeln Wasserstoff vorhanden, so ist also die Häufigkeit der Dreierstöße gleich

$$n = k' \cdot c^2_{H_2} \cdot c_{H_2} = k' \cdot c^3_{H_2}.$$

Die zur Reaktion noch erforderliche N_2-Molekel kann nun wiederum um so häufiger stoßen, je größer die Konzentration der Dreifach-Molekeln ist und die Häufigkeit dieser Viererstöße ist also gegeben durch

$$n = K_1 \cdot c^3_{H_2} \cdot c_{N_2}.$$

Da wieder nur ein Bruchteil dieser Stöße erfolgreich sein wird, ist die Konstante k' durch eine andere K_1 zu ersetzen, wenn wir die Geschwindigkeit der Reaktion ermitteln wollen. Er wird also

$$v_1 = K_1 \cdot c^3_{H_2} \cdot c_{N_2}.$$

Zur Rückreaktion müssen 2 NH_3-Molekeln zusammenstoßen, weswegen sich für diese Geschwindigkeit ähnlich wie beim HJ-Gleichgewicht ergibt

$$v_2 = K_2 \cdot c^2_{NH_3}.$$

Durch Gleichsetzen von v_1 und v_2 ergibt sich also als Ausdruck für das MWG

$$K_1 \cdot c^3_{H_2} \cdot c_{N_2} = K_2 \cdot c^2_{NH_3}$$

oder

$$\frac{c^2_{NH_3}}{c^3_{H_2} \cdot c_{N_2}} = \frac{K_1}{K_2} = K.$$

Aus diesen beiden Beispielen erkennt man nun die allgemeine Form, die das MWG besitzen muß, falls eine Reaktionsgleichung der Art

$$n_1 \cdot A + n_2 \cdot B + \cdots = n_1' \cdot C + n_2' \cdot D + \cdots$$

vorliegt. Als Zähler erscheint nämlich immer das Produkt der Konzentrationen der Stoffe auf der rechten Seite, wobei als Exponent an den betreffenden Konzentrationen die in der Gleichung auftretende Molekelzahl (n'_1 oder $n'_2 \ldots$) erscheint. Im Nenner steht der gleiche Ausdruck, bezogen auf die linke Seite. Dieser Quotient ist nach dem MWG eine Konstante, gleich der Gleichgewichtskonstanten K_c, wobei zu beachten ist, daß als Konzentrationsmaß die Molzahl in der Volumeinheit gewählt werden muß. Das MWG lautet also für homogene Reaktionen in seiner allgemeinsten Form:

$$\frac{c_C^{n_1'} \cdot c_D^{n'_2} \cdots}{c_A^{n_1} \cdot c_B^{n_2} \cdots} = K_c .$$

Es ist natürlich gleichgültig, welche Konzentrationen man in den Zähler schreibt; eine Übereinkunft hierüber besteht nicht. In diesem Buch soll immer die rechte Seite des Reaktionsschemas im Zähler erscheinen, da auf dieser fast immer die Endprodukte der Reaktion stehen, an denen man interessiert ist. Einem größeren K entspricht dann auch eine größere Ausbeute, was leicht zu merken ist.

Verschiedene Konzentrationsmaße: Statt der Volumenkonzentration kann man auch irgendein anderes Maß verwenden, wie z. B. die Partialdrucke der betreffenden Gase oder ihre Molenbrüche. Mit der Volumenkonzentration hängen z. B. die Partialdrucke zusammen über das Gasgesetz. Bezeichnen wir die Molzahl des i-ten (wobei i also irgendeins der Gase bezeichnet) vorhandenen Gases mit n_i und das Reaktionsvolumen mit v, so ist $c_i = n_i/v$, und in dieser Gleichung kann jetzt v mittels des allgemeinen Gasgesetzes $pv = n \cdot RT$ durch p ausgedrückt werden. Wegen $p_i \cdot v = n_i \cdot RT$ ist dann

(I) $$c_i = \frac{n_i}{v} = p_i \cdot \frac{1}{RT}.$$

Weiterhin hängt der Partialdruck p eines Gases mit seinem Molenbruch x_i zufolge des Daltonschen Gesetzes zusammen durch die Beziehung $p_i = x_i \cdot p$, wo p den Gesamtdruck im Reaktionsgefäß bedeutet. Daher wird also

(II) $$c_i = x_i \cdot \frac{p}{RT}.$$

Unter Umständen kann man bei bekanntem, festem Volumen v auch die Molzahlen n_i selbst als Konzentrationsmaß verwenden. Je nachdem, ob man nun das MWG in Volumkonzentrationen, Partialdrucken, Molenbrüchen oder Molzahlen schreibt, erhält man verschiedene Ausdrücke und bezeichnet dementsprechend die einzelnen Gleichgewichtskonstanten durch K_c, K_p, K_x oder K_n. Der Wert des Konstanten bleibt immer dann der gleiche, gleichgültig, ob ich c_i, p_i, x_i oder n_i als Maß verwende, wenn bei der Umrechnung die Umrechnungsfaktoren sich wegheben, wenn also im Zähler gleichviel Faktoren c wie im Nenner stehen. Das ist immer dann der Fall, wenn es sich um Reaktionen ohne Änderung der Molzahl handelt, wie das z. B. beim HJ-Gleichgewicht der Fall ist. Für diese Reaktion $H_2 + J_2 \rightleftarrows 2\,HJ$ folgt z. B.

$$K_c = \frac{c^2_{HJ}}{c_{H_2} \cdot c_{J_2}} = \frac{n^2_{HJ} \cdot v \cdot v}{c^2 \cdot n_{H_2} \cdot n_{J_2}} = \frac{n^2_{HJ}}{n_{H_2} \cdot n_{J_2}} = K_n$$

$$K_c = \frac{c_{HJ}^2}{c_{H_2} \cdot c_{J_2}} = \frac{p_{HJ}^2}{p_{H2} \cdot p_{J2}} = K_p = \frac{x_{HJ}^2}{x_{H_2} \cdot x_{J_2}} = K_x.$$

Für Reaktionen ohne Änderung der Molzahl gilt also

$$K_c = K_p = K_x = K_n.$$

Erfolgt bei der Reaktion eine Änderung der Molzahl, so erhalten wir ein anderes Ergebnis. Für das Beispiel $A + B \rightleftarrows AB$ lautet das MWG $\frac{c_{AB}}{c_A \cdot c_B} = K_c$. Es entsteht also aus zwei Molen der linken Gleichungsseite nur ein Mol AB. Ersetzen wir jetzt c_i durch p_i oder x_i, so heben sich die Umrechnungsfaktoren nicht mehr fort, sondern man erhält:

$$K_c = \frac{c_{AB}}{c_A \cdot c_B} = \frac{p_{AB} \cdot 1/RT}{p_A \cdot 1/RT \cdot p_B \cdot 1/RT}$$

$$= \frac{p_{AB}}{p_A \cdot p_B} \cdot RT = K_p \cdot RT,$$

also

$$K_c = K_p \cdot RT.$$

Ähnlich folgt

$$K_c = \frac{c_{AB}}{c_A \cdot c_B} = \frac{x_{AB} \cdot p/RT}{x_A \cdot p/RT \cdot x_B \cdot p/RT}$$

$$= \frac{x_{AB}}{x_A \cdot x_B} \cdot \frac{RT}{p} = K_x \cdot \left(\frac{RT}{p}\right)$$

und

$$K_c = \frac{c_{AB}}{c_A \cdot c_B} = \frac{n_{AB} \cdot v \cdot v}{v \cdot n_A \cdot n_B} = \frac{n_{AB}}{n_A \cdot n_B} \cdot v = K_n \cdot v.$$

Je nach dem Reaktionstyp ist der Faktor, mit dem die verschiedenen Werte von K ineinander umgerechnet werden können, verschieden; und zwar steht bei RT bzw. $\frac{RT}{p}$ bzw. v als Exponent der Überschuß der Summe der Molzahlen der rechten Seite des Reaktionsschemas über die auf der linken Seite insgesamt stehenden Molzahlen. Bezeichnen wir die Molzahlen wie im allgemeinen Schema

$$n_1 \cdot A + n_2 B + \cdots \rightleftarrows n_1' \cdot C + n_2' \cdot D + \cdots$$

so steht als Exponent also $\Sigma n - \Sigma n'$ und wir erhalten allgemein

$$\text{(III)} \quad K_c = K_p \cdot (RT)^{\Sigma n - \Sigma n'}$$

$$= K_x \left(\frac{RT}{p}\right)^{\Sigma n - \Sigma n'} = K_n \cdot (v)^{\Sigma n - \Sigma n'},$$

wobei

$$\Sigma n = n_1 + n_2 + n_3 + \cdots$$

$$\Sigma n' = n'_1 + n'_2 + \cdots$$

ist. Z. B. ist für die Reaktion $N_2 + 3\,H_2 \rightleftarrows 2\,NH_3$

$n_1 = 1$, $n_2 = 3$, $n'_1 = 2$; $\Sigma n = 4$; $\Sigma n' = 2$; also $\Sigma n - \Sigma n' = 2$.

Aus der Beziehung zwischen den Gleichgewichtskonstanten erkennen wir noch folgendes: K_p unterscheidet sich bei Reaktionen mit Änderung der Molzahl von K_c um einen von der Temperatur abhängigen Faktor. Da aber K_p selbst schon temperaturabhängig ist, bedeuten K_c und K_p dem Sinne nach das gleiche, nämlich eine nur von der Temperatur abhängige Konstante; (beide besitzen allerdings für gleiche Temperatur nicht den gleichen Zahlenwert). Anders ist dies bei Betrachtung von K_x und K_c. Wählen wir nämlich die Molenbrüche x_i als Maß der Konzentration, so folgt aus der obigen Beziehung, daß K_x nicht nur von der Temperatur, sondern auch vom Druck p abhängt, unter welchem das Gasgemisch steht:

$$K_x = K_c \cdot \left(\frac{p}{RT}\right)^{\Sigma n - \Sigma n'}.$$

Ist der Exponent positiv, so findet eine Abnahme der Molzahl bei der Reaktion statt, wie im obigen Beispiel des NH_3-Gleichgewichts. Wächst nun in diesem Fall der Druck p, so muß auch K_x größer werden, da ja K_c konstant und von p unabhängig ist. Eine Zunahme von K_x bedeutet aber, daß x_{NH_3} auf Kosten von x_{H_2} und x_{N_2} wächst. Wir erhalten also eine größere Ausbeute an NH_3-Molekülen. Die Gesamtmolzahl nimmt infolgedessen bei zunehmendem Druck ab, d. h. das Gasgemisch gibt dem Druck nach und wandelt sich derart um, daß der zusätzliche Druck möglichst wenig zur Auswirkung kommt. Dies ist ein Beispiel für das nach Le Chatelier benannte Prinzip des kleinsten Zwanges; es besagt:

Übt man auf ein im Gleichgewicht befindliches System durch Änderung der äußeren Bedingungen einen Zwang aus, so ändert sich das System so, daß es dem äußeren Zwange ausweicht.

Haben wir Gasreaktionen ohne Änderung der Molzahl, so gilt $K_c = K_x = K_p = K_n$; solche Gleichgewichte sind also vom Druck unabhängig.

Ausbeute bei homogenen Gasreaktionen: Mittels des allgemeinen Ausdrucks für das MWG können wir nun berechnen, welche Ausbeute sich bei bestimmten Konzentrationsverhältnissen ergibt, wenn wir erstens die Gleichgewichtskonstante, zweitens die Ausgangskonzentrationen und drittens das Reaktionsschema kennen. Die Durchführung solcher Berechnungen sei an den folgenden Beispielen erläutert:

I. $H_2 + J_2 \rightleftarrows 2\,HJ$: Als Ausgangsmengen seien vorhanden n_{H_2} Mole H_2 und n_{J_2} Mole Jod, aus denen sich im Gleichgewicht die zunächst unbekannte Anzahl y Mole HJ gebildet haben sollen. Auf Grund des Reaktionsschemas verschwinden nun für jedes gebildete Mol HJ $\frac{1}{2}$ Mol Wasserstoff und $\frac{1}{2}$ Mol Jod. Bilden sich y Mole HJ, so verschwinden je $y/2$ Mole Wasserstoff und Jod. Im Gleichgewicht sind also noch vorhanden $(n_{H_2} - y/2)$ Mole H_2 und $(n_{J_2} - y/2)$ Mole J_2, außerdem y Mole HJ. Da es sich um eine Reaktion ohne Änderung der Molzahl handelt, hat die Gleichgewichtskonstante immer den gleichen Wert, gleichgültig, welches Konzentrationsmaß wir wählen. Wir können also direkt die Molzahlen in den Ausdruck des MWG einsetzen.

$$K = \frac{n_{HJ}^2}{n_{H_2} \cdot n_{J_2}} = \frac{y^2}{(n_{H_2} - y/2) \cdot (n_{J_2} - y/2)}.$$

Löst man diese Gleichung nach y auf, so ergibt sich die Ausbeute an Jodwasserstoff bei gegebener Gleichgewichtskonstante.

II. $N_2O_4 \rightleftarrows 2NO_2$; Dissoziation des Stickstofftetroxyds. Es handelt sich um eine Reaktion mit Änderung der Molzahl. Zunächst seien n Mole N_2O_4 vorhanden, aus denen sich im Gleichgewicht y Mole NO_2 gebildet haben sollen. Auf Grund des Reaktionsschemas verschwindet auf jedes gebildete Mol NO_2 ½ Mol N_2O_4, also sind auf y Mole NO_2 $y/2$ Mole N_2O_4 verbraucht worden. Im Gleichgewicht sind also nur noch vorhanden $(n - y/2)$ Mole N_2O_4 und außerdem y Mole NO_2. Die Gesamtzahl ist also $n - y/2 + y = n + y/2$. Nehmen wir an, es sei uns K_c gegeben; dann folgt für das MWG

$$K_c = \frac{c_{NO_2}^2}{c_{N_2O_4}} = \frac{y^2 \cdot v}{v^2 \cdot (n - y/2)} = \frac{y^2}{v \cdot (n - y/2)},$$

worin v das Gesamtvolumen des Systems bedeutet. Dies müßten wir also auch noch messen, um y berechnen zu können. Gewöhnlich wird man aber den Druck p, unter dem das System steht, einfacher angeben können und daher v mit Hilfe des allgemeinen Gasgesetzes durch p ausdrücken. Die gesamte Anzahl Mole ist $n + y/2$; also lautet das Gasgesetz $p \cdot v = (n + y/2) \cdot RT$, woraus sich ergibt $v = (n + y/2) \cdot \frac{RT}{p}$.

Also gilt

$$K_c = \frac{y^2}{(n + y/2) \cdot (n - y/2)} \cdot \frac{p}{RT}$$

oder

$$K_c = \frac{y^2}{n^2 - y^2/4} \cdot \frac{p}{RT}.$$

Zur Ermittlung der Ausbeute muß also außer K_c auch der Gesamtdruck p bekannt sein. Verwenden wir als Konzentrationsmaß die Partialdrucke, die mit den Molzahlen durch Gleichung (I) verknüpft sind, so folgt wegen

$$p_{NO_2} = n_{NO_2} \cdot \frac{RT}{v} = y \cdot \frac{RT}{v};$$

$$p_{N_2O_4} = n_{N_2O_4} \cdot \frac{RT}{v} = (n - y/2) \cdot \frac{RT}{v}; \; v = (n + y/2) \cdot \frac{RT}{p}$$

zunächst durch Einsetzen von v

$$p_{NO_2} = p \cdot \frac{y}{n + y/2}; \; p_{N_2O_4} = p \cdot \frac{n - y/2}{n + y/2}.$$

Damit wird dann

$$K_p = \frac{p^2_{NO_2}}{p_{N_2O_4}} = \frac{p^2 \cdot y^2 \cdot (n + y/2)}{(n + y/2)^2 \cdot p \cdot (n - y/2)} = p \cdot \frac{y^2}{n^2 - y^2/4}.$$

Das gleiche Ergebnis hätten wir auch aus Gleichung (III) unter Benutzung des obigen Wertes von K_c unter Berücksichtigung der Tatsache finden können, daß $\Sigma n = 1$, $\Sigma n' = 2$, also $\Sigma n - \Sigma n' = -1$ ist. Es ist nämlich nach Gleichung (III)

$$K_c = K_p \cdot (RT)^{\Sigma n - \Sigma n'} = K_p \cdot (RT)^{-1} = K_p \cdot \frac{1}{RT},$$

also

$$K_p = RT \cdot K_c = RT \cdot \frac{y^2}{n^2 - y^2/4} \cdot \frac{p}{RT} = p \cdot \frac{y^2}{n^2 - y^2/4}.$$

Verwenden wir als Konzentrationsmaß die Molenbrüche x_{NO_2}, und $x_{N_2O_4}$, so folgt wegen $n_{NO_2} = y$ und $n_{N_2O_4} = n - y/2$

$$x_{NO_2} = \frac{y}{n + y/2}; \quad x_{N_2O_4} = \frac{n - y/2}{n + y/2}.$$

Daraus folgt

$$K_x = \frac{x^2_{NO_2}}{x_{N_2O_4}} = \frac{y^2}{n^2 - y^2/4}.$$

In der angegebenen Weise kann man also mittels der Reaktionsgleichung und der Ausgangskonzentrationen immer die Form des MWG finden, die gerade verlangt wird.

D i s s o z i a t i o n s g r a d: Bei Reaktionen wie der Dissoziation des N_2O_4 interessiert oft nicht die Ausbeute an sich, sondern nur der Dissoziationsgrad α, also der *Bruchteil von Molekeln, der zerfallen ist.* Haben wir anfänglich n Mole N_2O_4 und beträgt der Dissoziationsgrad α, so bedeutet das, daß $n\alpha$ Molekeln zerfallen sind, während die Differenz $n - n \cdot \alpha = n\ (1 - \alpha)$ noch vorhanden ist. Wir können mittels α ebenfalls die Konzentrationen angeben, denn aus $n \cdot \alpha$ zerfallenden N_2O_4-Molekeln entsteht auf Grund des Reaktionsschemas die doppelte Zahl, nämlich $2 \cdot n\alpha$ Molekeln NO_2. Die Gesamtmolzahl im Dissoziationsgleichgewicht ist daher $n\ (1 - \alpha) + 2n\alpha = n\ (1 + \alpha)$ Mole. Damit werden z. B. die Molenbrüche

$$x_{NO_2} = \frac{2n\alpha}{n\,(1+\alpha)} = \frac{2\alpha}{1+\alpha}\,;\quad x_{N_2O_4} = \frac{n\,(1-\alpha)}{n\,(1+\alpha)} = \frac{1-\alpha}{1+\alpha}$$

und wir erhalten

$$K_x = \frac{4\alpha^2}{1-\alpha^2} \text{ oder mittels Gleichung (III):}$$

$$K_c = \frac{p}{RT} \cdot \frac{4\alpha^2}{1-\alpha} \text{ und } K_p = p \cdot \frac{4\alpha^2}{1-\alpha^2}.$$

Man kann also je nach Bedarf mit K_c, K_p oder K_x rechnen. Aus der letzten Formel erkennt man, daß der Dissoziationsgrad mit abnehmendem Druck zunehmen muß, damit K_p den gleichen Wert beibehält. Das entspricht wieder dem Prinzip von Le Chatelier. Nimmt der Druck ab, so verlagert sich das System nach der Richtung, in der mehr Mole gebildet werden, so daß der größere zur Verfügung stehende Raum vom System so gut wie möglich ausgefüllt wird; die NO_2-Bildung nimmt also zu.

Umgekehrt kann man natürlich bei der erstmaligen Untersuchung von Gleichgewichten die Gleichgewichtskonstante ermitteln, indem man die Ausgangskonzentrationen und die Gleichgewichtskonzentrationen der Endprodukte analytisch feststellt, wie dies aus dem Beispiel des HJ-Gleichgewichts in Tab. 6 hervorgeht.

Weiter kann das MWG zur Prüfung der Richtigkeit eines Reaktionsschemas dienen. Das MWG sagt ja aus, daß der Quotient der Konzentrationen, der sich aus dem angenommenen Reaktionsschema ergibt, für jedes Verhältnis der Ausgangskonzentrationen eine Konstante sein muß. Man mißt nun für eine ganze Reihe wechselnder Ausgangskonzentrationen die Gleichgewichtskonzentrationen und bildet mit den analytisch gefundenen Konzentrationswerten den Quotienten, der das MWG auf Grund des angenommenen Reaktionsschemas darstellt. Ist der Quotient tatsächlich eine Konstante, so ist das Schema richtig, während bei inkonstanten Ergebnissen für K ein anderes Reaktionsschema gewählt werden muß. Aus Tab. 6 erkennt man, daß offensichtlich das Reaktionsschema der HJ-Bildung richtig ist, da die Abweichungen von K innerhalb der Fehlergrenzen der Analysenmethode liegen. (Vergleich von Spalte 5 und 6!)

70. Thermodynamische Gleichgewichtsbedingungen

Die kinetische Ableitung des Massenwirkungsgesetzes läßt sich nicht in allen Fällen mit Erfolg anwenden, z. B. nicht für eine Reaktion $A + B \rightarrow AB$. Allgemeine Gültigkeit können wir auch nur für eine thermodynamische Ableitung erwarten. Diese läßt sich im Anschluß an den auf Seite 73 erwähnten Satz formulieren, daß in einem abgeschlossenen System die Entropie stets zunimmt. Irgendwelche Prozesse, also auch chemische Reaktionen, können sich daher nicht mehr abspielen, wenn die Entropie ihr Maximum erreicht hat. Dann ist Gleichgewicht eingetreten. Im Maximum ist der I. Differentialquotient gleich Null, also gilt als *Gleichgewichtsbedingung für abgeschlossene Systeme*

$$dS = 0$$

Ist das System noch nicht im Gleichgewicht, so kann noch

$$dS > 0$$

sein. Also allgemein für Vorgänge in abgeschlossenen Systemen $dS \geqq 0$.

Ein abgeschlossenes System ist im Labor nicht das normale, sondern man hat meist als Nebenbedingung für eine Reaktion die Konstanz von Temperatur oder Druck oder Volumen. Für diese Fälle knüpfen wir an die allgemeinere Formulierung (s. Seite 73 Gl. (19)) an, die man für differentielle Änderungen schreiben kann.

$$\frac{\delta Q_{irr}}{T} < dS.$$

Nach dem immer gültigen I. Hauptsatz muß sein

$$\delta Q_{irr} = dU - \delta A_{irr}.$$

Im Fall einer freiwillig laufenden Reaktion bei konstantem Druck (übliche Laborbedingungen) ist der gesamte Arbeitsaustausch gleich der als reversibel angenommenen Volumarbeit $-p \cdot dV$, da bei freiwilligem irreversiblen Ablauf keine chemische Arbeit beobachtet wird. Also gilt

$$\delta Q_{irr} = dU + p \cdot dV.$$

Für $p =$ konst. (also $dp = 0$) kann man das auch schreiben

$$\delta Q_{irr} = d(U + p \cdot V).$$

Daher wird unsere Ungleichung zu

$$\frac{d\,(U + p \cdot V)}{T} < dS$$

Addieren wir auf beiden Seiten $-dS$ und multiplizieren mit T, so bleibt rechts Null und die Ungleichung wird zu

$$d(U + pV) - T \cdot dS < 0.$$

Falls noch $T =$ konst. vorausgesetzt wird, ist wegen $dT = 0$

$$T \cdot dS = d(T \cdot S);$$

daher folgt

$$d(U + pV - TS) < 0;$$

das ist aber identisch mit

$$dG < 0.$$

Freiwillig verlaufende Vorgänge bei p, $T =$ konst. müssen also immer eine Verminderung der Freien Enthalpie G des Systems ergeben. Bei Aufhören der freiwilligen Vorgänge, also *im Gleichgewicht*, ist daher ein *Minimum von* G vorhanden, das durch die Bedingung

$$dG = 0$$

gekennzeichnet werden kann.

dG ist für reversible Vorgänge bei $dp = 0$ und $dT = 0$ gleich $\frac{\partial G}{\partial \lambda}\, d\lambda$. Das ist aber laut Definition $\mathfrak{A} \cdot d\lambda$. Da $d\lambda \neq 0$ angenommen ist (es soll sich wirklich eine Reaktion abspielen!), muß *im Gleichgewicht* $\mathfrak{A} = 0$ und *für freiwillige Vorgänge* $\mathfrak{A} < 0$ sein.

Auf ganz ähnliche Weise findet man für freiwillige Prozesse bei T = konst. und V = konst. (wegen des vollständig fehlenden δA) $dF < 0$ und als Gleichgewichtsbedingung $dF = 0$. Auch für die Reaktionsarbeit $\mathfrak{A}$ folgen die gleichen Bedingungen wie bei Betrachtung von G. Damit wird aber die Lage eines homogenen chemischen Gleichgewichtes als Funktion von p, T und den Konzentrationen der beteiligten Stoffe berechenbar, falls man auf einem reversiblen Weg die Reaktionsarbeit $\mathfrak{A}$ ausrechnen kann (vgl. S. 114).

71. Triebkraft einer Reaktion

Da $\mathfrak{A}$ während einer freiwillig ablaufenden Reaktion von negativen Werten kommend schließlich Null wird, kann man $-\mathfrak{A}$ als Maß für die Triebkraft einer Reaktion verwenden. Diese wichtige Bedeutung von $-\mathfrak{A}$ gibt ein Verfahren an die Hand, die Möglichkeit oder Unmöglichkeit einer unbekannten Reaktion thermodynamisch vorauszuberechnen, ohne daß man die Reaktion überhaupt ablaufen läßt. Man stellt mit Hilfe der Gl. (20), S. 87 aus den $\mathfrak{H}$- und $\mathfrak{S}$-Werten der beteiligten Stoffe fest, ob $\mathfrak{A}$ negativ ausfällt. Ist dies der Fall, so ist die Reaktion thermodynamisch möglich. Findet man ein positives $\mathfrak{A}$, so braucht man nicht weiter an dem Problem zu arbeiten, da ein Ablauf der Reaktion den beiden Hauptsätzen widersprechen würde.

Die thermodynamische Möglichkeit einer Reaktion bedeutet noch nicht, daß in praxi gerade diese Reaktion wirklich abläuft. Es können zwischen den gleichen Ausgangsstoffen auch Reaktionen mit noch *größerer Triebkraft* vorliegen. Ferner ist entscheidend zu beachten, daß der Ablauf der Reaktion (selbst der mit der größten Triebkraft) noch nicht einzutreten braucht, wenn die Geschwindigkeit dieser Reaktion *Hemmungen* unterliegt. Diese Frage läßt sich auf thermodynamischem Wege jedoch nicht klären, sondern erfordert kinetische Betrachtungen (s. Kapitel Reaktions-Geschwindigkeit).

72. Thermodynamische Ableitung des MWG

Zur Ableitung führen wir schrittweise einen Vorgang durch, der das gleiche Ergebnis hat wie die direkte Umsetzung der Ausgangsstoffe in die Endprodukte, der jedoch die reversible Arbeit für jeden Schritt zu berechnen gestattet. Dabei werden die Schritte isotherm und reversibel geleitet.

Es sei gegeben das Reaktionsschema

$$n_1 A + n_2 B + \ldots \leftrightarrows n_1' C + n_2' \cdot D + \ldots$$

und wir nehmen an, daß in einem Kasten I die Ausgangsstoffe A, B ... bei den beliebigen Konzentrationen c_1, c_2, c_3 ... und die Endproduktion C, D, ... bei ebenfalls willkürlichen Konzentrationen c'_1, c'_2, c'_3 ... vorhanden wären. Die vorhandenen Mengen sind dabei so groß vorausgesetzt, daß ein „Formelumsatz" keine wesentlichen Änderungen der Konzentrationen bewirkt. Da die Konzentrationen c und c' völlig willkürlich gewählt sind, wird im allgemeinen kein Gleichgewicht herrschen, so daß die Stoffe anfangen, sich umzusetzen, wobei je Formelumsatz eine bestimmte reversible Arbeit benötigt wird. Wir denken nun die Reaktion im Kasten I irgendwie abgestoppt und führen sie auf einem Umweg durch, der die Ermittlung von A_{rev} erlaubt. Dieser Umweg führt über den sog. Gleichgewichtskasten (van't Hoff), in welchem die Reaktionsteilnehmer bei Anwesenheit eines geeigneten Katalysators in Gleichgewicht vorhanden sind. Die entsprechenden Gleichgewichtskonzentrationen seien

$$C_1,\ C_2,\ \ldots\ C_1',\ C_2',\ C_3',\ \ldots$$

Die auszuführenden Schritte sind nun folgende:

1. *Schritt:* Entnahme von n_1, n_2 ... Molen der Ausgangsstoffe aus dem Kasten I mittels semipermeabler Membranen.

Als semipermeabel bezeichnet man einen Stoff, der nur für e i n Gas durchlässig ist, nicht aber für die übrigen. Zum Beispiel ist Palladium für Wasserstoff durchlässig, nicht aber für Stickstoff. In die Wände des Kastens I sollen also solche Membranen eingebaut sein. — Eine solche Eigenschaft hängt immer damit zusammen, daß der betreffende semipermeable Stoff den einen (durchdringenden) Stoff gut, die übrigen fast gar nicht löst.

Die Größe der Arbeit bei Entnahme von n_1 Molen aus einem Gemisch ermittelt man an Hand von Fig. 10 folgendermaßen: Durch die Membran M hindurch kann nur Gas 1 mit seinem Partialdruck p_1 treten; deswegen drückt auf den Kolben K auch nur der Druck p_1, und die Volumarbeit, die bei Entnahme von n_1 Molen vom System abgegeben wird, ist $A = p_1 \cdot \Delta v$, wo Δv das Volumen ist, um das sich der Kolbenraum vergrößert, wenn n_1 Mole vom Partialdruck p_1 durch die Wand M treten. Auf Grund des Gasgesetzes $p_1 \cdot v = n \cdot RT$ ist dies Volumen $\Delta v = n_1 \cdot \frac{RT}{p_1}$; daher wird $A = p_1 \cdot n_1 \cdot \frac{RT}{p_1} = n_1 \cdot RT$. Da p_1 sich weghebt, ist diese Arbeit pro Mol eines jeden Gases die gleiche und unabhängig von dessen Partialdruck. Da wir n_1 Mole des Gases A, n_2 Mole des Gases B, usw. entnehmen, ist die gesamte Arbeit in diesem Schritt gleich

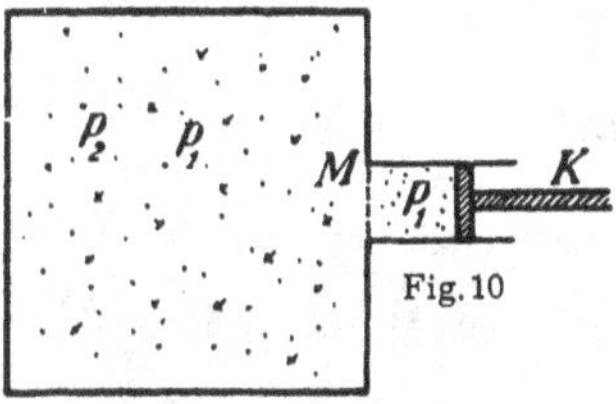

Fig. 10

$$\text{(I)} \quad A_{rev} = -(n_1 + n_2 + n_3 + \cdots) \cdot RT = -(\Sigma n) \cdot RT.$$

Das Minuszeichen muß stehen, weil der Volumvergrößerung des Systems ein Verlust an Arbeit entspricht ($\Delta v = v_1 - v_2 < 0$).

2. *Schritt:* Isotherme und reversible Verdünnung der entnommenen Gasmengen von den Konzentrationen $c_1, c_2, \ldots$ auf die im Gleichgewicht vorhandenen Konzentrationen $C_1, C_2, \ldots$

Die hierzu nötige Arbeit ist für n Mole gegeben durch den Ausdruck $A_{rev} = n_1 \cdot RT \ln \frac{v_1}{v_2}$ (vgl. S. 41). Darin bedeutet v_1 das Volumen, das n_1 Mole bei der Konzentration

c_1 einnehmen $\left(c_1 = \frac{n_1}{v_1}\right)$ und v_2 das Volumen, das die n_1 Mole bei der Konzentration C_1 erfüllen $\left(C_1 = \frac{n_1}{v_2}\right)$. Wir ersetzen nun die Volumina durch die entsprechenden Konzentrationen $v_1 = \frac{n_1}{c_1}$; $v_2 = \frac{n_1}{C_1}$. Dann wird

$$A_1 = n_1 \cdot RT \cdot \ln \frac{v_1}{v_2} = n_1 \cdot RT \cdot \ln \frac{C_1}{c_1} = RT \cdot \ln \left(\frac{C_1}{c_1}\right)^{n_1}.$$

Die Summe der Arbeiten für alle Gase ist also

$$A_{rev} = RT \cdot \left| \ln \left(\frac{C_1}{c_1}\right)^{n_1} + \ln \left(\frac{C_2}{c_2}\right)^{n_2} + \ldots \right|$$

oder

$$\text{(II)} \qquad A_{rev} = RT \cdot \ln \frac{C_1^{n} \cdot C_2^{n_2} \ldots}{c_1^{n_1} \; c_2^{n_2} \ldots}$$

3. *Schritt:* Überführung der n_1, n_2 ... Mole der Ausgangsstoffe in den Gleichgewichtskasten.

Wird das sehr langsam durchgeführt, so ändert sich der Gleichgewichtszustand im Kasten nicht merklich, und es wandeln sich die Ausgangsstoffe in die Endprodukte bei den Gleichgewichtskonzentrationen um. Die Überführung selbst wird in ähnlicher Weise wie bei Schritt 1 mit semipermeablen Membranen vorgenommen, und man erkennt sofort, daß die der Fig. 10 entsprechenden Kolben am Gleichgewichtskasten für jedes Mol die Arbeit RT leisten müssen, jetzt aber mit umgekehrtem Vorzeichen wie in Schritt 1. Die Arbeit ist also gegeben durch

$$\text{(III)} \qquad A_{rev} = + (\Sigma n)\; RT.$$

4. *Schritt:* Reaktion der Ausgangsstoffe im Gleichgewichtskasten.

Da die Reaktion unendlich nahe am Gleichgewichtszustand stattfindet, wird hierbei zufolge der Bedingung $A_{rev} = 0$ keine Arbeit umgesetzt. Deswegen ist

(IV) $A_{rev} = 0$.

Um jedoch die Reaktion isotherm durchführen zu können, muß eine der Reaktionswärme entsprechende Wärmemenge Q_{rev} zugeführt werden. Diese hat aber mit der Arbeitsbilanz nichts zu tun.

5. *Schritt:* Entnahme von $n'_1, n'_2, \ldots$ Molen der Endprodukte aus dem Gleichgewichtskasten mittels semipermeabler Wände.

Analog zu Schritt 1 ist hierbei die Arbeit aufzuwenden.

$$\text{(V)} \qquad A_{rev} = -\left(n'_1 + n'_2 + \cdots\right) \cdot RT = -\left(\Sigma n'\right) \cdot RT.$$

6. *Schritt:* Isotherme und reversible Kompression der Endprodukte von den Konzentrationen $C'_1, C'_2, \ldots$ auf die im Kasten I herrschenden Konzentrationen $c'_1, c'_2, \ldots$

Analog zu Schritt 1 ist hierbei die Arbeit aufzuwenden

$$\text{(VI)} \qquad A_{rev} = RT \cdot \ln \frac{c_1'^{n_1'} \cdot c_2'^{n_2'} \ldots}{C_1'^{n'_1} \cdot C_2'^{n_2'} \ldots}$$

7. *Schritt:* Überführung der $n'_1, n'_2, \ldots$ Mole der Endprodukte in den Kasten I mittels semipermeabler Membranen.

Analog zu Schritt 3 erfolgt hierbei der Arbeitsumsatz

$$\text{(VII)} \qquad A_{rev} = +\left(\Sigma n'\right) \cdot RT.$$

Damit haben wir auf dem Umweg über den Gleichgewichtskasten die Ausgangsstoffe in die Endprodukte umgewandelt, und die hierzu benötigte reversible Arbeit ist gleich der Summe aus den einzelnen 7 Schritten. Man erkennt, daß bei der Addition nur die Arbeiten von Schritt 2 und 6 übrigbleiben, so daß folgt

$$A_{rev} = RT \cdot \left[\ln \cdot \frac{C_1^{n_1} \cdot C_2^{n_2} \ldots}{c_1^{n_1} \cdot c_2^{n_2} \ldots} + \ln \frac{c_1'^{n_1} \cdot c_2'^{n_2'} \ldots}{C_1'^{n'_1} \cdot C_2'^{n_2'} \ldots}\right]$$

Nach der Rechenregel für Logarithmen $\ln a + \ln b = \ln(a \cdot b)$

folgt dann $A_{rev} = RT \cdot \left[\ln \frac{c_1'^{n'_1} \cdot c_2'^{n'_2} \ldots \cdot C_1^{n_1} \cdot C_2^{n_2} \ldots}{c_1^{n_1} \cdot c_2^{n_2} \ldots \cdot C_1'^{n'_1} \cdot C_2'^{n_2'} \ldots}\right]$

oder

$$(33a) \qquad A_{rev} = RT \cdot \left| \ln \frac{c_1'^{n_1'} \cdot c_2'^{n_2'} \ldots}{c_1^{n_1} \cdot c_2^{n_2} \ldots} - \ln \frac{C_1'^{n'_1} \cdot C_2'^{n'_2} \ldots}{C_1^{n_1} \cdot C_2^{n_2} \ldots} \right|$$

In diesem Ausdruck sind die mit großen Buchstaben bezeichneten Konzentrationen C und C' als Gleichgewichtskonzentrationen feste Zahlen für jede Reaktion; wir können sie durch eine Konstante K_c ersetzen. Dann ergibt sich:

$$(33) \qquad A_{rev} = RT \cdot \left| \ln \frac{c_1'^{n'_1} \cdot c_2'^{n'_2} \ldots}{c_1^{n_1} \cdot c_2^{n_2} \ldots} - \ln K_c \right| .$$

K_c ist also die Gleichgewichtskonstante der Reaktion, die experimentell bestimmt werden muß. Ist K_c bekannt, so läßt sich mittels Gleichung (24) die reversible Arbeit ausrechnen, die — ausgehend von den Konzentrationen $c_1, c_2, \ldots c'_1, c'_2, \ldots$ — bei einem Formelumsatz verbraucht oder abgegeben wird. Da im Gleichgewicht nach dem II. Hauptsatz $A_{rev} = 0$ sein muß, ergibt sich Gleichgewicht, falls die Beziehung erfüllt ist,

$$(25) \qquad \frac{c_1'^{n'_1} \cdot c_2'^{n'_2} \ldots}{c_1^{n_1} \cdot c_2'^{n_1'} \ldots} = K_c.$$

Das ist aber genau die Form des MWG, die schon S. 103 kinetisch abgeleitet wurde.

Ist $A_{rev} < 0$, so folgt

$$K_c > \frac{c_1'^{n'_1} \cdot c_2'^{n'_2} \ldots}{c_1^{n_1} \cdot c_2^{n_2} \ldots},$$

d. h. die Konzentrationen $c'_1, c'_2, \ldots$ sind zu klein; es müssen sich mehr Endprodukte bilden, die Hinreaktion verläuft freiwillig. Ist $A_{rev} > 0$, so ist der Quotient aus den Konzentrationen zu groß, d. h. es bilden sich freiwillig mehr Mole der Ausgangsstoffe (Rückreaktion).

73. Gültigkeit des MWG; Aktivität

Die hiermit abgeleitete allgemeine Form des MWG ist ermittelt ohne Benutzung kinetischer Vorstellungen, nur unter Verwendung des II. Hauptsatzes und des idealen

Gasgesetzes. Das letztere begrenzt also den Gültigkeitsbereich der abgeleiteten Formel, da der II. Hauptsatz für alle Vorgänge gilt. Sowie die Gase also in derart hohen Konzentrationen vorliegen, daß die Gasgesetze nicht mehr gelten, erhält man auch Abweichungen vom MWG. Um in solchen Fällen trotzdem wenigstens die Form des MWG beibehalten zu können, hat man den sog. *Aktivitätskoeffizienten* f eingeführt. Er ist diejenige Zahl, mit der man die Konzentration c multiplizieren muß, um die in das MWG einzusetzende wirksame (= aktive) Konzentration zu erhalten; also $f \cdot c = a$. a wird Aktivität genannt. Das MWG wäre dann zu formulieren:

$$K_c = \frac{a_1'^{n'_1} \cdot a_2'^{n'_2} \ldots}{a_1^{n_1} \cdot a_2^{n_2} \ldots}.$$

74. Lösungsgleichgewichte

Die Mehrzahl der chemischen Reaktionen findet in Lösung statt, und wir müssen daher eine Gleichgewichtsbedingung auch für Lösungsreaktionen zu ermitteln suchen. Dies gelingt durch Betrachtung des Gleichgewichts einer in Lösung verlaufenden Reaktion mit der überstehenden Gasphase.

Alle gelösten Stoffe besitzen natürlich einen bestimmten Dampfdruck, und man kann die gelösten Stoffe auffassen als Gase, die im Lösungsmittel absorbiert sind. Für das Gleichgewicht der Lösung eines Gases mit dem Gasraum gilt nun, fall es sich um verdünnte Lösungen handelt, das HENRYsche Absorptionsgesetz (s. S. 91), auf Grund dessen die Konzentration $c_{gelöst}$ eines gelösten Gases proportional ist seinem Partialdruck, also seiner Konzentration c_{Gas} in der Gasphase:

(26) $$c_{gelöst} = k \cdot c_{Gas} \text{ oder } c_{Gas} = K \cdot c_{gelöst}.$$

Sind nun mehrere Stoffe in einer verdünnten Lösung vorhanden, so gilt das Gesetz für jeden von ihnen. Da die beiden Phasen Gas und Lösung sich im Gleichgewicht befinden, muß auf Grund des II. Hauptsatzes für die Überführung des Gelösten in die Gasphase und umgekehrt $A_{rev} = 0$ sein. Wir können bei Berücksichtigung dieser Tatsache daher zur Berechnung des Gleichgewichts der in Lösung ablaufenden Reaktion den gleichen Überführungsprozeß verwenden, der bei Ableitung des MWG für Gasreaktionen benutzt wurde. Überführen wir noch vor dem 1. Schritt des Prozesses die durch das Reaktionsschema gegebenen Molzahlen der Ausgangsstoffe aus der Lösung in den Gasraum, machen anschließend die beschriebenen 7 Schritte und überführen als letzten Schritt die Endprodukte aus dem Gasraum in die Lösung, so ergibt sich die gleiche Bilanz für A_{rev}, da die zusätzlichen Schritte keinen Arbeitsumsatz bedingen, und wir erhalten auch dieselbe Gleichgewichtsbedingung. Diese gilt zunächst für die im Gasraum vorhandenen Konzentrationen. Da zufolge des HENRYschen Gesetzes diese Konzentrationen aber proportional den in einer verdünnten Lösung vorhandenen sind, kann man die Gaskonzentrationen durch die Lösungskonzentrationen ersetzen. Hierbei bleibt die Form des MWG die gleiche, nur die Gleichgewichtskonstante K erhält einen anderen Zahlenwert. Damit ist nachgewiesen, daß das MWG auch für homogene Lösungsreaktionen gültig ist, solange die Lösung verdünnt ist. — Man erkennt, daß allerdings die Konstante K nun vom gewählten Lösungsmittel abhängt. Der Wert von K ist also kein Kennzeichen der Reaktion mehr.

75. Reaktionswärmen

Zur Berechnung der Zusammenhänge zwischen den Reaktionswärmen, die bei der gleichen Reaktion unter verschiedenen Bedingungen auftreten, unterscheiden wir am besten einerseits zwischen irreversibel bzw. reversibel ablaufenden und andererseits solchen, die bei konstantem Druck bzw. konstantem Volumen durchgeführt werden. Stets wird angenommen, daß die Temperatur konstant bleibt, d. h., daß die Reaktionsprodukte bei der gleichen Temperatur wie die Ausgangsstoffe vorliegen.

Für alle diese Reaktionen gilt der I. Hauptsatz

$$dU = \delta A + \delta Q.$$

Mit seiner Hilfe haben wir Seite 85 abgeleitet, daß für konstantes Volumen und irreversiblen Ablauf die Reaktionsenergie $\mathfrak{U}$ gleich der irreversiblen Reaktionswärme ist. R e v e r s i b l e r Reaktionsablauf bei V = konst. ergibt das Auftreten der Reaktionsarbeit $\mathfrak{A}$ in vollem Betrage, also beim Formelumsatz $d\lambda$:

$$dU = \mathfrak{A} \cdot d\lambda + \delta Q_{rev}$$

auf Grund des I. Hauptsatzes. Bezieht man auf den Formelumsatz $d\lambda = 1$, so folgt

$$\frac{dU}{d\lambda} = \mathfrak{A} + \frac{\delta Q_{rev}}{d\lambda}$$

oder

$$\boxed{\mathfrak{U} = \mathfrak{A} + \mathfrak{L}_v},$$

wo $\mathfrak{L}_v$ die reversible Reaktionswärme bedeutet. In Worten:

Die *irreversible Reaktionswärme ist gleich der Summe aus Reaktionsarbeit und reversibler Reaktionswärme.*

Für *Reaktionen bei konstantem Druck* ist die Enthalpie H nach den Ausführungen auf Seite 86 die geeignete Funktion. Ihr Differentialquotient nach λ stellt die irreversible Reaktionswärme bei konstantem Druck (oder die *Reaktionsenthalpie)* dar.

R e v e r s i b l e r Reaktionsablauf bei p = konst. ergibt wiederum das zusätzliche Auftreten der Reaktionsarbeit $\mathfrak{A}$. Daher lautet der I. Hauptsatz für diesen Fall

$$\delta U = -p \cdot dV + \mathfrak{A} \cdot d\lambda + \delta Q_{rev}.$$

Für $-p \cdot dV$ setzen wir wieder wegen $dp = 0$ den Wert $d(p \cdot V)$ ein, und können dann umformen in

$$d\,(U + p \cdot V) = \mathfrak{A} \cdot d\lambda + \delta Q_{rev.}$$

$$dH = \mathfrak{A} \cdot d\lambda + \delta Q_{rev.}$$

damit folgt

$$\boxed{\mathfrak{H} = \mathfrak{A} + \mathfrak{L}}$$

wo $\mathfrak{L}$ die reversible Reaktionswärme bei p = konst. bedeutet.

Der Zusammenhang zwischen $\mathfrak{U}$ und $\mathfrak{H}$ ist auf Grund der Gleichungen

$$\mathfrak{U} = \mathfrak{A} + \mathfrak{L}_V \quad \text{und} \quad \mathfrak{H} = \mathfrak{A} + \mathfrak{L}$$

der gleiche wie für $\mathfrak{L}$ und $\mathfrak{L}_V$. Letzterer läßt sich finden, wenn man auf die Definitionsgleichungen zurückgeht. Für reversible Prozesse gilt nach dem II. Hauptsatz $\delta Q = T . dS$. Im Variablensystem V, λ, T würde man dS zerlegen in

$$\text{(I)} \quad \delta Q = T \cdot \frac{\partial S}{\partial V} dV + T \cdot \frac{\partial S}{\partial \lambda} d\lambda + T \cdot \frac{\partial S}{\partial T} dT$$

Der Faktor von $d\lambda$ ist dann der Wärmeumsatz bei $dV = dT = 0$ und $d\lambda = 1$, der definiert wurde als $\mathfrak{L}_V$.

Im Variablensystem p, λ, T würde man dS zerlegen in

$$\text{(II)} \quad \delta Q = T \cdot \frac{\partial S}{\partial p} dp + T \cdot \frac{\partial S}{\partial \lambda} d\lambda + T \cdot \frac{\partial S}{\partial T} dT$$

Hier ist der Faktor von $d\lambda$ gleich $\mathfrak{L}$ bei $dp = dT = 0$. Zur Umrechnung beider Systeme faßt man zweckmäßig V als Funktion von p, λ, T auf, also

$$dV = \frac{\partial V}{\partial p} dp + \frac{\partial V}{\partial \lambda} d\lambda + \frac{\partial V}{\partial T} dT.$$

Durch Einsetzen dieses Wertes in die Gleichung (I) für δQ und Sammeln der Glieder erhält man dann

$$\text{(III)} \quad \delta Q = T \cdot \frac{\partial S}{\partial V} \cdot \frac{\partial V}{\partial p} dp + \left(T \frac{\partial S}{\partial V} \cdot \frac{\partial V}{\partial \lambda} + \mathfrak{L}_v\right) d\lambda + \left(T \frac{\partial S}{\partial V} \cdot \frac{\partial V}{\partial T} + T \frac{\partial S}{\partial T}\right) dT$$

Vergleich der identischen Gleichungen (II) und (III) liefert dann (für die Faktoren von $d\lambda$)

$$T \cdot \frac{\partial S}{\partial V} \cdot \mathfrak{V} + \mathfrak{L}_v = \mathfrak{L}.$$

Dabei ist $T \cdot \frac{\partial S}{\partial V}$ die latente Volumwärme nach Seite 79 und $\mathfrak{V}$ die Reaktionsvolumänderung. Die dritte Gleichung aus dem F-Stammbaum liefert $\frac{\partial S}{\partial V} = \frac{\partial p}{\partial T}$. Also folgt

$$T \cdot \frac{\partial p}{\partial T} \cdot \mathfrak{V} + \mathfrak{L}_v = \mathfrak{L}$$

Der gleiche Zusammenhang gilt für $\mathfrak{U}$ und $\mathfrak{H}$

$$\mathfrak{H} = \mathfrak{U} + T \cdot \frac{\partial p}{\partial T} \cdot \mathfrak{V}$$

Diese Gleichung, sowie auch $\mathfrak{U} = \mathfrak{A} + \mathfrak{L}_v$ und $\mathfrak{H} = \mathfrak{A} + \mathfrak{L}$ gelten für alle Reaktionen, also auch heterogene.

Vereinfachungen ergeben sich jedoch für den Fall, daß die *Reaktion zwischen idealen Gasen* stattfindet. Dann nämlich ist wegen $p . V = RT$

$$T \cdot \frac{\partial p}{\partial T} = p$$

und wir können ferner die Reaktionsvolumänderung $\mathfrak{V}$ einfach berechnen. Da 1 Mol eines beliebigen idealen Gases bei konstantem p und T ein festes Volumen V_M einnimmt, läßt sich $\mathfrak{V}$ mittels der Reaktionsformel

$$\nu_1 . A + \nu_2 B + \ldots \rightarrow \nu_3 C + \nu_4 D + \ldots$$

angeben. Im Beispiel

$$N_2 + 3\, H_2 \rightarrow 2\, NH_3$$

entstehen bei einem Formelumsatz aus 4 Molen Ausgangsgas 2 Mole Endgas. Die Volumänderung pro Formelumsatz ist also $-2\, V_M$. In der allgemeinen Reaktionsformel ist das -2 zu ersetzen durch $\Sigma \nu_i$ (Festsetzungen über die ν_i siehe Seite 31). Daher folgt mit $p\, V_M \equiv RT$

$$\mathfrak{H} = \mathfrak{U} + RT . \Sigma \nu_i \text{ (für Gasreaktionen)}$$

und auch

$$\mathfrak{L} = \mathfrak{L}_v + RT \cdot \Sigma \nu_i$$

76. Heßscher Satz

Auf Grund des I. Hauptsatzes muß es hinsichtlich des Energieumsatzes $\mathfrak{U}$ gleichgültig sein, auf welchem Wege man eine Reaktion durchführt, da $\mathfrak{U}$ eine Zustandsfunktion ist. Dies gilt für $dV = dT = 0$. Falls man bei konstantem Druck arbeitet, gilt die gleiche Überlegung für die Enthalpie H, also auch für die Reaktionsenthalpie $\mathfrak{H}$. Dieser Satz wurde schon 1840 von HESS gefunden und wird häufig als *Gesetz von den konstanten Wärmesummen* bezeichnet. Beispielsweise kann man eine wäßrige Ammoniumchloridlösung aus Ammoniakgas, Chlorwasserstoffgas und Wasser dadurch herstellen, daß man einmal NH_3 und HCl im Gaszustand reagieren läßt und das entstehende NH_4Cl in Wasser auflöst, oder indem man erst beide Gase getrennt in Wasser löst und die Lösungen dann vermischt.

Die Enthalpieänderung des Systems muß bei beiden Wegen die gleiche sein. Für das angegebene Beispiel erhält man experimentell folgende Zahlenwerte:

I.

$NH_3 + HCl \rightarrow NH_4Cl;$	$\mathfrak{H}_1 = -42{,}1\ kcal$
$NH_4Cl + aq. \rightarrow NH_4Cl \cdot aq.;$	$\mathfrak{H}_2 = +\ 3{,}9\ kcal.$
$NH_3 + HCl + aq. \rightarrow NH_4Cl \cdot aq.$	$\mathfrak{H} = \sum \mathfrak{H}_i = -38{,}2\ kcal$

II.

$NH_3 + aq. \rightarrow NH_3 \cdot aq.$	$\mathfrak{H}_3 = -\ 8{,}4\ kcal$
$HCl + aq. \rightarrow HCl \cdot aq.$	$\mathfrak{H}_4 = -17{,}3\ kcal$
$NH_3 \cdot aq. + HCl \cdot aq. \rightarrow NH_4Cl \cdot aq.$	$\mathfrak{H}_5 = -12{,}3\ kcal$
$NH_3 + HCl + aq. \rightarrow NH_4Cl \cdot aq$	$\mathfrak{H} = \sum \mathfrak{H}_i = -38{,}0\ kcal$

Beide Wege ergeben unter Berücksichtigung der Versuchsfehler für die Bildung der fraglichen Lösung übereinstimmend 38 kcal.

Mit Hilfe des Satzes von den konstanten Wärmesummen gelingt es nun, die Reaktionsenthalpien auch bei solchen Reaktionen anzugeben, die praktisch nicht isoliert durchführbar sind. So kann man zwar leicht und ohne Nebenreaktionen Kohlenstoff zu CO_2 und auch CO zu CO_2 verbrennen. Nicht aber kann man die Reaktion $2\,C + O_2 \rightarrow 2\,CO$ einzeln ablaufen lassen, da neben dieser Reaktion immer auch die weitere $C + O_2 \rightarrow CO_2$ verläuft. Um auch diese Reaktionsenthalpie zu finden, schreibt man zweckmäßig die betreffenden Stoffe und Reaktionen in einen Kreis:

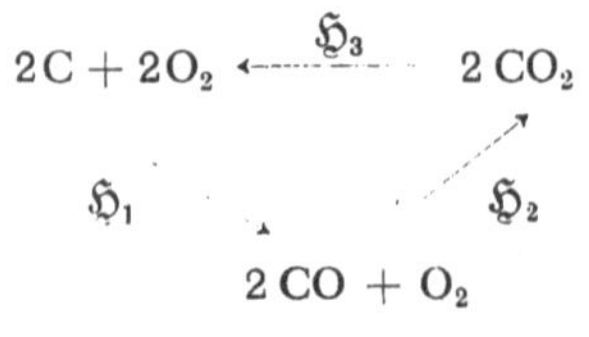

$\mathfrak{H}_1$ ist die Reaktionsenthalpie für die Bildung von 2 Molen CO aus C und O_2. $\mathfrak{H}_2$ ist diejenige zur Bildung von $2\,CO_2$ aus $2\,CO + O_2$, während $\mathfrak{H}_3$ den Zerfall von $2\,CO_2$ in Kohlenstoff und Sauerstoff darstellt. Wegen des Satzes von der Erhaltung der Energie (I. Hauptsatz) folgt dann

$$\mathfrak{H}_1 + \mathfrak{H}_2 + \mathfrak{H}_3 = 0$$

Bei 25° und 1 Atm. Druck beobachtet man

$$\mathfrak{H}_2 = -136{,}20\ kcal$$
$$\mathfrak{H}_3 = +188{,}50\ kcal$$

also ergibt sich

$$\mathfrak{H}_1 = -\mathfrak{H}_2 - \mathfrak{H}_3 = +136{,}20 - 188{,}50 = -52{,}30\ [kcal]$$

Für die Bildung von 1 Mol CO aus den Elementen bei 25° und 1 Atm. folgt daher

$$\mathfrak{H}_{CO} = -26{,}15\ kcal.$$

77. Bildungswärmen

Der Heßsche Satz ergibt die Möglichkeit, die Tabellen für Reaktionsenthalpien wesentlich zu vereinfachen. Es genügt nämlich, die $\mathfrak{H}$-Werte für die Bildungsreaktionen aller Verbindungen aus den Elementen, die als *Bildungsenthalpien* $\mathfrak{H}^\circ$ bezeichnet werden, zu tabellieren. Die Bildungsenthalpie $\mathfrak{H}$ einer beliebigen Reaktion

$$\nu_1 \cdot A + \nu_2 B + \ldots \longrightarrow \nu_3 C + \nu_4 D + \ldots \qquad (27)$$

ergibt sich dann als $\boxed{\mathfrak{H} = \Sigma\, \nu_i \cdot \mathfrak{H}_i^\circ}$,

wo $\mathfrak{H}_i^\circ$ die Bildungsenthalpie des i-ten Stoffes bedeutet und ν_i die Äquivalentzahlen der Reaktionsformel bedeuten.

Als Beispiel berechnen wir für die Reaktion

$$(CH_3)_2CO_{flüss.} + 4\,O_{2_{gas}} \longrightarrow 3\,CO_{2_{gas}} + 3\,HOH_{flüss.}$$

als Reaktionsenthalpie

$$\mathfrak{H} = -\mathfrak{H}^\circ_{(CH_3)_2CO} + 3 \cdot \mathfrak{H}^\circ_{CO_2} + 3 \cdot \mathfrak{H}^\circ_{HOH}$$

Man findet aus Tabellen bei 25° und 1 Atm.

$$\left.\begin{aligned} \mathfrak{H}_{(CH_3)_2\,CO} &= -57{,}3 \\ \mathfrak{H}_{CO_2} &= -94{,}25 \\ \mathfrak{H}_{HOH} &= -68{,}330 \end{aligned}\right\} \mathfrak{H} = -430{,}44\ [kcal]$$

78. Verbrennungswärmen

Für organische Stoffe gibt man meist nicht die Bildungsenthalpie an, sondern die Verbrennungswärme (bei konstanten Volumen!), das ist also die Reaktionswärme, die frei wird, wenn die aus Kohlenstoff, Wasserstoff und Sauerstoff zusammengesetzte Verbindung vollständig zu CO_2 und HOH in der kalorimetrischen Bombe verbrannt wird. Zur Umrechnung dieser Verbrennungswärmen auf Bildungsenthalpien muß die Bildungsenthalpie des CO_2 und des HOH bekannt sein.

B e i s p i e l : *Benzoesäure.* Gemessen wird in der kalorimetrischen Bombe die Reaktionsenergie $\mathfrak{U}_V$ (bei konstantem Volumen) der Reaktion

$$C_6H_5COOH_{fest} + 7\tfrac{1}{2}\ O_2 \longrightarrow 7\ CO_2 + 3\ HOH_{fl}$$

Sie hat den Wert $\mathfrak{U}_V = -771{,}8$ kcal. Um die Bildungsenthalpie $\mathfrak{H}^\circ C_6H_5COOH$ berechnen zu können, muß $\mathfrak{U}_V$ zunächst auf konstanten Druck umgerechnet werden. Nach S. 123 ist

$$\mathfrak{H}_V = \mathfrak{U}_V + RT.\Sigma\nu_i\,,$$

wobei als ν_i nur die gasförmigen Stoffe der Reaktionsformel berücksichtigt zu werden brauchen, da die übrigen Volumina demgegenüber vernachlässigt werden können. In unserem Fall ist $\Sigma\nu_i = -\tfrac{1}{2}$, also $\mathfrak{H}_V = -771{,}8\ -0{,}295 = -772{,}095$. Nach S. 125 ist

$$\mathfrak{H}_V = -\mathfrak{H}^\circ C_6H_5COOH_{fest} + 7\ \mathfrak{H}^\circ CO_2 + 3\ \mathfrak{H}^\circ HOH_{fl}$$

denn $\mathfrak{H}^\circ_{O_2}$ ist definitionsgemäß gleich Null. Mit den Tabellenwerten (bei 25° C und 1 Atm. Druck) für $\mathfrak{H}^\circ_{CO_2} = -94{,}03$ kcal und $\mathfrak{H}^\circ_{HOH,\,fl} = -68{,}318$ kcal folgt dann

$$\mathfrak{H}^\circ_{C_6H_5COOH,\,fest} = -\mathfrak{H}_V + 7\ \mathfrak{H}^\circ_{CO_2} + 3\ \mathfrak{H}^\circ_{HOH,\,fl}$$

$$= +772{,}095 - 658{,}21 - 204{,}954 = -91{,}069 \text{ kcal}$$

$$= -\ 91{,}07 \text{ kcal}$$

(Eine Umrechnung von $\mathfrak{U}_V$ von dem im Experiment meist angewandten Druck von etwa 20 Atm. auf den Standard-Druck von 1 Atm. erübrigt sich wegen S. 129, Absatz 3).

79. Lösungs- und Verdünnungswärmen

Bei Auflösung von Stoffen wird infolge der Änderung des molekularen Verteilungszustandes und der umgebenden Kraftfelder ebenfalls Energie umgesetzt; und zwar nennt man die bei Herstellung einer Lösung aus den Komponenten auftretende Wärmetönung „integrale Lösungswärme" (meist bezogen auf eine Lösungsmenge, die 1 Mol Gelöstes enthält), während als „differentielle Verdünnungswärme" die Wärmemenge bezeichnet wird, die bei Verdünnung einer großen Menge Lösung gegebener Konzentration mit 1 Mol Lösungsmittel frei wird. „Ganze Lösungswärme" heißt die Wärmemenge, die bei Herstellung einer solchen Menge *gesättigter* Lösung frei wird, welche 1 Mol Gelöstes enthält. Ferner versteht man unter „Mischungswärme" diejenige Wärmemenge, die bei Herstellung eines Mols Gemisch (z. B. 0,9 Mol Lösungsmittel + 0,1 Mol Gelöstes) in Freiheit gesetzt wird.

Die Zahlenwerte dieser Lösungswärmen sind außer von der Natur der beteiligten Stoffe von der Konzentration der Lösung abhängig. Eine befriedigende Theorie, welche die Mischungswärmen aus den Eigenschaften der reinen Stoffe berechnen läßt, gibt es bis jetzt nur für einfache Idealfälle.

80. Temperaturabhängigkeit der Reaktionswärmen (*Kirchhoffscher Satz*)

Für die Veränderlichkeit der Reaktionsenthalpie $\mathfrak{H}$ mit der Temperatur läßt sich sehr leicht mittels der auf Seite 87 abgeleiteten Beziehung

$$C_p = \left(\frac{\partial H}{\partial T}\right)_{p,\lambda}$$

eine Formel finden, wenn man beide Seiten dieser Gleichung nach λ differenziert und dann rechts die Reihenfolge der Differentiation vertauscht. Es folgt

$$\frac{\partial C_p}{\partial \lambda} = \frac{\partial^2 H}{\partial T \cdot \partial \lambda} = \frac{\partial^2 H}{\partial \lambda \cdot \partial T} = \frac{\partial \mathfrak{H}}{\partial T} \tag{28}$$

Der Temperaturkoeffizient der Reaktionsenthalpie ist also *gleich der Änderung der Wärmekapazität bei einem Formelumsatz.*

Wenn die Reaktion eine *Gasreaktion* ist, dann setzt sich C_p additiv aus den spezifischen Wärmen der einzelnen Stoffe zusammen und die Änderung der Wärmekapazität des Systems bei einem Formelumsatz läßt sich mittels der Äquivalentzahlen ν_i der allgemeinen Reaktionsformel als Summe darstellen

$$\frac{\partial C_p}{\partial \lambda} = \sum \nu_i \, c^\circ_{p_i} \,.$$

Hier sind die c°_{pi} die spezifischen Wärmen der vermischten Stoffe.

Liegen keine Gasmischungen vor, so müssen die oben definierten partiellen spezifischen Wärmen c_{pi} an die Stelle der c°_{pi} treten.

Für Reaktionen bei konstantem Volumen gilt die ganz analoge Beziehung

$$\frac{\partial C_v}{\partial \lambda} = \frac{\partial \mathfrak{U}}{\partial T}\,,$$

wie man nach den Ausführungen auf Seite 85/86 unschwer selbst ableiten kann.

Diese Formeln erlauben die Umrechnung der Reaktionswärmen von einer Meßtemperatur auf andere Temperaturen falls die Temperaturabhängigkeit der Wärmekapazitäten bekannt ist. Eine Integration der Gleichung (24) ergibt nämlich

$$\mathfrak{H}_T = \mathfrak{H}_O + \int_{T_0}^{T} \Sigma \nu_i \, c_{pi} \, dT$$

oder

$$\boxed{\mathfrak{H}_T = \mathfrak{H}_O + \sum \nu_i \cdot \int_{T_0}^{T} \overline{c_{pi}} \, dT}$$

81. Druckabhängigkeit der Reaktionswärmen

Eine allgemeine Formel hierfür erhält man aus dem G-Stammbaum in der „III. Generation" durch Gleichsetzen von (p, λ, T) und (T, λ, p). Dies ergibt eine Gleichung für die Druckabhängigkeit der Reaktionsentropie

$$\frac{\partial \mathfrak{S}}{\partial p} = -\frac{\partial \mathfrak{V}}{\partial T}.$$

Differenziert man weiter die Beziehung von Seite 87

$$\mathfrak{H} = \mathfrak{A} + T . \mathfrak{S}$$

nach p, so folgt

$$\frac{\partial \mathfrak{H}}{\partial p} = \frac{\partial \mathfrak{A}}{\partial p} + T \cdot \frac{\partial \mathfrak{S}}{\partial p}$$

Auf Grund der Gleichheit von (p, λ) und (λ, p) in der II. Generation folgt $\frac{\partial \mathfrak{A}}{\partial p} = \mathfrak{V}$, also durch Einsetzen:

$$\frac{\partial \mathfrak{H}}{\partial p} = \mathfrak{V} - T \cdot \frac{\partial \mathfrak{V}}{\partial T}$$

Die rechte Seite läßt sich vereinfachen, wenn man beachtet, daß nach den Regeln der Differentialrechnung

$$\frac{\partial}{\partial T}\left(\frac{\mathfrak{V}}{T}\right) = \frac{T \cdot \frac{\partial \mathfrak{V}}{\partial T} - \mathfrak{V}}{T^2}$$

ist. Also folgt schließlich

$$\boxed{\frac{\partial \mathfrak{H}}{\partial p} = -T^2 \cdot \frac{\partial}{\partial T}\left(\frac{\mathfrak{V}}{T}\right)}$$

Für Reaktionen zwischen *idealen Gasen* folgt daraus sofort, daß $\mathfrak{H}$ *unabhängig vom Druck* ist, weil die Volumänderung $\mathfrak{V}$ der Reaktion gegeben ist zu $\mathfrak{V} = \Sigma \nu_i \cdot v_i$, wo die v_i die Molvolumina der einzelnen Gase bedeuten. Bildet man also $\frac{\mathfrak{V}}{T}$, so ist links $\frac{v}{T}$ aus der idealen Gasgleichung durch $\frac{R}{p}$ ersetzbar. Dieser Ausdruck hängt aber nicht von T ab, weswegen die rechte Seite der obigen Gleichung gleich Null wird.

82. Temperaturabhängigkeit der Reaktionsarbeit

Die Reaktionsarbeit kann man ebenfalls leicht auf verschiedene Temperaturen umrechnen, wenn man die Gibbs-Helmholtzsche Gleichung in der Form

$$\frac{\partial}{\partial T}\left[\frac{\mathfrak{A}}{T}\right] = -\frac{\mathfrak{H}}{T^2}$$

zwischen zwei Temperaturen T_0 und T integriert. Es folgt

$$\frac{\mathfrak{A}_T}{T} - \frac{\mathfrak{A}_{T_0}}{T_0} = - \int_{T_0}^{T} \frac{\mathfrak{H}}{T^2} dT.$$

Zur Ausführung des rechten Integrals muß man $\mathfrak{H}$ in seiner Temperaturabhängigkeit kennen. Es war (Seite 128)

$$\mathfrak{H}_T = \mathfrak{H}_{T_0} + \sum v_i \cdot \int_{T_0}^{T} \bar{c}_{p_i} dT.$$

Also ergibt sich

$$\frac{\mathfrak{A}_T}{T} - \frac{\mathfrak{A}_{T_0}}{T_0} = - \int_{T_0}^{T} \frac{\mathfrak{H}_{T_0}}{T^2} dT - \sum v_i \int_{T_0}^{T} \frac{\int_{T_0}^{T} \bar{c}_{p_i} dT}{T^2} dT.$$

Das erste Integral ist, da $\mathfrak{H}_{T_0}$ eine Konstante ist, gleich

$$\mathfrak{H}_{T_0} \cdot \left(- \frac{1}{T} + \frac{1}{T_0} \right)$$

Also folgt nach Umordnen und durch Beachten der Identität $-T_0 \cdot \mathfrak{S}_{T_0} = \mathfrak{A}_{T_0} - \mathfrak{H}_{T_0}$ (s. Seite 87):

$$\mathfrak{A}_T = \mathfrak{H}_{T_0} - T \cdot \mathfrak{S}_{T_0} - T \cdot \sum v_i \int_{T_0}^{T} \frac{\int_{T_0}^{T} \bar{c}_{p_i} dT}{T^2} dT \tag{29}$$

Für das letzte Integral gibt es noch eine Reihe anderer, mathematisch äquivalenter Ausdrücke. Wesentlich ist, daß man für die Berechnung einer Reaktionsarbeit bei einer beliebigen Temperatur folgende Messungen (oder Tabellenangaben) benötigt:

entweder: einen $\mathfrak{H}$-Wert, einen $\mathfrak{S}$-Wert und die spezifischen Wärmen *jedes* Reaktionspartners über den ganzen Temperaturbereich

oder: einen $\mathfrak{H}$-Wert und einen $\mathfrak{A}$-Wert bei derselben Temperatur T_0 sowie wiederum die spezifischen Wärmen.

In den Tabellenwerken sind meist $\mathfrak{H}$- und $\mathfrak{S}$-Werte für die Bildung der reagierenden Verbindungen aus den Elementen bei 25° C und 1 Atm. Druck tabelliert. Aus diesen *Standard*-Bildungsenthalpien und -Entropien sind dann alle gewünschten $\mathfrak{H}$- und $\mathfrak{S}$-Werte für beliebige Reaktionen nach dem Heßschen Satz zusammensetzbar, falls ideale Gase oder Mischungen reagieren.

83. Ulichs Näherungsformeln

Da die c_{pi} in ihrer Temperaturabhängigkeit häufig doch nicht für alle Reaktionsteilnehmer bekannt sind, muß man sich meist mit Vereinfachungen begnügen.

I. Man nimmt an, daß $\Sigma \nu_i c_{pi} = 0$ ist. Dann fällt das letzte Glied der obigen Gleichung fort, und es bleibt

$$\mathfrak{A}_T = \mathfrak{H}_{T_0} - T \cdot \mathfrak{S}_{T_0}.$$

II. Man setzt $\Sigma \nu_i \cdot c_{pi} = a$, wo a eine Konstante bedeutet. Ausführung der Integration ergibt dann

$$\mathfrak{A}_T = \mathfrak{H}_{T_0} - T \cdot \mathfrak{S}_{T_0} - a \cdot T \cdot \left(ln \frac{T}{T_0} + \frac{T_0}{T} - 1 \right).$$

III. Man kann ferner noch die Konstante a in einzelnen T-Bereichen des zu überstreichenden Umrechnungsabschnitts von T_0 bis T den Meßergebnissen anpassen und die Berechnung von $\mathfrak{A}_T$ mit stückweise verschiedenen Konstanten durchführen.

84. Die Druckabhängigkeit der Reaktionsarbeit

Die Druckabhängigkeit der Reaktionsarbeit muß ebenfalls berücksichtigt werden. Sie ist aus der Formel (G-Stammbaum, II. Generation) $\frac{\partial \mathfrak{A}}{\partial p} = \mathfrak{V}$ und deren Integration

$$\mathfrak{A}_p = \mathfrak{A}_{p_0} + \int_{p_0}^{p} \mathfrak{V} \cdot dp$$

sofort erhältlich.

Zusammen mit der Formel (29) S. 130 ergibt sich also für $\mathfrak{A}$ bei beliebigen Drucken und Temperaturen:

$$\mathfrak{A}_{p,T} = \mathfrak{H}_{p_0 T_0} - T \cdot \mathfrak{S}_{p_0 T_0} - T \cdot \sum \nu_i \cdot \int_{T_0}^{T} \frac{\int_{T_0}^{T} \bar{c}_{p i} \, dT}{T^2} \cdot dT + \int_{p_0}^{p} \mathfrak{B} \cdot dp$$

Im Fall von Reaktionen zwischen idealen Gasen ist $\mathfrak{B} = \Sigma \, \nu_i \, v_i$ auswertbar mit der Gasgleichung $pv_i = RT$ und es folgt

$$\int_{p_0}^{p} \mathfrak{B} \, dp = RT \cdot \Sigma \, \nu_i \cdot \int_{p_0}^{p} \frac{dp}{p} = RT \cdot \Sigma \, \nu_i \cdot ln \frac{p}{p_0}.$$

Im Beispiel der Reaktion $N_2 + 3H_2 \rightarrow 2NH_3$ ist $\Sigma \nu_i = -2$. Wählt man $p > p_0$, betrachtet also die Reaktion bei höherem Druck, so wird $\int \mathfrak{B} \cdot dp = -2 \, RT \cdot ln \; p/p_0$, also negativ. Das bedeutet, $\mathfrak{A}_p$ ist negativer als $\mathfrak{A}_{p_0}$, d. h. die Reaktion besitzt eine höhere Triebkraft bei höherem Druck. Dies entspricht dem *Prinzip des kleinsten Zwanges,* denn das Minuszeichen rührt von der Verminderung der Molzahl durch den Reaktionsablauf her.

85. Grund- und Resteffekte

Die Vielfalt der Möglichkeiten, die durch die Konzentrationsabhängigkeit von $\mathfrak{A}$ gegeben sind, und die noch durch T- und p-Abhängigkeit überlagert sind, zwingt zu einer rationellen Aufteilung dieser Abhängigkeiten. Man wählt (nach SCHOTTKY) zweckmäßig bei jeder Reaktion einen Grundzustand der Reaktionsteilnehmer, von dem aus sie eine sogenannte *Grundreaktion* ausführen. Liegen einige oder alle reagierenden Stoffe in anderen als diesen Grundzuständen vor, so braucht man sie nur in diese Grundzustände zu überführen und dann die Grundreaktion ablaufen zu lassen. Die Produkte der Reaktion müssen dann wieder aus den Grundzuständen in den gewünschten (beliebigen) Zustand befördert werden. Die für jeden Reaktionspartner hierzu pro Mol nötigen Energieänderungen heißen *Resteffekte,* im Fall der Reaktionsarbeit also Restarbeiten. Resteffekte werden mit *kleinen* Frakturbuchstaben, Grundreaktions-Effekte mit *fetten* Frakturbuchstaben gekennzeichnet (z. B. $\mathfrak{a}_1$=molare Restreaktionsarbeit für den Stoff 1, $\boldsymbol{\mathfrak{H}}$=Grundreaktions-Enthalpie).

Die gesamte Reaktionsarbeit $\mathfrak{A}$ setzt sich dann zusammen

(30) $$\mathfrak{A} = \mathbf{\mathfrak{A}} + \Sigma\nu_i\, \mathfrak{a}_i$$

Analoges gilt für die übrigen Reaktionseffekte $\mathfrak{H}$, $\mathfrak{B}$, $\mathfrak{S}$, $\mathfrak{U}$.

Im Beispiel der Reaktion $N_2+3H_2 \longrightarrow 2\,NH_3$, deren Reaktionsarbeit für eine bestimmte Reaktionsmischung berechnet werden soll, finden wir für die Einzelschritte

1) $N_{2\,misch.} \longrightarrow N_{2\,grund}$; $-\mathfrak{a}_{N_2}$

2) $3H_{2\,misch.} \longrightarrow 3H_{2\,grund}$; $-3\cdot\mathfrak{a}_{H_2}$

3) Reaktion in den Grundzuständen ; $\mathbf{\mathfrak{A}}$

4) $2NH_{3\,grund} \longrightarrow 2NH_{3\,misch.}$; $+2\mathfrak{a}_{NH_3}$

also:

$$\mathfrak{A} = \mathbf{\mathfrak{A}} - \mathfrak{a}_{N_2} - 3\mathfrak{a}_{H_2} + 2\mathfrak{a}_{NH_3}.$$

Als *Grundzustände* wählt man im Fall von Gasen gern den reinen Zustand der Gase bei dem Druck p und derjenigen Temperatur T, unter denen die Gesamtmischung gerade steht. Man rechnet also so, daß die reinen getrennten Ausgangsstoffe beim Druck p miteinander derart reagieren, daß die Endprodukte im getrennten Zustand wieder je den Druck p haben. Die Temperatur soll für alle Stoffe anfänglich und nach der Reaktion gleich T sein. Die Grundreaktion läuft also bei konstantem Druck und isotherm ab.

Die Grundreaktionsarbeit $\mathbf{\mathfrak{A}}$ wird sofort berechenbar, wenn wir einmal annehmen, daß unser Ausgangsgemisch zufällig die Gleichgewichtskonzentrationen enthält. Dann ist nämlich die Reaktionsarbeit $\mathfrak{A}$ gleich Null und es folgt aus Gleichung (30)

(31) $$\mathbf{\mathfrak{A}} = -\Sigma\,\nu_i\;\mathfrak{a}'_i\,,$$

wo der Strich bei den $\mathfrak{a}_i$ andeuten soll, daß die Restarbeiten zwischen den G l e i c h g e w i c h t s konzentrationen der Grundzustände zu berechnen sind. Für gegebene p und T sind die $\mathfrak{a}'_i$ feste Zahlen. Daher enthält $\mathbf{\mathfrak{A}}$ keine Konzentrationsabhängigkeiten, sondern ist durch p und T völlig bestimmt. Dies eben war der Zweck der Einführung der Grundeffekte. Alle Konzentrationsabhängigkeit ist a l l e i n in den Restarbeiten enthalten, die ihrerseits natürlich auch von p und T abhängen. Mit den $\mathfrak{a}'_i$ kann man auch schreiben:

$$\mathfrak{A} = \Sigma\,\nu_i\,\mathfrak{a}_i - \Sigma\,\nu_i\,\mathfrak{a}'_i$$

In den einfachen Fällen der idealen Gase (und idealen Mischungen) kann man die Restarbeiten angeben. Ist p_i der Partialdruck des i-ten Gases in der Reaktionsmischung und p der Druck des Grundzustandes, so ist

$$(32) \qquad \mathfrak{a}_i = -\int_{RT/p}^{RT/p_i} p \cdot dV = RT \cdot ln \frac{p_i}{p}$$

Von dieser Formel aus sind alle möglichen Konzentrationsmaße leicht einführbar (s. S. 104).

Aus Gl. (31) findet man

$$\mathfrak{A} = -RT \cdot ln \prod x_i'^{\nu_i} \; ,$$

wo $x_i' = \frac{pi}{p}$ den Molbruch im Gleichgewichtszustand bedeutet und Π als Produktzeichen (ähnlich dem Σ für eine Summe) dient. Das Produkt $\Pi x_i'^{\nu_i}$ kennen wir schon unter dem Namen *Gleichgewichtskonstante* $K_x \equiv \Pi x_i'^{\nu_i}$, die also mit der Grundreaktionsarbeit durch die Definitionsgleichung

$$\boxed{\mathfrak{A} \equiv -RT \cdot ln\, K_x}$$

verknüpft ist. Da im Gleichgewicht gilt $\mathfrak{A} = -\Sigma \nu_i \; \mathfrak{a}'_i$, folgt allgemein für $\mathfrak{A} = \Sigma \; \nu_i \, \mathfrak{a}_i \; - \; \Sigma \nu_i \, \mathfrak{a}_i'$

oder $\qquad \mathfrak{A} = \Sigma \; \nu_i (\mathfrak{a}_i \; - \; \mathfrak{a}_i')$.

Für jeden Reaktionseffekt ist außerdem eine Zerlegung in partielle molare Größen des reagierenden Systems möglich. Die Reaktionsarbeit $\mathfrak{A}$ speziell zerfällt in die chemischen Potentiale der einzelnen Stoffe (vgl. S. 96)

$$\mathfrak{A} = \Sigma \; \nu i \, \mu_i \, .$$

Daher muß gelten $\mathfrak{a}_i \; - \; \mathfrak{a}'_i \; = \; \mu_i$.

Mit $\qquad \mathfrak{a}_i = RT \; ln \frac{p_i}{p}$ [p = Druck der Grundphase; meist = 1]

$$\mathfrak{a}'_i = RT \cdot ln \left(p'_i / p \right)$$

folgt also

$$(33) \quad \mu_i = RT \cdot \left(ln \frac{p_i}{p} - ln \frac{p'_i}{p} \right)$$

$$\mu_i = RT \cdot ln \frac{p_i}{p'_i}$$

Die chemischen Potentiale sind also nichts anderes als die Arbeitsbeträge, die positiv aufzuwenden sind, um den Stoff i von seinem Gleichgewichtsdruck p'_i auf den Druck p_i im wirklichen Reaktionsgemisch zu bringen.

Im Fall von Lösungsreaktionen ist p als Konzentrationsmaß unanschaulich, man ersetzt es besser durch eine andere Konzentrationsangabe, wie c oder x (s. S. 104).

Aus Gleichung (33) ergibt sich zwanglos eine Aufteilung auch der chemischen Potentiale in Grundpotential $\boldsymbol{\mu}_i$ und Restpotential. Bezeichnet p in der Gleichung (33) den Druck der Standardphase, in der die Grundreaktion ablaufend gedacht wird ($p=1$ für Gase, oder $c=1$ für Lösungsphasen), so ist der Ausdruck

$$- RT \cdot ln \frac{p'_i}{p} = - RT \cdot ln\, p'_i \equiv \boldsymbol{\mu}_i$$

als Grund-μ zu definieren und stellt wegen der festen Werte der Gleichgewichtskonzentrationen p'_i eine Konstante dar, während das Rest-μ gleich $\mathfrak{a}_i$ wird

$$RT \cdot ln\, p_i \equiv \mathfrak{a}_i \text{ (wegen Gl. 28)}$$

$$\boxed{\mu_i = \mathfrak{a}_i + \boldsymbol{\mu}_i}$$

$$\mathfrak{a}_i = \mu_i - \boldsymbol{\mu}_i$$

Da im Fall idealer Mischungen $\mathfrak{a} = RT \cdot ln\, pi$ ist, folgt

$$\mu_i = \boldsymbol{\mu}_i + RT \cdot ln\, p_i$$

Nach der Gleichung (32), S. 134, ist die Restarbeit $\mathfrak{a}_i = RT \cdot ln x_i$, oder bei Wahl der Grundzustände mit $c = 1$ [Mol/Ltr.]

$$\mathfrak{a}_i = RT \cdot ln\, c_i \,,$$

oder mit Grundzuständen, die $p = 1$ [Atm] (bei realen Gasmischungen) haben,

$$\mathfrak{a}_i = RT \cdot ln\, p_i .$$

Dies gilt jedoch nur für die Fälle, in denen die ideale Gasgleichung $pV=RT$ anwendbar ist. In allen anderen Fällen, also in Mischungen realer Gase oder realen flüssigen bzw. festen Mischungen könnte man über a_i keine Aussagen machen. Deswegen faßt man reale Verhältnisse als Abweichungen von diesem Idealzustand auf und behält wenigstens die obige Form der Restarbeit bei. Allerdings muß dann an die Stelle der v_i, p_i, c_i, eine andere Größe treten, die man als Aktivität a_i bezeichnet. Sie hängt durch Definition

$$a_i \equiv f_i \cdot x_i \; ; \; a_i \equiv f_i \cdot c_i \; ; \; a_i \equiv f_i \cdot p_i$$

mit den Einwaage-Konzentrationen zusammen. Der Faktor f_i heißt der *Aktivitätskoeffizient.* Er ist ebenso wie die Aktivität erst definiert, wenn das Konzentrationsmaß vorgeschrieben ist.

Allgemein gilt also

Grundarbeit $$\mathfrak{A} = RT \cdot \ln \prod a_i^{\nu_i}$$

Thermodyn. MWG-Konstante $$K_a = \prod a_i^{\nu_i} = a_1^{\nu_1} \cdot a_2^{\nu_2} \cdot a_3^{\nu_3} \cdot \ldots$$

$$\mu_i = \mu_i + RT \cdot \ln a_i$$

86. T-Abhängigkeit der MWG-Konstanten

Eine solche Formel können wir sehr einfach angeben, da K mit der Reaktionsarbeit $\mathfrak{A}$ nach den Gleichungen (30, 31, 32) durch die Beziehung

$$\mathfrak{A} = RT \cdot \left[\ln \prod a_i^{\nu_i} - \ln K_a \right]$$

zusammenhängt (vgl. auch S. 118) und wir für den Temperaturkoeffizienten von $\mathfrak{A}$ schon die Gibbs-Helmholtzsche Gleichung

$$\frac{\partial \mathfrak{A}}{\partial T} = \mathfrak{U} - \mathfrak{A} \quad (V, \lambda, T\text{-}System)$$

kennen. Die Ausführung der Differentiation und Einsetzen ergibt

$$\frac{\partial \ln K_a}{\partial T} = \frac{\mathfrak{U}}{RT^2}$$

Für Reaktionen, die *bei konstantem Druck* ablaufen, gilt

entsprechend

$$\left(\frac{\partial ln\, K_a}{\partial T}\right)_p = \frac{\mathfrak{H}}{R\,T^2} \qquad (34)$$

Die T-Abhängigkeit der Gleichgewichtskonstanten ist also durch die Reaktionsenergie $\mathfrak{U}$ oder -enthalpie $\mathfrak{H}$ gegeben und zwar wird K mit steigender Temperatur dann größer, wenn $\mathfrak{H}$ positiv ist. Das bedeutet aber endothermen Ablauf der Reaktion, d. h. das System nimmt Energie auf. Wachsendes K bedeutet ferner Verschiebung des Gleichgewichts zugunsten derjenigen Stoffe, die sich unter Energieaufnahme bilden. Das System weicht also der durch die Steigerung der Temperatur bedingten Energiezufuhr aus, indem es Energie zur Umwandlung von Molekülen benutzt. Es weicht dem äußeren Zwang aus (Prinzip von LE CHATELIER).

87. Ermittlung von Entropiewerten

Die zur Berechnung von Gleichgewichtskonstanten und Reaktionsarbeiten nötigen Werte der Reaktionsenthalpie kann man direkt im Kalorimeter ermitteln. Für die Bestimmung von Entropiewerten schließen wir an die Formulierung des II. Hauptsatzes an $dS = \frac{\delta Q}{T}$, die integriert ergibt

$$S_T - S_{T_o} = \int_{T_o}^{T} \frac{\delta Q}{T}$$

Für Vorgänge bei konstantem Druck und konstantem λ (also fehlender Reaktion) gilt

$$\left(\frac{\delta Q}{dT}\right)_{p,\lambda} \equiv c_p$$

also kann man ersetzen $\delta Q = c_p \cdot dT$. Daher folgt

$$S_T - S_{T_o} = \int_{T_o}^{T} \frac{c_p}{T}\, dT\,.$$

Also muß c_p im ganzen Bereich von T_0 bis T bekannt sein. Ferner ist es auf Grund der Boltzmannschen Beziehung $S = k \cdot ln\, P$ möglich einen Nullpunkt der Entropiezählung anzugeben, nämlich als Zustand, in welchem nur eine Realisierungsmöglichkeit ($P = 1$) existiert. Nach Nernst ist dies ein völlig geordneter, fehlerloser Kristall beim absoluten Nullpunkt. Wegen des völligen Einfrierens der Schwingungen gibt es dann nur eine Realisierungsmöglichkeit. Daher kann man $S_{T_0} = 0$ setzen, und muß dann auch im Integral $T_0 = 0$ setzen:

$$S_T = \int_0^T \frac{c_p}{T} dT .$$

Dies gilt aber nur so weit, wie die Phase des festen Körpers erhalten bleibt. Bei einem Übergang vom festen zum flüssigen Zustand tritt o h n e T-Änderung eine Aufnahme von Wärme (Schmelzwärme) durch das System ein. Diese Entropievermehrung ist also auch zu beachten. Das gleiche gilt, wenn eine feste Modifikation sich in eine andere feste Modifikation umwandelt, da auch solche Umwandlungen Wärmeaustausch bedingen. Allgemein wird also die Entropie eines Stoffes

$$S_T = \int_0^{T_F} \frac{c_p}{T} dT + \frac{q_F}{T_F} + \int_{T_F}^{T_K} \frac{c_p}{T} dT + \frac{q_K}{T_K} + \int_{T_K}^{T} \frac{c_p}{T} dT$$

wenn der Index F den Schmelzpunkt, K den Siedepunkt bezeichnet und q_F, q_K die Schmelz- bzw. Verdampfungswärme bedeutet. Für $T = 298{,}15°\,K$ gelten die Angaben der „Normalentropien" in den meisten Tabellen. Aus diesen ist nach $\mathfrak{S} = \sum \nu_i \; s_i^{\circ}$ für Reaktionen zwischen „reinen" Stoffen (z. B. $CaCO_3 \rightarrow CO_2 + CaO$) und in idealer Mischung zu entnehmen. Bei Gasmolekülen hat man in deren Spektren ein sehr exaktes Mittel, die Realisierungsmöglichkeiten abzuzählen und so direkt die Normalentropie zu ermitteln, ohne daß man c_p zu messen braucht. Diese Möglichkeit wird in der Statistischen Thermodynamik eingehend behandelt.

SACHREGISTER

GESAMTVERZEICHNIS

SAMMLUNG GÖSCHEN

DAS WISSEN DER WELT IN KURZEN, KLAREN, ALLGEMEINVERSTÄNDLICHEN EINZELDARSTELLUNGEN NACH DEN LEHRPLÄNEN DER DEUTSCHEN UNIVERSITÄTEN UND HOCHSCHULEN AUFGEBAUT

JEDER BAND DM 2,40

DOPPELBAND DM 4,80

STAND MAI 1955

WALTER DE GRUYTER & CO.
BERLIN W 35

INHALTSVERZEICHNIS

Geisteswissenschaften

Philosophie · Pädagogik · Psychologie · Soziologie

Einführung in die Philosophie von *H. Leisegang.* 2. Auflage. 145 Seiten. 1953 . . . . Bd. 281
Erkenntnistheorie von *G. Kropp.* 1. Teil: Allgemeine Grundlegung. 143 Seiten. 1950 . . . . Bd. 807
Hauptprobleme der Philosophie von *G. Simmel*†. 7., unveränd. Auflage. 177 Seiten. 1950 . . . . Bd. 500
Geschichte der Philosophie
I: Die griechische Philosophie von *W. Capelle.* 1. Teil. Von Thales bis Leukippos. 2., erweiterte Auflage. 135 Seiten. 1953 . . . . Bd. 857
II: Die griechische Philosophie von *W. Capelle.* 2. Teil. Von der Sophistik bis zum Tode Platons. 2., stark erweiterte Auflage. 144 Seiten. 1953 . . . . Bd. 858
III: Die griechische Philosophie von *W. Capelle.* 3. Teil. Vom Tode Platons bis zur Alten Stoa. 2., stark erweiterte Auflage. 132 Seiten. 1954 . . . . . Bd. 859
IV: Die griechische Philosophie von *W. Capelle.* 4. Teil. Von der Alten Stoa bis zum Eklektizismus im 1. Jahrhundert v. Chr. 2., stark erweiterte Auflage. 132 Seiten. 1954 . . . . Bd. 863
V: Die Philosophie des Mittelalters von *J. Koch.* In Vorbereitung . . . . Bd. 826
VI: Von der Renaissance bis Kant von *K. Schilling.* 234 Seiten. 1954 . . . . Bd. 394 / 394a
VII: Immanuel Kant von *G. Lehmann.* In Vorbereitung . Bd. 536
VIII: Die Philosophie des 19. Jahrhunderts von *G. Lehmann.* 1. Teil. 151 Seiten. 1953 . . . . Bd. 571
IX: Die Philosophie des 19. Jahrhunderts von *G. Lehmann.* 2. Teil. 168 Seiten. 1953 . . . . Bd. 709
X: Die Philosophie im ersten Drittel des 20. Jahrhunderts von *G. Lehmann.* In Vorbereitung . . . . . Bd. 845
Die geistige Situation der Zeit (1931) von *K. Jaspers.* 3., unveränderter Abdruck der 1932 bearbeiteten 5. Auflage. 211 Seiten. 1953 . . . . Bd. 1000
Philosophisches Wörterbuch von *M. Apel* †. 4., unveränderte Auflage. 260 Seiten. 1953 . . . . Bd. 1031
Philosophische Anthropologie von *M. Landmann.* In Vorbereitung . . . . Bd. 156/156a
Geschichte der Pädagogik von *H. Weimer.* 11., neubearbeitete und vermehrte Auflage. 176 Seiten. 1954 . . . . Bd. 145
Therapeutische Psychologie. Freud — Adler — Jung von *W. M. Kranefeldt.* Mit einer Einführung von *C. G. Jung.* 2. Auflage. 152 Seiten. 1950 . . . . Bd. 1034
Soziologie. Geschichte und Hauptprobleme von *L. von Wiese.* 5. Auflage. 162 Seiten. 1954 . . . . Bd. 110

Religionswissenschaften

Jesus von *M. Dibelius* †. 2. Auflage. Unveränderter Nachdruck. 137 Seiten. 1949 . . . . Bd. 1130
Paulus von *M. Dibelius* †. Nach dem Tode des Verfassers herausgegeben und zu Ende geführt von *W. G. Kümmel.* 155 Seiten. 1951 . . . . Bd. 1160

Musik

Musikästhetik von *H. J. Moser*. 180 Seiten. 1953 . . . . . . Bd. 344

Systematische Modulation von *R. Hernried*. 2. Auflage. 136 Seiten. 1950 . . . . Bd. 1094

Der polyphone Satz von *E. Pepping*. 1. Teil: Der cantus-firmus-Satz. 2. Auflage. 223 Seiten. 1950 . . . . Bd. 1148

Harmonielehre von *H. J. Moser*.
I: 109 Seiten. 1954 . . . . Bd. 809

Technik der deutschen Gesangskunst von *H. J. Moser*. Dritte, durchges. u. verbesserte Auflage. 144 Seiten mit 5 Fig. 1954 . . . . Bd. 576/576a

Die Kunst des Dirigierens von *H. W. von Waltershausen*. 2. Auflage. 138 Seiten. 1954 . . . . Bd. 1147

Die Technik des Klavierspiels aus dem Geiste des musikalischen Kunstwerkes von *K. Schubert* †. 3. Auflage. 110 Seiten. 1954 . . . . Bd. 1045

Die Musik des 19. Jahrhunderts von *W. Oehlmann*. 180 Seiten. 1953 . . . . Bd. 170

Allgemeine Musiklehre von *H. J. Moser*.
2., durchges. Auflage. 155 Seiten. 1955. . . . . . . Bd. 220/220a

Kunst

Stilkunde von *H. Weigert*.
I: Vorzeit, Antike, Mittelalter. 2. Auflage. 136 Seiten. Mit 94 Abbildungen. 1953 . . . . Bd. 80
II: Spätmittelalter und Neuzeit. 2. Auflage. 146 Seiten. Mit 84 Abbildungen. 1953 . . . . Bd. 781

Geschichte

Einführung in die Geschichtswissenschaft von *P. Kirn*. 2. Auflage. 121 Seiten. 1952 . . . . Bd. 270

Archäologie von *A. Rumpf*.
I: Einleitung, historischer Überblick. 143 Seiten mit 6 Abbildungen im Text und 12 Tafeln. 1953 . . . . . Bd. 538
II: In Vorbereitung . . . . Bd. 539

Kultur der Urzeit von *F. Behn*. 4. Auflage der „Kultur der Urzeit". Band I–III von *M. Hoernes*.
I: Die vormetallischen Kulturen. (Die Steinzeiten Europas. Gleichartige Kulturen in anderen Erdteilen). 172 Seiten mit 48 Abbildungen. 1950 . . . . Bd. 564
II: Die älteren Metallkulturen. (Der Beginn der Metallbenutzung. Kupfer- und Bronzezeit in Europa, im Orient und in Amerika). 160 Seiten mit 67 Abbildungen. 1950 Bd. 565
III: Die jüngeren Metallkulturen. (Das Eisen als Kulturmetall. Hallstatt-Latène-Kultur in Europa. Das erste Auftreten des Eisens in den anderen Erdteilen). 149 Seiten mit 60 Abbildungen. 1950. . . . . Bd. 566

Vorgeschichte Europas von *F. Behn*. Völlig neue Bearbeitung der 7. Auflage der „Urgeschichte der Menschheit" von *M. Hoernes*. 125 Seiten mit 47 Abbildungen. 1949 . . . Bd. 42

Von den Karolingern zu den Staufern von *J. Haller*. Die altdeutsche Kaiserzeit (900–1250). 3. Auflage. 141 Seiten mit 4 Karten. 1944 . . . . Bd. 1065

Deutsche Geschichte im Zeitalter der Reformation, der Gegenreformation und des 30jährigen Krieges von *F. Hartung*. 129 Seiten. 1951 . . . . Bd. 1105

Quellenkunde der deutschen Geschichte im Mittelalter (bis zur Mitte des 15. Jahrhunderts) von *K. Jacob*†.
I: Einleitung. Allgemeiner Teil. Die Zeit der Karolinger. 5. Auflage. 118 Seiten. 1949 . . . . Bd. 279
II: Die Kaiserzeit (911 – 1250). 4. Auflage. 127 Seiten. 1949 . . . . Bd. 280
III: Das Spätmittelalter (vom Interregnum bis 1500). Unter Verwendung der Hinterlassenschaft herausgegeben von *F. Weden*. 152 Seiten. 1952 . . . . Bd. 284

Badische Geschichte von A. Krieger. 137 Seiten. 1921 . . . . Bd. 230

Geschichte Englands von *H. Preller*.
I: bis 1815. 3., stark umgearbeitete Auflage. 135 Seiten mit 7 Stammtafeln und 2 Karten im Text. 1952 . . . . Bd. 375
II: von 1815 bis 1910. 2., völlig umgearb. Auflage. 118 S. mit 1 Stammtafel und 7 Karten im Text. 1954 . . . Bd. 1088

Geschichte der Vereinigten Staaten von Amerika von *O., Graf zu Stolberg-Wernigerode*. In Vorbereitung . . . Bd. 1051/1051a

Deutsche Sprache und Literatur

Deutsches Rechtschreibungswörterbuch von *M. Gottschald*. 2., verbesserte Auflage. 269 Seiten. 1953 . . . . Bd. 200/200a

Deutsche Wortkunde von *A. Schirmer*. Eine kulturgeschichtliche Betrachtung des deutschen Wortschatzes. 3., durchgesehene Auflage. 109 Seiten. 1949 . . . . Bd. 929

Deutsche Sprachlehre von *W. Hofstaetter*. 9., neubearbeitete Auflage von *G. Spree*. 144 Seiten. 1953 . . . . Bd. 20

Stimmkunde für Beruf, Kunst und Heilzwecke von *H. Biehle*. 111 Seiten. 1955 . . . . Bd. 60

Redetechnik von *H. Biehle*. Einführung in die Rhetorik. 115 Seiten. 1954 . . . . Bd. 61

Sprechen und Sprachpflege von *H. Feist*. (Die Kunst des Sprechens). 2., verbesserte Auflage. 99 Seiten mit 25 Abbildungen. 1952 . . . . Bd. 1122

Deutsches Dichten und Denken von der germanischen bis zur staufischen Zeit von *H. Naumann*. (Deutsche Literaturgeschichte vom 5. – 13. Jahrhundert). 2., verbesserte Auflage. 166 Seiten. 1952 . . . . Bd. 1121

Deutsches Dichten und Denken vom Mittelalter zur Neuzeit von *G. Müller* (1270 – 1700). 2., durchgesehene Auflage. 159 Seiten. 1949 . . . . Bd. 1086

Deutsches Dichten und Denken von der Aufklärung bis zum Realismus von *K. Viëtor* (Deutsche Literaturgeschichte von 1700 – 1890). 2., durchgesehene Auflage. 156 Seiten. 1949 . . . . Bd. 1096

Der Nibelunge Nôt in Auswahl mit kurzem Wörterbuch von *K. Langosch*. 9., umgearbeitete Auflage. 164 Seiten. 1953 . . . . Bd. 1

Die deutschen Personennamen von *M. Gottschald*. 2., verbesserte Auflage. 151 Seiten. 1955 . . . . Bd. 422

Indogermanisch · Germanisch

Gotisches Elementarbuch von *H. Hempel.* Grammatik, Texte mit Übersetzung und Erläuterungen. 2., umgearbeitete Auflage. 165 Seiten. 1953 . . . . Bd. 79

Germanische Sprachwissenschaft von *H. Krahe.* 2. Auflage.
II: Formenlehre. 140 Seiten. 1948 . . . . Bd. 780

Althochdeutsches Elementarbuch von *H. Naumann* † und *W. Betz.* 2. Auflage. 156 Seiten. 1954 . . . . Bd. 1111

Mittelhochdeutsches Elementarbuch von *H. de Boor.* In Vorbereitung . . . . Bd 1108

Altnordisches Elementarbuch von *F. Ranke.* Schrifttum, Sprache, Texte mit Übersetzung und Wörterbuch. 2., durchgesehene Auflage. 146 Seiten. 1949 . . . . . Bd. 1115

Englisch · Französisch · Italienisch

Altenglisches Elementarbuch von *M. Lehnert.* Einführung, Grammatik, Texte mit Übersetzung und Wörterbuch. 3., verbesserte Auflage. 178 Seiten. 1955 . . . . . . Bd. 1125

Englische Literaturgeschichte.
I: Die alt- und mittelenglische Periode von *F. Schubel.* 163 Seiten. 1954 . . . . Bd. 1114
II: Von der Renaissance bis zur Aufklärung von *Paul Meissner*†. 139 Seiten. 1937 . . . . Bd. 1116
III: Romantik und Viktorianismus von *Paul Meissner*†. 150 Seiten. 1938 . . . . Bd. 1124
IV: Das 20. Jahrhundert von *Paul Meissner*†. 150 Seiten. 1939 . . . . Bd. 1136

Beowulf von *M. Lehnert.* Eine Auswahl mit Einführung, teilweiser Übersetzung, Anmerkungen und etymologischem Wörterbuch. 2., verbesserte Auflage. 135 Seiten. 1949 Bd. 1135

Shakespeare von *P. Meissner*†. 2. Auflage, neubearbeitet von M. Lehnert. 136 Seiten. 1954 . . . . Bd. 1142

Romanische Sprachwissenschaft von *H. Lausberg.*
I: Einleitung und Vokalismus. In Vorbereitung . . . . Bd. 128
II: Konsonantismus. In Vorbereitung . . . . Bd. 250

Italienische Literaturgeschichte von *K. Vossler.* Unveränderter Nachdruck der 1927 erschienenen 4., durchgesehenen und verbesserten Auflage. 148 Seiten. 1948 . . . . Bd. 125

Griechisch · Lateinisch

Griechische Sprachwissenschaft von *W. Brandenstein.*
I: Einleitung, Lautsystem, Etymologie. 160 Seiten. 1954 Bd. 117

Geschichte der griechischen Sprache
I: Bis zum Ausgang der klassischen Zeit. Von *O. Hoffmann*†. 3., umgearbeitete Auflage von *A. Debrunner.* 156 Seiten. 1954 . . . . Bd. 111
II: Grundfragen und Grundzüge d. nachklass. Griechisch. Von *A. Debrunner.* 144 Seiten. 1954 . . . . Bd. 114

Geschichte der griechischen Literatur von *W. Nestle.* 2., verbesserte Auflage.
I: Von den Anfängen bis auf Alexander d. Gr. 148 Seiten 1950 . . . . Bd. 70
II: Von Alexander d. Gr. bis zum Ausgang der Antike. 128 Seiten. 1948 . . . . Bd. 557

Geschichte der lateinischen Sprache von *F. Stolz* †. 3., stark umgearbeitete Auflage von *A. Debrunner*. 136 Seiten. 1953 . . . . Bd. 492

Hebräisch · Sanskrit · Russisch

Hebräische Grammatik von *G. Beer*†. 2., völlig neubearbeitete Auflage von *R. Meyer*.
I: Schrift-, Laut- und Formenlehre I. 157 Seiten. 1952. Bd. 763/763a
II: Schrift-, Laut- und Formenlehre II. 195 Seiten. 1955 . . . . Bd. 764/764a

Sanskrit-Grammatik von *M. Mayrhofer*. 89 Seiten. 1953 . . . Bd. 1158

Russische Grammatik von *G. Berneker*. 6., unveränderte Auflage von *M. Vasmer*. 155 Seiten. 1947 . . . . Bd. 66

Erd- und Länderkunde

Afrika von *F. Jaeger*. Ein geographischer Überblick. 2., umgearbeitete Auflage.
I: Der Lebensraum. 179 Seiten mit 18 Abbildungen. 1954 Bd. 910
II: Mensch und Kultur. 155 Seiten mit 6 Abbildungen. 1954 Bd. 911

Australien und Ozeanien von *H. J. Krug*. 176 Seiten mit 46 Skizzen. 1953 . . . . Bd. 319

Kartenkunde von *M. Eckert-Greifendorff*†. 3., durchgesehene Auflage von *W. Kleffner*. 149 Seiten mit 63 Abb. 1950 Bd. 30

Volkswirtschaft · Publizistik

Allgemeine Betriebswirtschaftslehre von *K. Mellerowicz*. 8., unveränderte Auflage.
I: 142 Seiten. 1954 . . . . Bd. 1008
II: 112 Seiten. 1954 . . . . Bd. 1153
III: 143 Seiten. 1954 . . . . Bd. 1154

Allgemeine Volkswirtschaftslehre von *A. Paulsen*.
I: In Vorbereitung . . . . Bd. 1169

Zeitungslehre von *E. Dovifat*. 3., neubearbeitete Auflage. 1955.
I: 148 Seiten. 1955 . . . . Bd. 1039
II: 158 Seiten. 1955 . . . . Bd. 1040

Naturwissenschaften

Mathematik

Geschichte der Mathematik von *J. E. Hofmann.*
I: Von den Anfängen bis zum Auftreten von Fermat und Descartes. 200 Seiten. 1953 . . . . Bd. 226

Mathematische Formelsammlung von *F. Ringleb.* Vollständig umgearbeitete Neuausgabe des Werkes von *O. Th. Bürklen.* 6., durchgesehene Aufl. 274 Seiten mit 57 Figuren. 1955. In Vorbereitung . . . . Bd. 51

Fünfstellige Logarithmen von *A. Adler.* Mit mehreren graphischen Rechentafeln und häufig vorkommenden Zahlwerten. 2. Auflage. Neudruck. 127 Seiten mit 1 Tafel. 1949 . . . . Bd. 423

Höhere Algebra von *H. Hasse.* 3., verbesserte Auflage.
I: Lineare Gleichungen. 152 Seiten. 1951 . . . . Bd. 931
II: Gleichungen höheren Grades. 158 Seiten mit 5 Figuren. 1951 . . . . Bd. 932

Aufgabensammlung zur höheren Algebra von *H. Hasse* und *W. Klobe.* 2., verbesserte und vermehrte Auflage. 181 Seiten. 1952 . . . . Bd. 1082

Elementare und klassische Algebra vom modernen Standpunkt von *W. Krull.* 2., erweiterte Auflage.
I: 136 Seiten. 1952 . . . . Bd. 930

Einführung in die Zahlentheorie von *A. Scholz*†. 2. Auflage, überarbeitet von *B. Schoeneberg.* 128 Seiten. 1955. . . Bd. 1131

Gruppentheorie von *L. Baumgartner.* 2. Auflage. 115 Seiten mit 6 Figuren. 1949 . . . . Bd. 837

Funktionentheorie von *K. Knopp.* 8. Auflage.
I: Grundlagen der allgemeinen Theorie der analytischen Funktionen. 139 Seiten mit 8 Fig. 1955 . . . . Bd. 668
II: Anwendungen und Weiterführung der allgemeinen Theorie. 130 Seiten mit 7 Fig. 1955 . . . . Bd. 703

Aufgabensammlung zur Funktionentheorie von *K. Knopp.* 4. Auflage.
I: Aufgaben zur elementaren Funktionentheorie. 135 Seiten. 1949 . . . . Bd. 877
II: Aufgaben zur höheren Funktionentheorie. 151 Seiten. 1949 . . . . Bd. 878

Elemente der Funktionentheorie von *K. Knopp.* 4. Auflage. 144 Seiten mit 23 Fig. 1955 . . . . Bd. 1109

Differentialrechnung von *A. Witting*†. 3., neubearbeitete Auflage. Durchgesehener Neudruck. 201 Seiten mit 95 Figuren und 200 Beispielen. 1949 . . . . Bd. 87

Repetitorium und Aufgabensammlung zur Differentialrechnung von *A. Witting*†. 2., neubearbeitete Auflage. Durchgesehener Neudruck. 145 Seiten. 1949 . . . . Bd. 146

Integralrechnung von *A. Witting*†. 2., verbesserte Auflage. Durchgesehener Neudruck. 176 Seiten mit 62 Figuren und 190 Beispielen. 1949 . . . . Bd. 88

Repetitorium und Aufgabensammlung zur Integralrechnung von *A. Witting*†. 2., neubearbeitete Auflage. Durchgesehener Neudruck. 121 Seiten mit 32 Figuren und 309 Beispielen. 1949. . . . . Bd. 147

Gewöhnliche Differentialgleichungen von *G. Hoheisel*. 4., neubearbeitete Auflage. 129 Seiten. 1951 . . . . Bd. 920

Partielle Differentialgleichungen von *G. Hoheisel*. 3., neubearbeitete Auflage. 130 Seiten. 1953 . . . . Bd. 1003

Aufgabensammlung zu den gewöhnlichen und partiellen Differentialgleichungen von *G. Hoheisel*. 2., umgearbeitete Auflage. 124 Seiten. 1952 . . . . Bd. 1059

Mengenlehre von *E. Kamke*. 3. Auflage. In Vorbereitung. Bd. 999/999a

Darstellende Geometrie von *W. Haack*.

I: Die wichtigsten Darstellungsmethoden. Grund- und Aufriß ebenflächiger Körper. 110 Seiten mit 117 Abbildungen. 1954 . . . . Bd. 142

II: Körper mit krummen Begrenzungsflächen. Kotierte Projektionen. 129 Seiten mit 86 Abbildungen. 1954 . . Bd. 143

Sammlung von Aufgaben und Beispielen zur analytischen Geometrie der Ebene von *R. Haussner*. Mit den vollständigen Lösungen. 139 Seiten mit 22 Figuren im Text. Neudruck. 1949 . . . . Bd. 256

Nichteuklidische Geometrie von *R. Baldus*†. Hyperbolische Geometrie der Ebene. 3., verbesserte Auflage, durchgesehen und herausgegeben von *F. Löbell*. 140 Seiten mit 70 Figuren im Text. 1953 . . . . Bd. 970

Differentialgeometrie von *K. Strubecker* (früher Rothe).

I: Kurventheorie der Ebene und des Raumes. 150 Seiten mit 18 Figuren. 1955 . . . . Bd. 1113/1113a

Einführung in die konforme Abbildung von *L. Bieberbach*. 4. Auflage. 147 Seiten mit 42 Zeichnungen. 1949 . . . Bd. 768

Vektoranalysis von *S. Valentiner*. Neudruck der 7. Auflage (1950). 138 Seiten mit 19 Figuen. 1954 . . . . Bd. 354

Vermessungskunde von *P. Werkmeister*.

I: Stückmessung und Nivellieren. 9. Auflage. 165 Seiten mit 145 Figuren. 1949 . . . . Bd. 468

II: Messung von Horizontalwinkeln. Festlegung von Punkten im Koordinatensystem. Absteckungen. 7. Auflage. 151 Seiten mit 93 Figuren. 1949 . . . . Bd. 469

III: Trigonometrische und barometrische Höhenmessung. Tachymetrie und Topographie. 6. Auflage. 147 Seiten mit 64 Figuren. 1949 . . . . Bd. 862

Versicherungsmathematik von *F. Böhm*.

I: Elemente der Versicherungsrechnung. 3., vermehrte und verbesserte Auflage. Durchgesehener Neudruck. 151 Seiten. 1954. . . . . Bd. 180

II: Lebensversicherungsmathematik. Einführung in die technischen Grundlagen der Sozialversicherung. 2., verbesserte Auflage. 205 Seiten. 1953 . . . . Bd. 917/917a

Physik

Einführung in die theoretische Physik von *W. Döring*.
I: Mechanik. 119 Seiten mit 29 Abbildungen. 1954 . . . Bd. 76
II: Das elektromagnetische Feld. 123 Seiten mit 15 Abbildungen. 1955 . . . . Bd. 77
III: Optik. Mit 35 Abbildungen. 1955. In Vorbereitung . . Bd. 78

Atomphysik von *K. Bechert* u. *Ch. Gerthsen*. 3., umgearb. Aufl.
I: Allgemeine Grundlagen. I. Teil von *Ch. Gerthsen*. 123 Seiten mit 35 Abbildungen. 1955 . . . . Bd. 1009
II: Allgemeine Grundlagen. II. Teil von *Ch. Gerthsen*. 112 Seiten mit 48 Abbildungen. 1955. . . . . Bd. 1033
III: Theorie des Atombaus. 1. Teil von *K. Bechert*. 148 Se.tenmit 16 Abbildungen. 1954 . . . . Bd. 1123/1123a
IV: Theorie des Atombaus. 2. Teil von *K. Bechert*. 170 Seiten mit 14 Abbildungen. 1954 . . . . Bd. 1165/1165a

Differentialgleichungen der Physik von *F. Sauter*. 2. Auflage. 148 Seiten mit 16 Figuren. 1950 . . . . Bd. 1070

Physikalische Formelsammlung von *G. Mahler* und *K. Mahler*. 9. Auflage. 1955. In Vorbereitung. . . . . Bd. 136

Physikalische Aufgabensammlung von *G. Mahler* u. *K. Mahler*. Mit den Ergebnissen. 8. Aufl. 1955. In Vorbereitung Bd. 243

Chemie

Geschichte der Chemie von *G. Lockemann*. In kurzgefaßter Darstellung.
I: Vom Altertum bis zur Entdeckung des Sauerstoffs. 142 Seiten mit 8 Bildnissen. 1950 . . . . Bd. 264
II: Von der Entdeckung des Sauerstoffs bis zur Gegenwart. 151 Seiten mit 16 Bildnissen. 1955 . . . . . . Bd. 265/265a

Anorganische Chemie von *W. Klemm*. 8. Auflage. 184 Seiten mit 18 Abbildungen. 1954 . . . . Bd. 37

Organische Chemie von *W. Schlenk*. 6., erweiterte Auflage. 263 Seiten. 1954 . . . . Bd. 38/38a

Allgemeine und physikalische Chemie von *W. Schulze*.
I: 1955. In Vorbereitung . . . . Bd. 71
II: 1955. In Vorbereitung . . . . Bd. 698
III: Molekülbau. 1955. In Vorbereitung . . . . Bd. 786

Analytische Chemie von *J. Hoppe*. 5., verbesserte Auflage.
I: Reaktionen. 135 Seiten. 1950 . . . . Bd. 247
II: Gang der qualitativen Analyse. 166 Seiten. 1950 . . . Bd. 248

Maßanalyse von *G. Jander* und *K. F. Jahr*. Theorie und Praxis der klassischen und der elektrochemischen Titrierverfahren. 7. Auflage.
I: 1955. In Vorbereitung . . . . Bd. 221
II: 1955. In Vorbereitung . . . . Bd. 1002

Thermochemie von *W. A. Roth*. 2., verbesserte Auflage. 109 Seiten mit 16 Figuren. 1952 . . . . Bd. 1057

Physikalisch-chemische Rechenaufgaben von *E. Asmus*. 2. Auflage. 96 Seiten. 1949 . . . . Bd. 445

Stöchiometrische Aufgabensammlung von *W. Bahrdt* und *R. Scheer*. Mit den Ergebnissen. 5., verbesserte Auflage. 120 Seiten. 1952 . . . . Bd. 452

Elektrochemie und ihre physikalisch-chemischen Grundlagen von *A. Dassler*.
I: 149 Seiten mit 21 Abbildungen. 1950 . . . . Bd. 252
II: 178 Seiten mit 17 Abbildungen. 1950 . . . . Bd. 253

Technologie

Warenkunde von *K. Hassak*† und *E. Beutel*†. 7. Auflage. Neubearbeitet von *A. Kutzelnigg.*
I: Anorganische Waren sowie Kohle und Erdöl. 116 Seiten mit 19 Figuren. 1947 . . . . Bd. 222
II: Organische Waren. 143 Seiten mit 32 Figuren. 1949 . . Bd. 223

Die Fette und Öle von *K. Braun*†. 5., völlig neubearbeitete und verbesserte Auflage von *Th. Klug.* 145 Seiten. 1950 . . Bd. 335

Die Seifenfabrikation von *K. Braun*†. 3., neubearbeitete und verbesserte Auflage von *Th. Klug.* 116 Seiten mit 18 Abbildungen. 1953 . . . . Bd. 336

Textilindustrie.
I: Spinnerei und Zwirnerei von *A. Blümcke.* 112 Seiten mit 43 Abbildungen. 1954 . . . . Bd. 184

Biologie

Hormone von *G. Koller.* 2., neubearbeitete und erweiterte Auflage. 187 Seiten mit 60 Abbildungen und 19 Tabellen. 1949 . . . . Bd. 1141

Fortpflanzung im Tier- und Pflanzenreich von *J. Hämmerling.* 2., ergänzte Auflage. 135 Seiten mit 101 Abbildungen. 1951 . . . . Bd. 1138

Geschlecht und Geschlechtsbestimmung im Tier- und Pflanzenreich von *M. Hartmann.* 2., verbesserte Auflage. 116 Seiten mit 61 Abbildungen und 7 Tabellen. 1951 . Bd. 1127

Grundriß der allgemeinen Mikrobiologie von *W. Schwartz.*
I: 104 Seiten mit 17 Abbildungen. 1949 . . . . Bd. 1155
II: 93 Seiten mit 12 Abbildungen. 1949 . . . . Bd. 1157

Symbiose der Tiere mit pflanzlichen Mikroorganismen von *P. Buchner.* 2., verbesserte und vermehrte Auflage. 130 Seiten mit 121 Abbildungen. 1949 . . . . Bd. 1128

Botanik

Entwicklungsgeschichte desPflanzenreiches von *H. Heil.* 2. Auflage. 138 Seiten mit 94 Abbildungen und 1 Tabelle. 1950 Bd. 1137

Morphologie der Pflanzen von *L. Geitler.* 3. Auflage. 126 Seiten mit 114 Abbildungen. 1953 . . . . Bd. 141

Pflanzenzüchtung von *H. Kuckuck.* 3., völlig umgearbeitete Auflage.
I: Grundzüge der Pflanzenzüchtung. 132 Seiten mit 22 Abbildungen. 1952 . . . . Bd. 1134

Die Laubhölzer von *F. W. Neger*† und *E. Münch*†. Kurzgefaßte Beschreibung der in Mitteleuropa gedeihenden Laubbäume und Sträucher. 3., durchgesehene Auflage, herausgegeben von *B. Huber.* 143 Seiten mit 63 Figuren und 7 Tabellen. 1950 . . . . Bd. 718

Die Nadelhölzer (Koniferen) und übrigen Gymnospermen von *F. W. Neger*† und *E. Münch*†. 4. Auflage. Durchgesehen und ergänzt von *B. Huber.* 140 Seiten mit 75 Figuren, 4 Tabellen und 3 Karten. 1952 . . . . Bd. 355

Zoologie

Entwicklungsphysiologie der Tiere von *F. Seidel*.
I: Ei und Furchung. 126 Seiten mit 29 Abbildungen. 1953 . . . . Bd. 1162
II: Körpergrundgestalt und Organbildung. 159 Seiten mit 42 Abbildungen. 1953 . . . . Bd. 1163

Das Tierreich.
Fische von *D. Lüdemann*. 130 Seiten mit 65 Abbildungen. 1955. . . . . Bd. 356
Insekten von *H. von Lengerken*. 128 Seiten mit 58 Abbildungen. 1953 . . . . Bd. 594
Lurche von *K. Herter*. 140 Seiten mit 129 Abbild. 1955 Bd. 847
Spinnentiere von *A. Kaestner*. 96 S. mit 55 Abb. 1955. Bd. 1161
Würmer von *S. Jaeckel*. 112 Seiten mit 36 Abbild. 1955 Bd. 439
Weichtiere von *S. Jaeckel*. 92 Seiten mit 34 Abbildungen. 1954 . . . . Bd. 440
Stachelhäuter von *S. Jaeckel*. 1955. In Vorbereitung . . . . Bd. 441

Vergleichende Physiologie der Tiere von *K. Herter*. 3. Auflage der „Tierphysiologie".
I: Stoff- und Energiewechsel. 155 Seiten mit 64 Abbild. 1950 . . . . Bd. 972
II: Bewegung und Reizerscheinungen. 148 Seiten mit 110 Abbildungen. 1950 . . . . Bd. 973

Land- und Forstwirtschaft

Landwirtschaftliche Tierzucht von *H. Vogel*. Die Züchtung und Haltung der landwirtschaftlichen Nutztiere. 139 Seiten mit 11 Abbildungen. 1952 . . . . Bd. 228

Kulturtechnische Bodenverbesserungen von *O. Fauser*. 4., neubearbeitete Auflage.
I: Allgemeines, Entwässerung. 122 Seiten mit 47 Abbildungen. 1947 . . . . Bd. 691
II: Bewässerung, Ödlandkultur, Umlegung. 150 Seiten mit 67 Abbildungen. 1949 . . . . Bd. 692

Agrikulturchemie von *K. Scharrer*.
I: Pflanzenernährung. 143 Seiten. 1953 . . . . Bd. 329

Geologie · Mineralogie · Kristallographie

Kristallographie von *W. Bruhns*† und *P. Ramdohr*. 4. Auflage. 106 Seiten mit 163 Abbildungen. 1954 . . . . Bd. 210

Einführung in die Kristalloptik von *E. Buchwald*. 4., verbess. Auflage. 138 Seiten mit 121 Figuren. 1952 . . . . . . Bd. 619

Lötrohrprobierkunde von *M. Henglein*. Mineraldiagnose mit Lötrohr- und Tüpfelreaktion. 3., verbesserte Auflage. 91 Seiten mit 11 Figuren. 1949 . . . . Bd. 483

Mineral- und Erzlagerstättenkunde von *H. Huttenlocher*.
I: 128 Seiten mit 34 Abbildungen. 1954 . . . . Bd. 1014
II: 156 Seiten mit 48 Abbildungen. 1954 . . . . . Bd. 1015/1015a

Mineralogie von *R. Brauns*† und *K. F. Chudoba*. 9. Auflage.
I: Allgemeine Mineralogie. 104 Seiten mit 107 Figuren, 1 Tafel, 2 Tabellen. 1955 . . . . Bd. 29
II: Spezielle Mineralogie. 133 Seiten mit 105 Figuren. 1955 Bd. 31

Petrographie. Von *W. Bruhns*† und *P. Ramdohr*. 4., durchgesehene Auflage. 104 Seiten mit 10 Figuren. 1955 . . . Bd. 173

Geologie von *F. Lotze*. 176 Seiten mit 80 Abbildungen. 1955 . Bd. 13

Technik

Elektrotechnik

Die Gleichstrommaschine von *K. Humburg.* Durchgesehener Neudruck.
I: 102 Seiten mit 59 Abbildungen. 1949 . . . . Bd. 257
II: 98 Seiten mit 38 Abbildungen. 1949 . . . . Bd. 881

Die synchrone Maschine von *K. Humburg.* Neudruck. 109 Seiten mit 78 Bildern. 1951 . . . . Bd. 1146

Induktionsmaschinen von *F. Unger.* 2., erweiterte Auflage. 142 Seiten mit 49 Abbildungen. 1954 . . . . Bd. 1140

Die komplexe Berechnung von Wechselstromschaltungen von *H. H. Meinke.* 160 Seiten mit 114 Abbildungen. 1949 . Bd. 1156

Theoretische Grundlagen zur Berechnung der Schaltgeräte von *F. Kesselring.* 3. Auflage. 144 Seiten mit 92 Abbildungen. 1950 . . . . Bd. 711

Elektromotorische Antriebe (Grundlagen für die Berechnung) von *A. Schwaiger.* 3., neubearbeitete Auflage. 96 Seiten mit 34 Abbildungen. 1952 . . . . Bd. 827

Technische Tabellen und Formeln von *W. Müller.* 4., verbesserte und erweiterte Auflage von *E. Schulze.* 152 Seiten mit 105 Figuren. 1951 . . . . Bd. 579

Überspannungen und Überspannungsschutz von *G. Frühauf.* Durchgesehener Neudruck. 122 Seiten mit 98 Abbildungen. 1950 . . . . Bd. 1132

Maschinenbau

Metallkunde. Einführendes über Aufbau, Eigenschaften und Untersuchung von Metallen und Legierungen sowie über Grundlagen des Schmelzens, des Gießens, des Verformens, der Wärmebehandlung, der Oberflächenbehandlung, der Verbinde- und Trennarbeiten von *H. Borchers.*
I: Aufbau der Metalle und Legierungen. 3. Auflage. 1955. In Vorbereitung . . . . Bd. 432
I Eigenschaften. Grundzüge der Form- und Zustandsgebung. 2. Auflage. 154 Seiten mit 8 Tabellen und 100 Abbildungen. 1952 . . . . Bd. 433

Dynamik von *W. Müller.* 2., verbesserte Auflage.
I: Dynamik des Einzelkörpers. 128 Seiten mit 48 Figuren. 1952 . . . . Bd. 902
II: Systeme von starren Körpern. 102 Seiten mit 41 Figuren. 1952 . . . . Bd. 903

Technische Schwingungslehre von *L. Zipperer.* 2., neubearbeitete Auflage.
I: Allgemeine Schwingungsgleichungen, einfache Schwinger. 120 Seiten mit 101 Abbildungen. 1953 . . . . . Bd. 953
II: Torsionsschwingungen in Maschinenanlagen. 102 Seiten mit 59 Abbildungen. 1955. . . . . Bd. 961/961a

Werkzeugmaschinen von *K. P. Matthes.*
I: 110 Seiten mit 27 Abbildungen, 11 Zahlentafeln im Text und 1 Tafelanhang. 1954 . . . . Bd. 561
II: 1955. In Vorbereitung . . . . Bd. 562

Die Maschinenelemente von *E. A. vom Ende.* 2., verbesserte Auflage. 159 Seiten mit 173 Figuren und 12 Tafeln. 1950 Bd. 3

Das Maschinenzeichnen mit Einführung in das Konstruieren von *W. Tochtermann.* 4. Auflage.
I: Das Maschinenzeichnen. 156 Seiten mit 77 Tafeln. 1950 Bd. 589
II: Ausgeführte Konstruktionsbeispiele. 130 Seiten mit 58 Tafeln. 1950 . . . . Bd. 590

Getriebelehre von *P. Grodzinski.* 2., neubearbeitete Auflage.
I: Geometrische Grundlagen. 159 Seiten mit 142 Figuren. 1953 . . . . Bd. 1061

Gießereitechnik von *H. Jungbluth.*
I: Eisengießerei. 126 Seiten mit 44 Abbildungen. 1951 . . Bd. 1159

Die Dampfkessel und Feuerungen einschließlich Hilfseinrichtungen in Theorie, Konstruktion und Berechnung von *W. Marcard*†. 2. Auflage. Neubearbeitet von *K. Beck.*
I: Die theoretischen Grundlagen. Wärme, Verbrennung, Wärmeübertragung. 150 Seiten mit 42 Abbildungen und 16 Tabellen. 1951 . . . . Bd. 9
II: Dampfkessel. 147 Seiten mit 43 Abbildungen. 1952 . Bd. 521

Dampfturbinen von *C. Zietemann.* 3., verbesserte Auflage.
I: In Vorbereitung . . . . Bd. 274

Technische Thermodynamik von *W. Nusselt.*
I: Grundlagen. 3., verbesserte Auflage. 144 Seiten mit 71 Abbildungen. 1950 . . . . Bd. 1084
II: Theorie der Wärmekraftmaschinen. Neudruck. 144 Seiten mit 87 Abbildungen und 32 Zahlentafeln. 1951 . . Bd. 1151

Autogenes Schweißen und Schneiden von *H. Niese.* 5. Auflage. Neubearbeitet von *A. Küchler.* 136 Seiten mit 71 Figuren. 1954 . . . . Bd. 499

Elektrische Schweißverfahren von *H. Niese.* 2. Auflage. Neubearbeitet von *H. Dienst.* 136 Seiten mit 58 Abbildungen. 1955 . . . . Bd. 1020

Hebezeuge von *G. Tafel.*
I: 2., verbesserte Auflage. 276 Seiten mit 230 Figuren. 1954 . . . . Bd. 414/414a

Wasserbau

Wasserkraftanlagen von *A. Ludin.*
I: Planung, Grundlagen und Grundzüge. 124 Seiten mit 60 Abbildungen. 1955 . . . . Bd. 665
II: In Vorbereitung . . . . Bd. 666

Verkehrswasserbau von *H. Dehnert.*
I: **Entwurfsgrundlagen,** Flußregelungen. 103 Seiten mit 52 Textabbildungen. 1950 . . . . Bd. 585
II: Flußkanalisierungen und Schiffahrtskanäle. 94 Seiten mit 60 Textabbildungen. 1950 . . . . Bd. 597
III: Schleusen und Hebewerke. 98 Seiten mit 70 Textabbildungen. 1950 . . . . Bd. 1152

Talsperren von *F. Tölke.* 122 Seiten mit 70 Abbildungen. 1953 Bd. 1044

Wehr- und Stauanlagen von *H. Dehnert.* 134 Seiten mit 90 Abbildungen. 1952 . . . . Bd. 965

Hoch- und Tiefbau

Die wichtigsten Baustoffe des Hoch- und Tiefbaus von *O. Graf.* 4., verbesserte Auflage. 131 Seiten mit 63 Abbildungen. 1953 . . . . Bd. 984

Baustoffverarbeitung und Baustellenprüfung des Betons von *A. Kleinlogel.* 2., neubearbeitete und erweiterte Auflage. 126 Seiten mit 35 Abbildungen. 1951 . . . . . . Bd. 978

Festigkeitslehre von *W. Gehler†* und *W. Herberg.*

I: Elastizität, Plastizität und Festigkeit der Baustoffe und Bauteile. Durchgesehener und erweiterter Neudruck. 159 Seiten mit 18 Bildern. 1952 . . . . Bd. 1144

II: Formänderung, Platten, Stabilität und Bruchhypothesen. Bearb. von W. Herberg und N. Dimitrov. 187 Seiten mit 94 Bildern. 1955 . . . . Bd. 1145/1145a

Grundlagen des Stahlbetonbaus von *A. Troche.* 2., neubearbeitete und erweiterte Auflage. 208 Seiten mit 75 Abbildungen, 17 Bemessungstafeln und 20 Rechenbeispielen. 1953 . . . . Bd. 1078

Fenster, Türen, Tore aus Holz und Metall. Eine Anleitung zu ihrer guten Gestaltung, wirtschaftlichen Bemessung und handwerksgerechten Konstruktion von *W. Wickop.* 4., überarbeitete Auflage. 155 Seiten mit 95 Abbildungen 1955 . . . . Bd. 1092

Heizung und Lüftung von *J. Körting†* und *W. Körting.* 8., neubearbeitete Auflage.

I: Das Wesen und die Berechnung der Heizungs- und Lüftungsanlagen. 140 Seiten mit 29 Abbildungen und 18 Zahlentafeln. 1951 . . . . Bd. 342

II: Die Ausführung der Heizungs- und Lüftungsanlagen. 152 Seiten mit 165 Abbildungen und 7 Zahlentafeln. 1954 . . . . Bd. 343

SAMMLUNG GÖSCHEN / BANDNUMMERNFOLGE

1 Langosch, Der Nibelunge Nôt
3 vom Ende, Maschinenelemente
9 Marcard-Beck, Dampfkessel I
13 Lotze, Geologie
20 Hofstaetter-Spree, Dt. Sprachlehre
29 Brauns-Chudoba, Allg. Mineralogie
30 Eckert-Greifendorff-Kleffner, Kartenkunde
31 Brauns-Chudoba, Spez. Mineralogie
37 Klemm, Anorganische Chemie
38/38a Schlenk, Organ. Chemie
42 Behn, Vorgeschichte Europas
51 Bürklen-Ringleb, Mathematische Formelsammlung
60 Biehle, Stimmkunde
61 Biehle, Redetechnik
66 Berneker-Vasmer, Russische Grammatik
70 Nestle, Griech. Literaturgesch. I
71 Schulze, Allgem. und physikalische Chemie I
76 Döring, Einführ. i. d. theoret. Physik I
77 Döring, Einführ. i. d. theoret. Physik II
79 Hempel, Gotisches Elementarbuch
80 Weigert, Stilkunde I
87 Witting, Differentialrechnung
88 Witting, Integralrechnung
101 v. Wiese, Soziologie
111 Hoffmann-Debrunner, Geschichte der griech. Sprache I
114 Debrunner, Geschichte der griech. Sprache II
117 Brandenstein, Griechische Sprachwissenschaft
125 Vossler, Italienische Literaturgeschichte
128 Lausberg, Roman. Sprachwiss. I
136 Mahler, Physikalische Formelsammlung
141 Geitler, Morphologie der Pflanzen
142 Haack, Darst. Geometrie I
143 Haack, Darst. Geometrie II
145 Weimer, Geschichte der Pädagogik
146 Witting, Repetitorium und Aufgabensammlung zur Differentialrechnung
147 Witting, Repetitorium und Aufgabensammlung zur Integralrechnung
156/156a Landmann, Philosoph. Anthropologie
170 Oehlmann, Musik des 19. Jahrhunderts
173 Bruhns-Ramdohr, Petrographie
180 Böhm, Versicherungsmathematik I
184 Blümcke, Spinnerei und Zwirnerei
200/200a Gottschald, Dt. Rechtschreibungswörterbuch
210 Bruhns-Ramdohr, Kristallographie
220/220a Moser, Allgemeine Musiklehre
221 Jander-Jahr, Maßanalyse I
222 Hassak-Beutel, Warenkunde I
223 Hassak-Beutel, Warenkunde II
226 Hofmann, Geschichte der Mathematik I
228 Vogel, Landw. Tierzucht
230 Krieger, Bad. Geschichte
243 Mahler, Physikal. Aufgabensammlung
247 Hoppe, Analytische Chemie I
248 Hoppe, Analytische Chemie II
250 Lausberg, Roman. Sprachwiss. II
252 Dassler, Elektrochemie I
253 Dassler, Elektrochemie II
256 Haussner, Aufgabensammlung zur analytischen Geometrie der Ebene
257 Humburg, Die Gleichstrommaschine I
264 Lockemann, Geschichte der Chemie I
265/265a Lockemann, Geschichte der Chemie II
270 Kirn, Einführung in die Geschichtswissenschaft
274 Zietemann, Dampfturbinen I
279 Jacob, Quellenkunde der deutschen Geschichte I
280 Jacob, Quellenkunde der deutschen Geschichte II

281 Leisegang, Einführung in die Philosophie
284 Jacob-Weden, Quellenkunde der deutschen Geschichte III
319 Krug, Australien und Ozeanien
329 Scharrer, Agrikulturchemie I
335 Braun-Klug, Fette und Öle
336 Braun-Klug, Seifenfabrikation
342 Körting, Heizung und Lüftung I
343 Körting, Heizung und Lüftung II
344 Moser, Musikästhetik
354 Valentiner, Vektoranalysis
355 Neger-Münch, Nadelhölzer
356 Lüdemann, Fische
375 Preller, Geschichte Englands I
394/394a Schilling, Von der Renaissance bis Kant
414/414a Tafel, Hebezeuge I
422 Gottschald, Dt. Personennamen
423 Adler, Fünfstell. Logarithmen
432 Borchers, Metallkunde I
433 Borchers, Metallkunde II
439 Jaeckel, Würmer
440 Jaeckel, Weichtiere
441 Jaeckel, Stachelhäuter
445 Asmus, Physikal.-chemische Rechenaufgaben
452 Bahrdt-Scheer, Stöchiometrische Aufgabensammlung
468 Werkmeister, Vermessungskunde I
469 Werkmeister, Vermessungskunde II
483 Henglein, Lötrohrprobierkunde
492 Stolz-Debrunner, Geschichte der lateinischen Sprache
499 Niese, Autogen. Schweißen
500 Simmel, Hauptprobleme der Philosophie
521 Marcard-Beck, Dampfkessel und Feuerungen II
536 Lehmann, Kant
538 Rumpf, Archäologie I
539 Rumpf, Archäologie II
557 Nestle, Griechische Literaturgeschichte II
561 Matthes, Werkzeugmaschinen I
562 Matthes, Werkzeugmasch. II
564 Behn, Kultur der Urzeit I
565 Behn, Kultur der Urzeit II
566 Behn, Kultur der Urzeit III
571 Lehmann, Philosophie des 19. Jahrhunderts I
576/576a Moser, Gesangskunst
579 Müller-Schulze, Techn. Tabellen
585 Dehnert, Verkehrswasserbau I
589 Tochtermann, Maschinenzeichnen I
590 Tochtermann, Maschinenzeichnen II
594 Lengerken, Insekten
597 Dehnert, Verkehrswasserbau II
619 Buchwald, Kristalloptik
665 Ludin, Wasserkraftanlagen I
666 Ludin, Wasserkraftanlagen II
668 Knopp, Funktionentheorie I
691 Fauser, Kulturtechn. Bodenverbesserungen I
692 Fauser, Kulturtechn. Bodenverbesserungen II
698 Schulze, Allgemeine und physikalische Chemie II
703 Knopp, Funktionentheorie II
709 Lehmann, Philosophie des 19. Jahrhunderts II
711 Kesselring, Berechnung der Schaltgeräte
718 Neger-Münch, Laubhölzer
763/763a Beer-Meyer, Hebräische Grammatik I
764/764a Beer-Meyer, Hebräische Grammatik II
768 Bieberbach, Einführung in die konforme Abbildung
780 Krahe, Germ. Sprachwiss. II
781 Weigert, Stilkunde II
768 Schulze, Molekülbau
807 Kropp, Erkenntnistheorie I
809 Moser, Harmonielehre I
826 Koch, Philosophie des Mittelalters
827 Schwaiger, Elektromotorische Antriebe
837 Baumgartner, Gruppentheorie
845 Lehmann, Philosophie im ersten Drittel des 20. Jahrhunderts
847 Herter, Lurche
857 Capelle, Griech. Philosophie I
858 Capelle, Griech. Philosoph. II
859 Capelle, Griech. Philosoph. III
862 Werkmeister, Vermessungskunde III
863 Capelle, Griech. Philosoph. IV
877 Knopp, Aufgabensammlung zur Funktionentheorie I

878 Knopp, Aufgabensammlung zur Funktionentheorie II
881 Humburg, Gleichstrommaschine II
902 Müller, Dynamik I
903 Müller, Dynamik II
910 Jaeger, Afrika I
911 Jaeger, Afrika II
917/917a Böhm, Versicherungsmathematik II
920 Hoheisel, Gewöhnliche Differentialgleichungen
929 Schirmer, Dt. Wortkunde
930 Krull, Elementare und klassische Algebra I
931 Hasse, Höhere Algebra I
932 Hasse, Höhere Algebra II
953 Zipperer, Techn. Schwingungslehre I
961/961a Zipperer, Techn. Schwingungslehre II
965 Dehnert, Wehr- u. Stauanlagen
970 Baldus-Löbell, Nichteuklid. Geometrie
972 Herter, Tierphysiologie I
973 Herter, Tierphysiologie II
978 Kleinlogel, Baustoffverarbeitung und Baustellenprüfung des Betons
984 Graf, Die wichtigsten Baustoffe des Hoch- und Tiefbaus
999/999a Kamke, Mengenlehre
1000 Jaspers, Geistige Situation
1002 Jander-Jahr, Maßanalyse II
1003 Hoheisel, Partielle Differentialgleichungen
1008 Mellerowicz, Allgemeine Betriebswirtschaftslehre I
1009 Bechert-Gerthsen, Atomphysik I
1014 Huttenlocher, Mineral- und Erzlagerstättenkunde I
1015/1015a Huttenlocher, Mineral- und Erzlagerstättenkunde II
1021 Niese-Dienst, Elektr. Schweißverfahren
1031 Apel, Philosophisches Wörterbuch
1033 Bechert-Gerthsen, Atomphysik II
1034 Kranefeldt, Therapeutische Psychologie
1039 Dovifat, Zeitungslehre I
1040 Dovifat, Zeitungslehre II
1044 Tölke, Talsperren
1045 Schubert, Technik des Klavierspiels
1051/1051a zu Stolberg-Wernigerode, Gesch. d. Verein. Staaten v. Amerika
1057 Roth, Thermochemie
1059 Hoheisel, Aufgabensammlung zu den gewöhnl. und partiellen Differentialgleichungen
1061 Grodzinski, Getriebelehre I
1065 Haller, Von den Karolingern zu den Staufern
1070 Sauter, Differentialgleichungen der Physik
1078 Troche, Stahlbetonbau
1082 Hasse-Klobe, Aufgabensammlung zur Höheren Algebra
1084 Nusselt, Technische Thermodynamik I
1086 Müller, Dt. Dichten u. Denken
1088 Preller, Geschichte Englands II
1092 Wickop, Fenster, Türen, Tore,
1094 Hernried, System. Modulation
1096 Viëtor, Dt. Dichten u. Denken
1105 Hartung, Dt. Geschichte im Zeitalter der Reformation
1108 de Boor, Mittelhochdeutsches Elementarbuch
1109 Knopp, Elemente der Funktionentheorie
1111 Naumann-Betz, Althochdeutsches Elementarbuch
1113 Strubecker, Differentialgeometrie I
1114 Schubel, Englische Literaturgeschichte I
1115 Ranke, Altnord. Elementarbuch
1116 Meissner, Englische Literaturgeschichte II
1121 Naumann, Dt. Dichten und Denken
1122 Feist, Sprechen und Sprachpflege
1123/1123a Bechert-Gerthsen, Atomphysik III
1124 Meissner, Englische Literaturgeschichte III
1125 Lehnert, Altengl. Elementarbuch

1127 Hartmann, Geschlecht und Geschlechtsbestimmung im Tier- und Pflanzenreich
1128 Buchner, Symbiose der Tiere mit pflanzl. Mikroorganismen
1130 Dibelius, Jesus
1131 Scholz-Schoeneberg Einführung in die Zahlentheorie
1132 Frühauf, Überspannungen und Überspannungsschutz
1134 Kuckuck, Pflanzenzüchtung I
1135 Lehnert, Beowulf
1136 Meissner, Englische Literaturgeschichte IV
1137 Heil, Entwicklungsgeschichte des Tier- und Pflanzenreichs
1138 Hämmerling, Fortpflanzung im Tier- und Pflanzenreich
1140 Unger, Induktionsmaschinen
1141 Koller, Hormone
1142 Meissner-Lehnert, Shakespeare
1144 Gehler, Festigkeitslehre I
1145/1145a Herberg, Festigkeitslehre II
1146 Humburg, Synchrone Maschine
1147 v. Waltershausen, Kunst des Dirigierens
1148 Pepping, Der polyphone Satz I
1151 Nusselt, Technische Thermodynamik II
1152 Dehnert, Verkehrswasserbau III
1153 Mellerowicz, Allgem. Betriebswirtschaftslehre II
1154 Mellerowicz, Allgem. Betriebswirtschaftslehre III
1155 Schwartz, Mikrobiologie I
1156 Meinke, Kompl. Berechnung der Wechselstromschaltungen
1157 Schwartz, Mikrobiologie II
1158 Mayrhofer, Sanskrit-Grammatik
1159 Jungbluth, Gießereitechnik I
1160 Dibelius-Kümmel, Paulus
1161 Kaestner, Spinnentiere
1162 Seidel, Entwicklungsphysiologie der Tiere I
1163 Seidel, Entwicklungsphysiologie der Tiere II
1165/1165a Bechert-Gerthsen, Atomphysik IV
1169 Paulsen, Allgem. Volkswirtschaftslehre I

AUTORENREGISTER

80/55

FSC
www.fsc.org
MIX
Papier | Fördert
gute Waldnutzung
FSC® C083411

Kolibri 360 GmbH
Ferdinand-Jühlke-Straße 7
99095 Erfurt, Deutschland
produktsicherheit@kolibri360.de

Guttentag'sche Sammlung
№ 42. Deutscher Reichsgesetze. № 42.
Text-Ausgaben mit Anmerkungen.

Grundbuchordnung

für das Deutsche Reich

nebst den

preußischen Ausführungsbestimmungen.

Text-Ausgabe mit Einleitung, Anmerkungen und Sachregister

von

Dr. Otto Fischer,

ordentlichem Professor der Rechte an der Universität Breslau.

Zweite Auflage.

Berlin 1900.

J. Guttentag Verlagsbuchhandlung,

G. m. b. H.

Vorwort zur 1. Auflage.

Die vorliegende Text-Ausgabe der Reichsgrundbuchordnung entspricht in ihrer Anlage der von dem Verfasser bearbeiteten preußischen Grundbuchgesetzgebung" (Guttentag'sche Sammlung Preußischer Gesetze Nr. 9, dritte vermehrte Auflage 1895). Die beigefügten Anmerkungen haben ein dreifaches Ziel. Sie wollen die Verbindung der einzelnen Bestimmungen der G.B.O. unter sich und mit anderen Gesetzen, namentlich dem B.G.B., herstellen. Sie verweisen im weiteren auf die wichtigsten Vorarbeiten und frühere, vorbildlich gewesene Gesetze und geben endlich ganz kurze sachliche Erklärungen, um so dem ersten Bedürfnisse des Juristen, auch des Studirenden, sowie der Geschäftswelt zu genügen. Die den einzelnen Bestimmungen vorgesetzten nicht zum Gesetzestext gehörigen Inhaltsangaben wollen die Uebersicht und Einsicht in das System des Gesetzes erleichtern.

Breslau, im April 1897.

Otto Fischer.

Vorwort zur 2. Auflage.

Die neue Auflage ist durch die ergänzenden Bestimmungen des preußischen Landesrechts vermehrt worden. Ausgeschieden sind aber die Vorschriften über das Kosten- und Stempelwesen, weil sie in größeren nicht auf das Grundbuchwesen beschränkten Kodifikationen enthalten sind. Auch die Verweisungen auf nicht mehr geltende Gesetze sind weggelassen.

Auch für das preußische Landesrecht handelt es sich vorzugsweise darum, den Zusammenhang seiner Bestimmungen unter sich und mit dem Reichsrecht darzulegen.

Zur weiteren Förderung der Rechtseinheit auf dem Gebiete des Grundbuchrechts und zur Anbahnung einer wissenschaftlichen Behandlung des deutschen Grundbuchrechts im Ganzen erscheint eine Berücksichtigung der Ausführungsbestimmungen sämmtlicher Bundesstaaten erforderlich. Im Rahmen einer Textausgabe ließ sich aber, wenigstens zur Zeit, dieses Ziel schon deshalb nicht erreichen, weil diese Bestimmungen zum Theil noch nicht zugänglich waren.

Das Sachregister verdanke ich Herrn Assessor Ernst Pütter.

Breslau, im Dezember 1899.

Otto Fischer.

Inhaltsübersicht.

Erklärung der Abkürzungen.

A.G. = Ausführungsgesetz, ohne weiteren Zusatz = preußisches Ausführungsgesetz zur Grundbuchordnung.
Allg. Bergges. = preußisches Allgemeines Berggesetz v. 24. Juni 1865.
Allg. Vf. = Allgemeine Verfügung, ohne weiteren Zusatz = preußische Allgemeine Verfügung zur Ausführung der Grundbuchordnung.
A.L.R. = Allgemeines Landrecht für die preußischen Staaten.
Art. = Artikel.
B.G.B. = Bürgerliches Gesetzbuch für das Deutsche Reich.
C.P.O. = Civilprozeßordnung.
D. = Denkschrift zum zweiten Entwurf der Grundbuchordnung für das Deutsche Reich.
E.E.G = Preußisches Gesetz über den Eigenthumserwerb u. s. w. vom 5. Mai 1872.
E.G. = Einführungsgesetz.
F.G. = Gesetz betr. die Angelegenheiten der freiwilligen Gerichtsbarkeit, ohne Zusatz = Reichsgesetz.
G. = Gesetz.
G.B. = Grundbuch.
G.B.A. = Grundbuchamt.
G.B.Bl = Grundbuchblatt.
G.B.O = Grundbuchordnung.
G.V.G. = Gerichtsverfassungsgesetz.
H.G.B. = Handelsgesetzbuch
J.M.Bl. = preußisches Justiz-Ministerialblatt.
K.O. = Konkursordnung.
M. = Motive zum ersten Entwurf der Grundbuchordnung für das Deutsche Reich.
Pr. = Preußen.
pr. = preußisch.
R.G. = Reichsgesetz
S. = Satz.
St.G.B. = Strafgesetzbuch.
V. = Verordnung, ohne weiteren Zusatz = preußische Verordnung betreffend das Grundbuchwesen.
Z.V.G. = Reichsgesetz über die Zwangsversteigerung und Zwangsverwaltung.

Die römischen Ziffern I und II ohne nähere Bezeichnung bedeuten den ersten und zweiten Entwurf der Grundbuchordnung, die beigefügten arabischen Ziffern beziehen sich auf die Paragraphennummern jener Entwürfe. Der der Ziffer eines § oder Artikels beigefügte Exponent bezeichnet den Absatz.

Einleitung.

Das moderne Recht der Grundstücke und sonstigen Immobilien beruht im Gegensatz zum römischen und zum allgemeinen deutschen Recht aber in Anknüpfung an altgermanische Einrichtungen auf der Führung eines öffentlichen Buchs (Grundbuchs), welches über die Rechtsverhältnisse, insbesondere über Eigenthum und Belastung Auskunft giebt.

Solche Grundbücher hatten sich auch nach der Reception des römischen Rechts in vielen Gegenden Deutschlands erhalten. Bahnbrechend wirkte aber für die Neubelebung dieser Ordnung die preußische Kodifikation am Ende des vorigen Jahrhunderts. Das Immobiliarsachenrecht des Allgemeinen Landrechts vom 5. Februar 1794 hat dies Dasein öffentlicher Bücher zur Voraussetzung. Die formelle Ordnung der Bücher enthielt die von Svarez verfaßte Hypothekenordnung vom 20. Dezember 1783, welche sich, in einigen Punkten durch das Gesetz vom 24. Mai 1853 abgeändert, bis zum 1. Oktober 1872 in Geltung erhalten hat, und welche namentlich ein ganz ausgezeichnetes, praktisch brauchbares Formular für die Einrichtung der Hypothekenbücher darbot.

Mit dem 1. Oktober 1872 trat zunächst für den landrechtlichen Theil Preußens*) die Grundbuchordnung vom 5. Mai 1872 in Kraft, auf welche das für Neuvorpommern und Rügen unter dem 21. März 1868 erlassene Gesetz einen gewissen Einfluß gehabt hat. Gleichzeitig wurde auch ein Gesetz über den Eigenthumserwerb und die dingliche Belastung der Grundstücke, Bergwerke und selbständigen Gerechtigkeiten erlassen, welches das materielle Immobiliarsachenrecht

*) Mit Ausnahme der landrechtlichen Bezirke von Hannover. Der ursprüngliche Geltungsbereich (Altpr.) umfaßt die Provinzen Ost- und Westpreußen, Brandenburg mit Berlin, Schlesien, Posen, Sachsen und Westfalen, ferner die Provinz Pommern mit Ausnahme von Neuvorpommern und Rügen, d. h. des Regierungsbezirks Stralsund bez. der Amtsgerichtsbezirke Barth, Bergen, Franzburg, Greifswald, Grimmen, Loitz, Stralsund, und des gemeinrechtlichen Theils des Amtsgerichtsbezirks Wolgast (landrechtlich sind nur die Amtsbezirke Peenemünde, Crummin und Neuendorf auf der Insel Usedom), endlich die landrechtlichen Theile der Rheinprovinz, nämlich die Kreise Duisburg (Stadt), Essen (Stadt), Essen (Land), Mülheim a. d. R., Rees und Ruhrort (zu den Landgerichtsbezirken Duisburg und Essen, des O.L.G. Hamm gehörig), und den Theil der Stadt Langenberg (Kreis Mettmann, Amtsgericht Langenberg, O.L.G. Köln), welcher früher die westfälische Landgemeinde Oberbonsfeld bildete. (Gesetz vom 24. Februar 1881.) Hier sind die Gesetze am 1. Oktober 1872 in Kraft getreten.

des A.L.R. in wichtigen Punkten einer Abänderung unterzog.

Hinzu kamen dann noch das Gesetz vom 14. März 1882, betreffend die Wiederherstellung zerstörter oder verloren gegangener Grundbücher und das Gesetz, betreffend die Zwangsvollstreckung in das unbewegliche Vermögen vom 13. Juli 1883.

Durch eine Reihe von Einführungsgesetzen wurde dieses Grundbuchrecht allmählich in der gesammten preußischen Monarchie*) mit Ausnahme der ehemals

---

*) I. in der Provinz Hannover:

1. für die ganze Provinz (gemeinrechtliche und landrechtliche Gebietstheile) mit Ausnahme des Jadegebiets (Hann.), durch Gesetz vom 28. Mai 1873 (Gesetzeskraft vom 1. Oktober 1873). Eine Ergänzung giebt das Gesetz vom 29. Januar 1879;

2. für das Jadegebiet (Amtsgericht Wilhelmshaven) durch Gesetz vom 23. März 1873 (Gesetzeskraft vom 1. April 1873). Ergänzend ist das Gesetz vom 3. Februar 1879 hinzugetreten;

II. in der Provinz Schleswig-Holstein:

1. für die ganze Provinz mit Ausnahme des Kreises Herzogthum Lauenburg (Amtsgerichtsbezirke Lauenburg, Mölln, Ratzeburg, Schwarzenbeck und Steinhorst) und der zufolge Gesetzes vom 18. Februar 1891 dieser Provinz und dem Amtsgerichte Altona zugetheilten Insel Helgoland (Schl.-H.) durch Gesetz vom 27. Mai 1873 (Gesetzeskraft vom 1. Oktober 1873). Eine Ergänzung enthält das Gesetz vom 31. Okt. 1879;

nassauischen Gebietstheile, in welchen das Stockbuchgesetz vom 15. Mai 1851 in Kraft geblieben ist, und

2. für den Kreis Herzogthum Lauenburg durch Gesetz vom 8. Juni 1896 (Gesetzeskraft vom 1. Oktober 1896).

III. in der Provinz Hessen-Nassau:

1. für den Bezirk des vormaligen Appellationsgerichts zu Kassel mit Ausschluß des Amtsgerichts zu Vöhl (Regierungsbezirk Kassel mit Ausnahme des Bezirksamts Vöhl oder Bezirk des O.L.G. Kassel mit Ausnahme der Amtsgerichtsbezirke Battenberg, Biedenkopf, Gladenbach und Vöhl, ferner Amtsgerichtsbezirk Bockenheim des O.L.G. Frankfurt a. M., Amtsgerichtsbezirke Obernkirchen, Oldendorf, Rinteln und Rodenberg des O.L.G. Celle und Amtsgerichtsbezirke Brotterode, Schmalkalden und Steinbach-Hallenberg des O.L.G. Jena), durch Gesetz v. 29. Mai 1873. Gesetzeskraft (mit Ausnahmen) vom 1. Juli 1874 ab. Ergänzungen bieten die Gesetze v. 29. Mai 1874 und vom 28. Mai 1885);

2. für das Gebiet der vormaligen freien Stadt Frankfurt, sowie die vormals Großherzoglich Hessischen und Landgräflich Hessischen Gebietstheile durch Gesetz vom 19. August 1898 (Gesetzeskraft vom 1. Oktober 1895; mit Allg. Vf. vom 9. November 1895 (J.M.Bl. S. 349).

IV. in der Provinz Pommern:

für Neuvorpommern und Rügen (N. V. P.) durch Gesetz vom 26. Mai 1873. (Gesetzeskraft vom 25. Juni 1873.) Von dem Gesetz vom 21. März 1868 sind einzelne Bestimmungen in Kraft geblieben.

der Insel Helgoland eingeführt. Außerdem hat es in den Fürstenthümern Waldeck und Pyrmont (G. v. 25. 1.

V. in der Rheinprovinz:

1. für den Bezirk des ehemaligem Justizsenats zu Ehrenbreitstein (Ostrhein oder rechtsrheinische Theile des Kreises Koblenz, Kreise Neuwied, Wetzlar und Altenkirchen. Vom Kreise Altenkirchen sind ausgenommen die Bürgermeisterei Friesenhagen und der rechts der Sieg belegene Theil der Bürgermeisterei Wissen, letzterer jedoch ohne den Distrikt Küchenhof. Nach der Gerichtseintheilung kommen in Betracht aus dem Bezirk des O.L.G. Frankfurt a. M. die Amtsgerichtsbezirke Braunfels, Ehringshausen und Wetzlar des Landgerichts Limburg a. L. und die Amtsgerichte Altenkirchen, Asbach, Daaden, Dierdorf, Ehrenbreitstein, Kirchen, Linz, Neuwied und Wissen des Landgerichts Neuwied) durch Gesetz vom 30. Mai 1873 (Gesetzeskraft vom 1. Oktober 1873) mit Ergänzungsgesetz vom 29. Januar 1879;

2. für den Geltungsbereich des rheinisch-französischen Rechts, welcher die sämmtlichen bisher nicht genannten Theile der Rheinprovinz und des Bezirks des O.L.G. Köln umfaßt, durch Gesetz vom 12. April 1888 (Gesetzeskraft vom 1. Januar 1889). Dazu das ergänzende bez. abändernde Gesetz vom 14. Juli 1893 (Gesetzeskraft vom 14. August 1893), die Allg. Vf. vom 21. November 1888 (J.M.Bl. S. 303) mit Allg. Vf. vom 7. März 1892 (J.M.Bl. S. 86) und vom 23. November 1895 (J.M.Bl. S. 410). Vorbereitende Gesetze vom 20. Mai 1885 und 24. Mai 1887.

VI. in Hohenzollern durch Gesetz vom 31. Mai 1873 mit Gesetzeskraft vom 1. Oktober 1873.

1881) Geltung erlangt.*) Es kommt endlich in den deutschen Konsulargerichtsbezirken und in denjenigen deutschen Schutzgebieten zur Anwendung, in welchen dasselbe eingeführt ist.**)

Von dem Hypothekenwesen des französischen code civil, welches, allerdings in einer durch spätere Gesetze verbesserten Gestalt, in Elsaß-Lothringen in Geltung

*) Ausf. V. vom 21. September 1881 (J.M.Bl. S. 190 ff.). Ein Theil der Bestimmungen blieb hier außer Geltung.

**) Vergl. im Allg. §§. 2, 3 R.G. v. 10. Juli 1879, §. 3 R.G. v. 17. April 1886, R.G. v. 7. Juli 1887, §. 3 Nr. 2 R.G. v. 15. März 1888. — Die G.B.-Gesetze gelten modifizirt in Neu-Guinea und den Salomonsinseln (V. v. 20. Juli 1887 mit §. 1 V. v. 5. Juni 1886 und V. v. 11. Jan. 1887, Anweis. v. 10. Aug. 1887, Vf. v. 30. Juli 1887, V. v. 6. Dez. 1887 u. 16. Okt. 1888), auf den Marschalls- rc. Inseln (V. v. 22. Juni 1889 mit §. 1 V. v. 13. Sept. 1886, Vf. v. 27. Juni 1889, zwei V. v. 28. Juni 1888, V. v. 25. Jan. 1887), in Kamerun und Togo (§§. 1, 17—21 V. v. 2. Juli 1888, V. v. 28. Nov. 1892, Vf. v. 7. Juli 1888, V. v. 15. Jan. u. 27. März 1888, V. v. 24. Dez. 1894), in Südwestafrika (V. v. 5. Okt. 1898 mit §. 16 V. v. 10. Aug. 1890 u. V. v. 21. Dez. 1887, 15. Aug. 1889, v. 1. Okt. 1888, 1. Mai, 6. Sept. 1892, 2. April 1893, 2. Jan. 1894). Bezüglich der Karolinen- rc. Inseln vgl. V. v. 18. Juli 1899. — Sie gelten nicht in Ostafrika (§. 17 V. v. 1. Januar 1891 mit V. v. 18. Nov. 1887, 1. Sept. 1891, 15. Mai 1891), und in Kiautschou (§§. 1, 3 V. v. 27. Apr. 1898). — Auch im Konsulargerichtsbezirk von Samoa bleiben sie außer Anwendung (Art. 1. R.G. v. 6. Juli 1890, §. 1 Ziff. 1 V. v. 29. Okt. 1890). Vgl. die Kolonialgesetzgebung von Riebow bez. Kolisch.

geblieben ist, unterscheidet sich schon die ältere preußische Gesetzgebung durch eine bessere Durchführung der Grundsätze der Spezialität und Priorität.

Inzwischen sind die Grundbucheinrichtungen in sämmtlichen reichsdeutschen Ländern in verschiedenartiger Weise zur Durchführung gelangt, so in Bayern durch das Hypothekengesetz vom 1. Juni 1822, im Königreich Sachsen durch die Verordnung vom 9. Januar 1865 und in Württemberg durch die Gesetze vom 15. April 1825, 21. Mai 1828 und 13. April 1873.*)

Das am 1. Januar 1900 in Kraft tretende Bürgerliche Gesetzbuch für das Deutsche Reich vom 18. August 1896 hat das materielle Sachenrecht auch für die Grundstücke und andere Immobilien soweit geregelt, als nicht die auf diesem Gebiete allerdings besonders weitgehenden Vorbehalte in dem Einführungsgesetz dem Landesrecht dauernd oder doch für die Uebergangszeit Spielraum lassen.

Das Sachenrecht des Bürgerlichen Gesetzbuches hat aber zur Voraussetzung, daß überall in seinem Geltungsbereich durch Grundbuchämter Grundbücher geführt werden.**) Deshalb ist auch in Art. 1 E.G.B.G.B. vorgesehen, daß gleichzeitig mit dem B.G.B. eine Grundbuchordnung für das Deutsche Reich in Kraft tritt, welche die formelle Ordnung des Grundbuchwesens und

*) Vgl. im Uebrigen N. 24 f.

**) §§. 873, 875–877, 925, 928, 1116 B.G.B.

des Verfahrens in Grundbuchsachen soweit regelt, als nicht der Landesgesetzgebung die Ordnung im Einzelnen zu überlassen ist.

Demgemäß hatte die von dem Bundesrathe berufene Kommission zur Ausarbeitung des Entwurfes eines Bürgerlichen Gesetzbuches in erster Lesung auf Beschluß des Bundesraths vom 14. Juni 1888 auch den Entwurf einer Grundbuchordnung aufgestellt, welcher schon im Jahre 1889 veröffentlicht wurde.*) Die Vorarbeiten, insbesondere die Berathungsprotokolle, sind ebensowenig veröffentlicht, wie bei dem B.G.B. selbst. Dagegen sind die von Hülfsarbeitern der Kommission auf Grund der Vorarbeiten ausgearbeiteten Motive dem veröffentlichten Entwurf beigegeben.

Die an dem Entwurf des B.G.B. nach der ersten Lesung vorgenommenen sehr erheblichen Aenderungen machten auch eine bedeutende Umarbeitung des Entwurfs einer Grundbuchordnung erforderlich. Diese ist erst nach dem Zustandekommen des B.G.B. erfolgt, demnächst vom Bundesrath als Reichstagsvorlage angenommen und unter dem 22. Januar 1897 dem Reichstage vorgelegt. Diesem zweiten Entwurfe ist statt der Motive eine kürzere Denkschrift beigegeben. (Nr. 631 der Drucksachen des Reichstags.)

*) Entwurf einer Grundbuchordnung und Entwurf eines Gesetzes, betreffend die Zwangsvollstreckung in das unbewegliche Vermögen. Ausgearbeitet durch die von dem Bundesrathe berufene Kommission. Nebst Motiven. Amtliche Ausgabe. Berlin. Verlag von J. Guttentag 1889.

Im Reichstage wurde die erste Lesung (Sten.Ber. S. 4417—4428) am 3. Februar 1893 vorgenommen. Sie endete mit der Verweisung des Entwurfs an die 16. Kommission, welche die Berathung am 19. Februar 1897 beendete. Den Vorsitz führte der Abgeordnete Dr. v. Cuny, während der Abgeordnete de Witt als Berichterstatter fungirte. Der Bericht bildet die Nr. 686 der Drucksachen des Reichstags. Die von der Kommission beschlossenen Aenderungen (2 neue Paragraphen und 12 Aenderungen) sind nur von untergeordneter Bedeutung.

Der Reichstag hat sodann am 26. Februar 1897 in zweiter Lesung und am 8. März 1897 in dritter Lesung den unveränderten Kommissionsentwurf nebst einer Resolution (Anm. 3 zu § 2) im Ganzen angenommen.

Vom Bundesrath wurde die unveränderte Annahme am 18. März 1897 beschlossen. Das Gesetz ist veröffentlicht in der am 3. April 1897 in Berlin ausgegebenen Nr. 15 des R.G.Bl. Eine neue Bekanntmachung des Textes erfolgte auf Grund des § 2 des Reichsgesetzes vom 17. Mai 1898 unter dem 20. Mai 1898 in Nr. 25 des R.G.Bl. Geändert sind dabei lediglich Verweisungen auf andere, inzwischen abgeänderte Gesetze.

Die Reichsgrundbuchordnung tritt mit dem 1. Januar 1900 mit der in § 82 festgesetzten Maßgabe in Kraft, daß sie in jedem Grundbuchbezirke erst in dem Zeitpunkte im vollen Umfange in Kraft tritt, in welchem das Grundbuch als angelegt anzusehen ist (§ 82[1] mit Art. 186, 189 E.G. B.G.B.).

Charakteristisch für dieses Gesetz ist nun in erster Linie, daß es die Rechtseinheit auf dem Gebiete des formellen Grundbuchrechts nur in beschränktem Maße erstrebt und erreicht hat. Es sollte in das Landesrecht nicht tiefer eingegriffen werden, als es das Bedürfniß, dem materiellen Reichsrecht die formelle Grundlage zu sichern, erforderlich machte. Dementsprechend sind den bereits im E.G. B.G.B. zu Gunsten des Landesrechts gemachten durch § 83 mit der Modifikation des § 84 auf das Grundbuchwesen erstreckten Vorbehalten weitere Vorbehalte hinzugetreten. Vor Allem ist die Verfassung der Grundbuchämter Sache des Landesrechts, die Einrichtung der Grundbücher ist den Anordnungen der Landesjustizverwaltung überlassen (§§ 1, 2), und sind auf diesem Gebiete nur einzelne reichsrechtliche Bestimmungen (§§ 2—12) gegeben. Im Weiteren ist dann in einzelnen Punkten der Landesgesetzgebung (§§ 98—102, vgl. Art. 187, 188 E.G. B.G.B.), der landesherrlichen Verordnung (§§ 2², 85—87, 90—92, vgl. Art. 186 E.G. B.G.B.) und den Anordnungen der Landesjustizverwaltung (§§ 1², 93—97) ein näher begrenzter Spielraum gewährt. Im Uebrigen gilt aber nach § 82³ der Satz, daß die das Grundbuchwesen betreffenden Vorschriften der Landesgesetze außer Kraft treten.

Den Kernpunkt des Gesetzes bildet der zweite Abschnitt (§§ 13—55), welcher die Eintragungen in das Grundbuch behandelt und insbesondere den Antrag bezw. das Ersuchen, die Bewilligung und die sonstigen Voraussetzungen der Eintragungen, die Eintragungen selbst, ihre Berichtigung und die Benachrichtigung der Betheiligten regelt. Daran schließt sich der dritte Abschnitt (§§ 56—70), welcher die über die Grundstückspfandrechte zu bildenden Briefe betrifft. Ein vierter Abschnitt (§§ 71—81) ordnet das Rechtsmittel der Beschwerde und weiteren Beschwerde. Der einleitende Abschnitt (§§ 1—12) enthält die schon erwähnten reichsrechtlichen Vorschriften über die Versehung der Grundbuchämter und die Einrichtung der Grundbücher, während der letzte Abschnitt (§§ 82—102), abgesehen von der Bestimmung über das Inkrafttreten des Gesetzes, nur das Verhältniß zum Landesrecht zum Gegenstande hat.

Die reichsrechtliche Ordnung konnte sich nicht direkt an eine der bestehenden Grundbuchgesetzgebungen anschließen, da sie sich in erster Linie ganz dem Liegenschaftsrechte des B.G.B. unterzuordnen hatte. Gleichwohl läßt sich nicht verkennen, daß für das Gesetz in vielen Punkten die bereits bestehenden Grundbuchgesetze, und zwar in erster Linie die preußische Grundbuchordnung vorbildlich gewesen ist. Es handelt sich sachlich nicht um eine Neuschaffung, sondern nur um eine veränderte Ordnung des Bestehenden.

Die neue Grundbuchordnung hat in allen wesentlichen Fragen die bisherigen Grundsätze übernommen bezw. als Voraussetzung angenommen. Es konnte darüber von vornherein deshalb kein Zweifel sein, weil die wichtigsten dieser Grundsätze (Spezialität, Publizität, Konsens- und Antragprinzip) schon in dem B.G.B. selbst ausgesprochen oder vorausgesetzt sind.

Technisch sind der pr. G.B.O. gegenüber erhebliche Fortschritte gemacht, namentlich ist die Kasuistik vielfach durch Generalregeln ersetzt.

Für die preußische Monarchie dient zur Ergänzung der Reichsgrundbuchordnung zunächst das Ausführungsgesetz zur G.B.O. vom 26. September 1899. Der Entwurf mit Begründung wurde am 12. April 1899 dem Hause der Abgeordneten übersandt (Drucksachen des H. d. A. Nr. 140), in erster Lesung vom 24. April 1899 der 15. Kommission überwiesen, welche die Berathung unter dem Vorsitze des Abgeordneten Dr. Porsch am 17. Juni 1899 durch Feststellung des durch den Abg. Zimmermann (Schlüchtern) erstatteten Berichts (Drucksachen Nr. 223) beendete. Ein neuer Artikel ist eingefügt. 8 Artikel wurden geändert. Die Annahme in 2. und 3. Lesung erfolgte mit einer ganz geringfügigen Aenderung.

Das Herrenhaus hat den Entwurf nach Berathung durch die verstärkte IV. Kommission (Vorsitzender Drenkmann, Berichterstatter Dr. Loersch, Drucksachen des H. H. Nr. 138) unverändert angenommen. Das Gesetz ist veröffentlicht in der am 10. Oktober 1899 in Berlin ausgegebenen Nr. 31 der Gesetzsammlung.

Das Ausführungsgesetz tritt mit einer Modifikation bezüglich der Bergwerke gleichzeitig mit der G.B.O. in Kraft (Art. 33).

Das Gesetz hat sich grundsätzlich darauf beschränkt, nur diejenigen der Landesgesetzgebung vorbehaltenen Fragen zu regeln, welche in der preußischen G.B.O. und den dazu ergangenen Einführungsgesetzen geregelt waren, also davon abgesehen, die in Sondergesetzen enthaltenen grundbuchrechtlichen Vorschriften in sich aufzunehmen (vgl. aber Art. 30. 31).

Das Gesetz, welches einer äußeren Gliederung entbehrt, zerfällt nach seinem sachlichen Inhalt in 5 Abschnitte: Grundbuchämter und Grundbuchbeamte (Art. 1—9), Vorschriften für die Eintragungen, zunächst bei Grundstücken (Art. 10—21), Vorschriften für Bergwerke und Gerechtigkeiten (Art. 22—28), Abänderung und Aufhebung bestehender Gesetze (Art. 29—32), Inkrafttreten (Art. 33).

Eine zweite Ergänzung bietet die Königliche Verordnung, betreffend das Grundbuchwesen vom 13. November 1899. Sie ist veröffentlicht in der am 18. November 1899 in Berlin ausgegebenen Nr. 38 der Gesetzsammlung. Die Verordnung hat zum Hauptgegenstand die Anlegung der Grundbücher bez. Grundbuchblätter.

Beigegeben ist der Verordnung ein Verzeichniß derjenigen preußischen Grundbuchbezirke und Anlegungsbezirke, in denen das Grundbuch mit Inkrafttreten des

B.G.B. als angelegt anzusehen ist. Ausnahmen bestehen danach lediglich in den Oberlandesbezirken Kiel, Celle, Cassel, Frankfurt a. M., Köln.

Den Abschluß dieser generellen Ordnung des preußischen Grundbuchwesens bildet die in Nr. 43 des Justiz-Ministerialblattes vom 24. November 1899 unter Nr. 90 veröffentlichte Allgemeine Verfügung des Justizministers zur Ausführung der G.B.O. vom 20. November 1899. Die Verfügung zerfällt in 4 Abschnitte, von denen der erste hauptsächlich die Grundbücher, der zweite die Grundakten und der dritte die Briefe betrifft, während der vierte (Schlußbestimmungen) für einige besondere Arten von Grundstücken Bestimmungen trifft.

Als Anlagen sind dieser Allgemeinen Verfügung die probeweise ausgefüllten Formulare für die Grundbuchblätter und Briefe beigegeben.

Diese Neuregelung umfaßt grundsätzlich die gesammte preußische Monarchie.*)

Von außerpreußischen Ausführungsbestimmungen können in Folge des äußerst dankenswerthen Entgegenkommens der betheiligten Justizverwaltungen hier aufgeführt werden:

1. Sachsen. V. zur Ausführung der G.B.O. vom 26. Juli 1899.

---

*) Wegen der Kolonien und Schutzgebiete s. oben S. 12 Anm. **). Wegen Helgoland und Nassau Art. 35 pr. V.

2. Württemberg. A.G. zum B G.B. vom 28. Juli 1899 (Art. 1—40), V. betreffend das Grundbuchwesen vom 30. Juli 1899.
3. Baden. A.G. zur G.B.O. vom 19. Juni 1899.
4. Hessen. G. die Anlegung des Grundbuchs betreffend vom 16. März 1899, G. die Ausführung der G.B O betreffend vom 22. Juli 1899.
5. Mecklenburg-Schwerin. V. zur Ausführung des B.G.B. vom 9. April 1899 (§§ 50 ff.), V. zur Ausführung der G.B.O. vom 9. April 1899. Anordnungen zur Ausführung der G.B.O. vom 9. April 1899.
6. Mecklenburg-Strelitz. V. zur Ausführung des B.G.B. vom 9. April 1899 (§§ 50 ff.), V. zur Ausführung der G.B.O. vom 9. April 1899, Anordnungen zur Ausführung der G.B.O. vom 9. April 1899.
7. Oldenburg. G. zur Ausführung der G.B.O. vom 15. Mai 1899, V. zur Ausführung der G.B.O. vom 15. Mai 1899.
8. Sachsen-Meiningen. G. zur Ausführung der G.B.O. vom 14. August 1899.
9. Sachsen-Altenburg. A.G. zur G.B.O. vom 4. Mai 1899.
10. Anhalt. A.G. zur G.B.O. vom 20. April 1899, V. zur Ausführung der G.B.O. vom 9. September 1899.

11. Schwarzburg-Sondershausen. A.G. zur Reichsgrundbuchordnung vom 29. Juli 1899.
12. Reuß ä. L. G. zur Ausführung der G.B.O. vom 28. Oktober 1899.
13. Reuß j. L. G. zur Ausführung der G.B.O. vom 10. August 1899.
14. Bremen. A.G. zur G.B.O. vom 18. Juli 1899.
15. Hamburg. G. betreffend Ausführung der G.B.O. vom 14. Juli 1899.
16. Sachsen-Coburg-Gotha. A.G. zur G.B.O. vom 23. Oktober 1899.
17. Waldeck. A.G. zur G.B.O. vom 11. Dezember 1899. V. betreffend das Grundbuchwesen vom 20. Dezember 1899.

I. Grundbuchordnung.

Vom 24. März 1897.

In der Fassung der Bekanntmachung vom 20. Mai 1898.
(Reichsgesetzblatt 1898 Nr. 25 S. 754—770.)

Wir **Wilhelm**, von Gottes Gnaden Deutscher Kaiser, König von Preußen ꝛc.
verordnen im Namen des Reichs, nach erfolgter Zustimmung des Bundesraths und des Reichstags, was folgt:

Erster Abschnitt.
Allgemeine Vorschriften.

Grundbuchämter. Einrichtung der Grundbücher.

§. **1.** Die Grundbücher werden von den Grundbuchämtern[1]) geführt.

Die Einrichtung der Bücher[2]) bestimmt sich nach den Anordnungen der Landesjustizverwaltung,[3]) soweit sie nicht in diesem Gesetze geregelt[4]) ist.

I 1¹, 16, II 1; M. 26, 47.

[1]) Die Verfassung regelt die Landesgesetzgebung. Diese kann entweder das Amtsgericht im Ganzen oder eine bestimmte Abtheilung desselben zum G.B.A. bestimmen

oder das G.B.A. als selbständige Staats- oder Gemeindebehörde einrichten oder mit einer anderen Staats- oder Gemeindebehörde vereinigen. Vgl. für letzteren Fall insbesondere § 100. Abgesehen von Baden, den beiden Mecklenburg und Württemberg, die aber auch Uebertragung grundbuchamtlicher Funktionen auf die Amtsgerichte kennen, sind überall nach Landesrecht die Amtsgerichte zugleich Grundbuchämter. Für Pr. vgl. Art. 1 pr. A.G. Die Landesgesetzgebung bestimmt auch, ob die Verrichtungen des G.B.A. durch einen oder mehrere Beamte wahrzunehmen und ob und inwieweit im letzteren Falle eine Theilung der Funktionen oder gemeinschaftliche Bearbeitung eintreten soll. In Pr. sind bei jedem Amtsgericht ein oder mehrere Richter und Gerichtsschreiber mit der Führung des Grundbuchs beauftragt. (Anm. 1 zu Art. 1 pr. A.G.) Ueber ihre Funktionen vgl. Art. 4—7 pr. A.G. Das Landesgesetz hat ferner die örtliche Zuständigkeit des G.B.A. (vgl. Anm. 3 zu § 3), die Entscheidung der Zuständigkeitsstreitigkeiten, sowie die Folgen der Unzuständigkeit zu regeln. Für Pr. vgl. Art. 1—3 A.G. Außerdem fällt dem Landesrecht anheim, die Erlangung der Fähigkeit zum G.B.Beamten, sowie die gesammten Dienstverhältnisse derselben zu bestimmen. Für Pr. vgl. Anm. 1 zu Art. 1 A.G. Auch die Ausschließung und Ablehnung der G.B.-Beamten untersteht der Landesgesetzgebung. Vgl. aber § 10. Für Pr. Anm. 1 zu Art. 1 A.G. Ueber die Haftung der G.B.Beamten vgl. § 12. Für Pr. Anm. 7 zu § 12. Das Landesrecht bestimmt auch über die Dienstaufsicht in G.B.Sachen einschließlich der im Aufsichtswege zu erledigenden Beschwerden über Verzögerungen und sonstige Ordnungswidrigkeiten. Für Pr. Anm. 1 zu Art. 1 A.G. Dagegen ist für die sachlichen Beschwerden Instanzenzug und Verfahren in den §§ 71—81, 100, 101 dieses Gesetzes geordnet. Dazu die Befugniß zum sachlichen Einschreiten des Amtsgerichts nach § 101.

2) Für die Einrichtung der G.B. enthalten Bestimmungen die §§ 2–9, 85–92, 95, 96. Sache der Landesjustizverwaltung ist es insbesondere, ein Formular für die G.B.Bl. und die Form der einzelnen Eintragungen zu bestimmen. Vgl. aber §§ 45 ff. Für Pr. §§ 1 ff. Allg. Vf. Das Verfahren, in welchem die Anlegung erfolgt, bestimmt landesherrl. V. (Art. 186 1 E.G. B.G.B.) Für Pr. Art. 5 ff., 15, 16 ff. V.

3) Vgl. Art. 29 pr. A.G.

4) Der Bestimmung des Landesrechts bleiben auch die in der G.B.O. nicht geregelten allgemeinen Grundsätze des Verfahrens vorbehalten, insbesondere die Form der Entscheidungen, Protokolle, Zeugnisse über die Eintragungen, Zustellungen, die gesammte Bureauverwaltung, insbesondere die Anlegung und Behandlung der Grundakten, das Verhältniß des Grundbuchs zum Kataster und Flurbuch, das Stempelwesen (vgl. aber § 31) und das Kostenwesen. (Materielle Bestimmungen in §§ 449, 897 B.G.B.) – Für Pr. vgl. Allg. Vf. und die in Anm. 1 zu Art. 1 A.G. aufgeführten Bestimmungen.

Bezirke. Bezeichnung der Grundstücke.

§. 2. Die Grundbücher sind für Bezirke einzurichten.1)

Die Bezeichnung der Grundstücke2) erfolgt in den Büchern nach einem amtlichen Verzeichniß, in welchem die Grundstücke unter Nummern oder Buchstaben aufgeführt sind.3) Die Einrichtung des Verzeichnisses wird durch landesherrliche Verordnung bestimmt.4)

I 5¹, 7, II 2; M. 30, 34.

1) d. h. dem G.B.A. ist ein bestimmter örtlicher Bezirk zu überweisen und dieser kann wieder in mehrere

örtliche Bezirke getheilt werden, welche sich mit politischen Bezirken decken können, aber nicht zu decken brauchen, übrigens auch nur ein einziges Grundstück enthalten können. Für Pr. Art. 1 A.G. Für jeden Bezirk ist dann das G.B. als G.B. dieses Bezirks in einem oder mehreren Bänden einzurichten. Für Pr. § 1[1] Allg. Vf. Eine Ausnahme in § 85. Jeder Band enthält eines oder mehrere Grundbuchblätter (Grundbuchhefte), welche entweder nach § 3 oder nach § 4 eingerichtet werden, in jedem Falle aber wohl aus mehreren Papierblättern bestehen. Für Pr. §§ 5 ff. Allg. Vf. — Vgl. auch § 59[2].

[2]) denen das Landesrecht überall die Bergwerke und die auf Grund der Vorbehalte im EG. B.G.B. nach Landesrecht bestehen bleibenden selbstständigen Gerechtigkeiten gleichstellen kann. Vgl. Anm. 1 zu § 83. Für. Pr. Art. 22—28 A.G., §§ 22 ff. Allg. Vf. Wegen des Erbbaurechts und anderer selbständiger Rechte s. auch § 7.

[3]) Zulässig ist, die Grundstücke zunächst in gewisse Gruppen zu zerlegen und für jede Gruppe eine besondere fortlaufende Nummern- oder Buchstabenreihe zu bilden. Für Pr. §§ 1, 2 Allg. Vf. Für die Umgestaltung der bisherigen G.B. vgl. § 89.

[4]) Der Reichstag hat bei Verabschiedung der G.B.O. eine Resolution angenommen: „die verbündeten Regierungen zu ersuchen, dahin zu wirken, daß bei der Neuanlage von G.B. das Verzeichniß auf eine Flurkarte gestützt sein müsse, in welcher die Grundstücke mit denselben Nummern oder Buchstaben bezeichnet sind, wie in dem Verzeichnisse". Es bleibt also der landesherrl. V. überlassen, das Verzeichniß (Flurbuch, Lagerbuch, Fundbuch, Meßregister) mit der Flurkarte zu verbinden oder nicht. Für Pr. Art. 2 V., §§ 3, 29, 30 Allg. Vf. Sie bez. die Justizverwaltung (§ 1[2] G.B.O.) hat auch zu bestimmen, inwieweit das Verzeichniß und das G.B. Angaben über Lage und Größe

der Grundstücke enthalten sollen und wie diese Angaben erforderlichenfalls zu berichtigen sind. Für Pr. §§ 3, 29 Allg. Vf. Der öffentliche Glaube des G.B. (§ 892 B.G.B.) erstreckt sich auf diese Angaben nicht. — Vgl. auch § 96.

Grundbuchblatt.

§. 3. Jedes[1]) Grundstück erhält[2]) im Grundbuch[3]) eine[4]) besondere Stelle (Grundbuchblatt).[5]) Das Grundbuchblatt ist für das Grundstück als das Grundbuch im Sinne des Bürgerlichen Gesetzbuchs anzusehen.[6])

I 6[1], II 3; M. 32.

[1]) Ausnahme § 90.

[2]) Ohne Antrag. Es wird vorausgesetzt, daß überall, wo Grundbücher noch nicht bestehen, solche nach der Anordnung der Landesjustizverwaltung (§ 2 Abs. 2) allgemein angelegt werden. Art. 5 pr. V. Wegen nachträglicher Anlegung vgl. § 91 und wegen Wiederherstellung § 92.

[3]) des zuständigen G.B.A., Art. 1 ff. pr. A.G. Liegt das Grundstück in mehreren G.B.A.Bezirken, so bestimmt das Landesrecht, welches G.B.A. zuständig ist, und ob etwa bei den anderen G.B.A. ein Verweisungsblatt zu führen ist. Für Pr. Art. 2 A.G.

[4]) Bestehen bereits mehrere Bücher für ein Grundstück, so können sie beibehalten werden s. § 87. Im Uebrigen kann eine doppelte Buchung desselben Grundstücks nur in Folge eines Irrthums vorkommen. Die Beseitigung richtet sich nach Landesrecht, ebenso die Schließung des Blattes für ein z. B. durch Stromveränderungen abhanden gekommenes Grundstück. — Liegt

das Grundstück in mehreren Bezirken desselben G.B.A. (§ 2 Abs. 1), so ist doch nur ein G.B.Bl. einzurichten.

5) Reichsrechtliche Regel ist also, daß jedes für sich bestehende Grundstück (§§ 90, 890 B.G.B., über Bahneinheiten s. Art. 112 E.G. B.G.B., Art. 31 pr. A.G.) ein besonderes G.B.Bl. (Anm. 1 zu § 2) erhält, welches alle auf dieses Grundstück bezüglichen Eintragungen aufnimmt, auch ein etwaiges auf dem Grundstück lastendes Erbbaurecht (§ 7) und andere selbstständige Gerechtigkeiten (§ 84), sowie die subjektiv-dinglichen Rechte, welche mit dem Grundstück verbunden sind (§ 7). § 4 gestattet aber auch ein G.Bl. für mehrere Grundstücke. Das pr. Formular (§ 5 Allg. Vf.) ist für beide Fälle eingerichtet. Ueber das Eigenthümerverzeichniß § 50 pr. Geschäftsanw. f. d. Amtsgerichte s. Anm. 1c zu Art. 1 pr. A.G. Für Vereinigung von Grundstücken vgl. § 5. Wird ein Theil des Grundstücks veräußert (vgl. dazu Art. 119 Nr. 2 E.G. B.G.B.), so muß derselbe mit der gesammten Belastung (Ausnahme Art. 120, 121 E.G. B.G.B.) abgeschrieben und ein besonderes G.B.Bl. gebildet werden (vgl. auch § 49). Für Pr. § 30 Allg. Vf. Für Belastungen eines Theils s. § 6. — Vgl. auch § 88 Satz 1 und § 96.

6) d. h. überall, wo in dem B.G.B. in Bezug auf ein Grundstück von dem G.B. die Rede ist (z. B. § 873), ist darunter ausschließlich das dieses Grundstück betreffende G.B.Bl. zu verstehen (vgl. auch § 88 a. E.).

Gemeinschaftliches Blatt.

§. 4. Ueber mehrere Grundstücke desselben[1]) Eigenthümers,[2]) die im Bezirke desselben[3]) Grundbuchamts[4]) belegen sind, kann ein gemeinschaftliches Grundbuchblatt[5]) geführt werden, solange hiervon Verwirrung nicht zu besorgen ist.[6])

I 6², II 4; M. 32.

1) Ausnahme für die bisherigen G.B. § 87.

2) oder derselben Miteigenthümer, auch bei Gesammtgut. — Vgl. § 1438 B.G.B.

3) Ausnahme § 86.

4) wenn auch in verschiedenen Bezirken im Sinne des § 2[1]. Vgl. § 1[2] pr. Allg. Vf.

5) Man nennt ein solches G.B.Bl. wohl Personalfolium. In Wirklichkeit handelt es sich aber auch hier, im Gegensatz zu älteren Personalfolien nur um Realrechte und um Realhaftung. Das Prinzip der Spezialität wird streng durchgeführt. Aus jeder Eintragung muß deutlich ersichtlich sein, auf welche der mehreren Grundstücke sie sich bezieht.

6) Vgl. Anm. 5 zu § 3 und Anm. 1 zu § 7 pr. Allg. Vf. Bei dem Wegfall der gesetzlichen Voraussetzungen ist, auch ohne Antrag, das gemeinschaftliche G.B.Bl. aufzuheben. — Bei Veräußerungen eines einzelnen Grundstückes muß dessen Uebertragung mit allen auf dasselbe bezüglichen noch gültigen Eintragungen auf ein neu anzulegendes G.B.Bl. oder auf ein bereits für den neuen Erwerber bestehendes gemeinschaftliches G.B.Bl. erfolgen. Vgl. § 8[7] pr. Allg. Vf.

Zuschreibung und Vereinigung.

§. **5.** Ein Grundstück[1]) soll nur dann einem anderen Grundstück[2]) als Bestandtheil zugeschrieben oder mit ihm vereinigt werden,[3]) wenn hiervon Verwirrung nicht zu besorgen ist.[4])[5])

II 5.

1) auch ein ideeller Antheil an einem solchen, z. B. das Miteigenthum an einem Hofe oder einer Einfahrt.

2) das auch in dem Bezirk eines anderen G.B.A liegen kann.

3) Nur auf Antrag, ebenso die Wiederaufhebung, § 890 B.G.B. — Vgl. auch §§ 93, 1131 B.G.B., Ausnahmen in Art. 119 Nr. 3 E.G. B.G.B. Zuständigkeit bestimmt das Landesgesetz, Art. 2 und 3 pr. A.G.

4) nach dem Ermessen des G.B.A. Eine Verschiedenheit der Belastung steht nicht schlechthin entgegen, kann aber Unklarheit des G.B. oder Schwierigkeiten bei der Zwangsvollstreckung im Gefolge haben.

5) Wegen § 873 B.G.B. ist es bei Uebergang in den Bezirk eines anderen G.B.A. erforderlich, daß während der Verhandlung der beiden Grundbuchämter über die Zuschreibung bei dem bisherigen G.B.A. ein nach der Uebernahme zu schließendes besonderes G.B.Bl. für das zuzuschreibende Grundstück angelegt wird. — Vgl. § 8[3] Nr. 2 pr. Allg. Vf.

Belastung eines Grundstückstheils.

§. 6. Soll ein Grundstückstheil[1]) mit einem Rechte[2]) belastet werden,[3]) so ist er von dem Grundstück abzuschreiben und als selbständiges Grundstück einzutragen.[4]) Ist das Recht eine Dienstbarkeit[5]) oder eine Reallast,[6]) so kann die Abschreibung unterbleiben, wenn hiervon Verwirrung nicht zu besorgen ist.[7])[8])

I 26[1], II 6; M. 61.

1) d. h. ein durch gedachte vertikale Linien abgegrenzter Theil der Fläche bez. des Raums. Horizontal abgegrenzte Theile des Grundstücksraumes sind keine Grundstückstheile. Auf ideelle Antheile (Bruchtheile eines Grundstücks im

Sinne des B.G.B. § 1114) findet die Bestimmung keine Anwendung. Vgl. § 864² C.P.O.

²) Ausnahmen in Satz 2.

³) Im Allgemeinen zulässig. § 93 B.G.B. steht nicht entgegen.

⁴) Doch kann gemäß § 5 das bisherige G.B.Bl. als ein gemeinschaftliches Blatt für das alte und das neue Grundstück verwendet werden. — Vgl. auch Anm. 5 zu § 3. — § 8³ Nr. 4 pr. Allg. Vf.

⁵) Grunddienstbarkeit (§§ 1018 ff. B.G.B.), Nießbrauch (§§ 1030 ff. B.G.B.), beschränkte persönliche Dienstbarkeit (§§ 1090 ff. B.G.B.).

⁶) §§ 1105 ff. B.G.B., z. B. Altentheile, nicht aber Rentenschulden im Sinne des § 1199 B.G.B.

⁷) nach dem Ermessen des G.B.A. — § 30² pr. Allg. Vf.

⁸) Vgl. § 96.

Erbbaurecht.

§. 7. Ist auf dem Blatte eines Grundstücks ein Erbbaurecht[1]) eingetragen,[2]) so ist auf Antrag[3]) für dieses Recht ein besonderes Grundbuchblatt anzulegen.[4]) Die Anlegung erfolgt von Amtswegen, wenn das Recht veräußert oder belastet werden soll.[5])

Die Anlegung wird auf dem Blatte des Grundstücks vermerkt.[6])

II 7.

¹) §§ 1012 ff. B. — Entsprechende Anwendung auf Erbpachtrecht und Recht zur Gewinnung von Mineralien in § 84. — Vgl. im Uebrigen Art. 196 E.G. B.G.B. und wegen des Stockwerkseigenthums Art. 182 E.G. B.G.B.

²) Anm. 5 zu § 3. Die Eintragung der zur Entstehung des Erbbaurechts erforderlichen Einigung (§ 1015 B.G.B.) muß zunächst auf dem G.B.Bl. des Grundstücks erfolgen.

³) Ausnahme Satz 2.

⁴) Das Erbbaurecht wird rechtlich wie Grundstückseigenthum behandelt (§ 1017 B.G.B.). Das für dasselbe eingelegte G.B.Bl. ist das G.B. im Sinne des B.G.B. (vgl. § 3 a. E.) Vgl. §§ 20, 22². Vgl. Art. 27 pr. A.G.

⁵) weil dieses die Voraussetzung für die zu der Veräußerung (§ 925 B.G.B.) und Belastung (§ 873 B.G.B.) erforderliche Eintragung ist.

⁶) § 11² pr. Allg. Vf.

Subjektiv-dingliche Rechte.

§. 8. Rechte, die dem jeweiligen Eigenthümer eines Grundstücks zustehen,¹) sind auf Antrag auch²) auf dem Blatte dieses Grundstücks³) zu vermerken.⁴) Antragsberechtigt ist der Eigenthümer des Grundstücks sowie Jeder, dessen Zustimmung nach §. 876 Satz 2 des Bürgerlichen Gesetzbuchs zur Aufhebung des Rechtes erforderlich ist.

Der Vermerk ist von Amtswegen⁵) zu berichtigen, wenn das Recht geändert oder aufgehoben wird.⁶)

II 8.

¹) Insbesondere Grunddienstbarkeiten stets (§ 1018 B.G.B.), unter Umständen auch Vorkaufsrechte (§§ 1094², 1103¹ B.G.B.) und Reallasten (§§ 1105², 1110 B.G.B.), insbesondere Renten nach Art. 20 Nr. 1 pr. A.G. Vgl. Art. 12² Nr. 2 pr. A.G.

[2]) Sie werden bei ihrer Bestellung zunächst auf dem G.B.Bl. des belasteten Grundstücks eingetragen (§ 873 B.G.B. mit Anm. 5 zu § 3).

[3]) Sie sind (nicht wesentliche) Bestandtheile desselben (§ 96 B.G.B.), und werden als solche nicht nur durch seine Veräußerung, sondern auch durch seine Belastung ergriffen.

[4]) Folge § 21. Daß der Vermerk erfolgt ist, muß auch aus dem G.B.Bl. des belasteten Grundstücks ersichtlich sein. — §§ 9, 25[1] Nr. 2 pr. Allg. Vf.

[5]) Die Anregung dazu wird bei der Eintragung der Aenderung oder Aufhebung auf dem G.B.Bl. des belasteten Grundstücks gegeben.

[6]) §§ 876, 877 B.G.B.

Aufbewahrung von Urkunden.

§. 9. Urkunden, auf die eine Eintragung sich gründet[1]) oder Bezug nimmt,[2]) sind von dem Grundbuchamt aufzubewahren. Die Herausgabe einer solchen Urkunde darf nur erfolgen, wenn statt der Urkunde eine beglaubigte Abschrift aufbewahrt wird.[3])

Ist über das einer Eintragungsbewilligung zu Grunde liegende Rechtsgeschäft[4]) eine Urkunde errichtet, so können[5]) die Betheiligten die Urkunde[6]) oder eine beglaubigte Abschrift dem Grundbuchamte zur Aufbewahrung übergeben.[7])

I 14, II 9; M. 43.

[1]) § 29. §§ 873 ff., 925 ff., 1015, 1154, 1155 B.G.B.

[2]) §§ 874, 885[2], 1115[1] B.G.B, Vgl. § 50 u. Art. 9 pr. V.

3) Ausnahme in § 95. Vgl. § 94.

4) z. B. den einer Auflassung zu Grunde liegenden Kauf (Form § 313 B.G.B.) oder den der Bestellung einer Grundschuld zu Grunde liegenden Darlehnsvertrag.

5) bez. im Falle des § 98 müssen.

6) d. h. bei öffentlichen Urkunden die ihnen ertheilte Ausfertigung.

7) Vgl. auch § 31.

Ausschließung der Beamten.

§. **10.** Eine Eintragung in das Grundbuch ist nicht aus dem Grunde unwirksam, weil ein Grundbuchbeamter sie bewirkt hat, der von der Mitwirkung bei der Eintragung kraft Gesetzes oder in Folge einer Ablehnung ausgeschlossen ist.[1])

Von der Reichstagskommission neueingefügter § 9a. Vgl. Bericht zu § 11 a. E.

1) Der Ausschluß bestimmt sich nach Landesrecht Anm. 1 zu § 1 und Anm. 1a zu § 1 pr. A.G. Die Bestimmung ist aber auch auf den Fall zu erstrecken, daß bei einer in der Beschwerdeinstanz getroffenen Anordnung einer Eintragung ein ausgeschlossener Richter mitgewirkt hat. Vgl. § 81².

Einsicht des Grundbuchs. Abschriften.

§. **11.** Die Einsicht des Grundbuchs[1]) ist Jedem gestattet, der ein berechtigtes[2]) Interesse darlegt. Das Gleiche gilt von Urkunden, auf die im Grundbuche zur Ergänzung einer Eintragung Bezug genommen ist,[3]) sowie von den noch nicht erledigten Eintragungsanträgen.[4])

Soweit die Einsicht des Grundbuchs, der im Abs. 1 bezeichneten Urkunden und der noch nicht erledigten Eintragungsanträge gestattet ist, kann eine Abschrift gefordert werden; die Abschrift ist auf Verlangen zu beglaubigen.[5]) [6]) [7])

I 15, II 10; M. 44.

[1]) Die etwaigen Kosten bestimmt das Landesrecht (Anm. 3 zu § 1, Anm. 1b zu § 1 pr. A.G.)

[2]) Vgl. § 824 B.G.B., 193 St.G.B. § 76 Z.P.O., § 9[2] H.G.B. § 34 F.G. — Der Begriff „berechtigtes Interesse" ist weiter als der Begriff „rechtliches Interesse" (§ 810 B.G.B.), insofern ein Rechtsverhältniß, auf welches das Interesse zu gründen wäre, nicht vorhanden zu sein braucht. Außer bei dem Eigenthümer, sämmtlichen auf dem Grundstück eingetragenen Personen und denjenigen, welche ein Recht auf den Erwerb von Eigenthum oder sonstigen Rechten an dem Grundstück haben (z. B. im Falle des § 648 B.G.B.), muß auch bei ernstlichen Reflektanten auf das Grundstück oder ein Recht an demselben ein berechtigtes Interesse angenommen werden.

[3]) Anm. 2 zu § 9.

[4]) § 17.

[5]) Ob Grundakten gehalten werden sollen, bestimmt die Landesjustizverwaltung. Vgl. § 94.

[6]) Für Pr. Art. 7[2] A.G., §§ 33—36 pr. Allg. Vf. Unberührt bleibt die auf dem öffentlichen Recht beruhende Befugniß von Behörden und Beamten auf Einsicht des Grundbuchs und Entnahme von Abschriften.

[7]) Eine Erweiterung des Rechts auf Einsicht und Abschriften ermöglicht § 93.

Haftung des Staates.

§. **12.** Verletzt[1]) ein Grundbuchbeamter vorsätzlich oder fahrlässig[2]) die ihm obliegende Amtspflicht, so trifft den Betheiligten gegenüber die im §. 839 des Bürgerlichen Gesetzbuchs bestimmte Verantwortlichkeit[3]) an Stelle[4]) des Beamten den Staat oder die Körperschaft,[5]) in deren Dienste der Beamte steht.[6]) Das Recht des Staates oder der Körperschaft, von dem Beamten Ersatz zu verlangen,[7]) bleibt unberührt.

I 4, II 11; M. 30.

[1]) durch Thun oder Unterlassen.

[2]) Es genügt jedes Außerachtlassen der in der Ausübung des Amtes erforderlichen Sorgfalt. § 276 B.G.B. Dagegen begründet ein Verstoß, dem ein subjektives Verschulden nicht zu Grunde liegt, z. B. eine unrichtige Ansicht in einer streitigen Rechtsfrage, auch wenn sie im Widerspruch mit einer Reichsgerichtsentscheidung steht, die Anwendung dieser Bestimmung nicht.

[3]) Das Recht auf Ersatz des aus der Verletzung entstehenden Schadens ist nach § 839 B.G.B. davon abhängig, daß die verletzte Amtspflicht dem Beamten gerade gegenüber dem Beschädigten oblag, d. h. daß der Beschädigte bei der betreffenden amtlich zu behandelnden Angelegenheit betheiligt war. — Die Folgen des Versehens können unter Umständen gemäß § 54 beseitigt werden.

[4]) Jede Inanspruchnahme des G.B.Beamten durch Dritte auf Grund des § 839 B.G.B. ist also ausgeschlossen, und, soweit § 839 den allgemeinen Grundsatz des § 823 B.G.B. absorbirt, auch die Inanspruchnahme aus § 823. Vgl. Art. 77 E.G. B.G.B.

5) z. B. der Gemeinde. Vgl. Anm. 1 zu § 1.

6) Die Haftung des Staates oder der Körperschaft ist in jeder Hinsicht prinzipal. Sie besteht also ohne Rücksicht darauf, ob der Verletzte auf andere Weise Ersatz zu erlangen vermag.

7) Dieses Recht bestimmt sich nach dem Dienstverhältniß. Für Pr. vgl. Art. 8 A.G.

Zweiter Abschnitt.

Eintragungen in das Grundbuch.

I. Antrag.

§. 13. Eine Eintragung1) soll, soweit nicht das Gesetz ein Anderes vorschreibt,2) nur auf Antrag3) erfolgen. Der Zeitpunkt,4) in welchem ein Antrag bei dem Grundbuchamt5) eingeht, soll auf dem Antrage genau6) vermerkt werden.

Antragsberechtigt ist Jeder, dessen Recht von der Eintragung betroffen wird7) oder zu dessen Gunsten die Eintragung erfolgen soll.8) 9) 10)

I 19, II 12; M. 51.

1) Dieser Ausdruck bezieht sich hier und überall in der G.B.O., wo sich nicht ein Anderes ergiebt, auf alle Arten von Einschreibungen in das G.B. — In der ersten Linie stehen die endgültigen Eintragungen, welche bestimmt sind, entweder durch die Eintragung eine Rechtsänderung herbeizuführen (§ 873 B.G.B.) oder das von vornherein un-

richtig gewesene bezw. durch eine ohne Eintragung eingetretene Rechtsänderung unrichtig gewordene G.B. mit der Wirklichkeit in Uebereinstimmung zu bringen (Grundbuchberichtigungen § 894 B.G.B., z. B. §§ 1942, 1287 B.G.B.). Inhaltlich können die endgültigen Eintragungen sowohl die Entstehung des Rechts (§ 873 B.G.B.) oder dessen Untergang, der regelmäßig durch Löschung (§ 47) erfolgt oder zum Ausdruck gelangt (§§ 22 ff., für das Eigenthum vgl. § 928 B.G.B. mit Art. 129 E.G. B.G.B.), als auch die Uebertragung und Belastung desselben, sowie Personenwechsel anderer Art (§§ 873, 1132, 1154, 1163, 1168, 1173, 1174, 1175, 1177, 1182, 1274, 1291 B.G.B.); endlich andere Aenderungen, z. B. Wechsel der persönlichen Forderung (§ 1180), Ausschluß des Hypothekenbriefs (§ 1116 B.G.B.), Höchstbetrag des Werthersatzes (§ 882 B.G.B.), Rangänderung (§§ 880, 1151 B.G.B.), Rangvorbehalt (§ 881 B.G.B.). Die Zahl der eintragungsfähigen dinglichen Rechte ist nach dem B.G.B. eine geschlossene, nämlich Eigenthum (§§ 903 ff.), Erbbaurecht (§§ 1012 ff.), Dienstbarkeiten (§§ 1018 ff.), Vorkaufsrecht (§§ 1094 ff.), Reallasten (§§ 1105 ff.) einschließlich der aus §§ 914, 917 entstehenden Renten und Pfandrechte (§§ 1113 ff.). Der Besitz (§ 854 B.G.B.) ist nicht eintragungsfähig. Ebensowenig kann das Verwaltungs- und Nutzungsrecht des Ehemannes und der Eltern (§§ 1363, 1649 B.G.B.), sowie das Miethsrecht (trotz § 572 B.G.B.) eingetragen werden. — Hinzu treten aber die im B.G.B. dem Landesrecht vorbehaltenen Rechtseinrichtungen, wie Familienfideikommiß, Lehen, Stammgut, Rentengut, Anerbenrecht (Art. 59, 62, 64), Revenuenhypothek (Art. 60), Wasserrecht, Deich- und Sielrecht, Bergrecht (Art. 65—67), Enteignung (Art. 101), Wiederherstellung zerstörter Gebäude (Art. 110), Grundstückszusammenlegung (Art. 113), Stockwerkseigenthum (Art. 182) und für den Uebergang ferner Art. 184, 187—197.

Vgl. für Pr. Art. 11—13, 15—28 A.G., §§ 11, 21—26, 43—45 pr. Allg. Vf. — Zu den endgültigen Eintragungen treten die Vormerkungen (§§ 883 ff., 1179 B.G.B., § 18 [2]) zur Erhaltung des Rechts auf eine Eintragung, die Widersprüche gegen die Richtigkeit des Grundbuchs (§§ 899, 1139 B.G.B., § 18 [2], 23), Verfügungsbeschränkungen (§ 892 B.G.B.) und Sperrvermerke (z. B. § 113 K.O.). Ueberall aber gilt der Grundsatz, daß das G.B. nur solche Arten von Eintragungen aufzunehmen hat, welche durch das B.G.B. oder andere Rechtsnormen als eintragungsfähig bezeichnet sind.

²) Den Gegensatz bildet sowohl die Eintragung von Amtswegen, d. h. ohne Antrag, z. B. §§ 7, 8 [2], 18 [2], 23, 49, 52, 53, 54, 76, als auch die Eintragung auf Grund des Ersuchens einer Behörde (§ 39).

³) Antragsrecht in Abs. 2 und den §§ 14, 15. Bezüglich der Verfügungsbeschränkungen vgl. § 878 B.G.B. Den Inhalt des Antrages bildet das Verlangen, daß die Eintragung vorgenommen werde. Ueber die Bezeichnung des Grundstücks und des Geldbetrages § 28. Unzulässigkeit der Anträge unter Vorbehalt § 15 [1]. Ueber die Bestimmung der Reihenfolge mehrerer Anträge durch die Partei § 16 [2]. Ueber die Form §§ 29, 30, Zurücknahme § 32. Die regelmäßige Grundlage des Antrages ist die Eintragungsbewilligung (Konsensprinzip) §§ 19—28, dazu § 29. Vgl. a. §§ 873, 874, 876, 877, 885, 894, 899, 925, 1015 B.G.B. Dazu treten die Erfordernisse des Eingetragenseins der Betroffenen (§§ 40, 41) ihrer Geschäftsfähigkeit und Verfügungsberechtigung (Anm. 2 zu § 30) und unter Umständen der Vorlegung des Briefes und anderer Urkunden (§§ 42—44). Unter Umständen auch gerichtliche oder sonstige staatliche Genehmigung, z. B. § 1821 Nr. 1 B.G.B., Art. 88 E.G. B.G.B., Innehaltung der Verschuldungsgrenze (Art. 117 E.G. B.G.B.). Ueber

andere Voraussetzungen §§ 33—38 und hinsichtlich der Form § 29. Ueber die Behandlung der Anträge §§ 17, 18, 45—55.

4) Besondere Bedeutung in den §§ 878, 892 2 B.G.B.

5) Ob darunter bei Verbindung mit einem Amtsgericht oder einer anderen Behörde nur die besondere für G.B.-Sachen gebildete Abtheilung zu verstehen ist, hängt von der landesrechtlichen Einrichtung der Behörde (Anm. 1 zu § 1) ab. Für Pr. Art. 4 A.G.

6) nöthigenfalls nach der Minute. Vgl. § 17.

7) §§ 873, 875, 876, 877, 880, 885 1 886, 894, 899, 1119, 1152, 1178, 1183 B.G.B. Neben wirklich Berechtigten kommen auch nur buchmäßig Berechtigte in Frage. Der Eigenthümer wird durch alle inhaltlichen Aenderungen der eingetragenen Rechte betroffen, auch durch die Umwandlung einer Art von Grundstückspfändern (Anm. 1 zu § 26) in eine andere, sowie durch die Umwechslung der zu Grunde liegenden Forderung (§§ 1116, 1180, 1186, 1198, 1203 B.G.B.). — Bei einzutragenden Vermächtnissen sind zunächst die Beschwerten die Betroffenen (§ 2174 B.G.B.).

8) Neben demjenigen, der als Berechtigter eingetragen werden soll, können auch solche Personen in Betracht kommen, zu deren Gunsten eine Eintragung wirkt, z. B. nachstehende Berechtigte bei dem Antrage auf Löschung eines vorstehenden Rechts. Vgl. § 899 B.G.B. — Eine Erweiterung bringt § 14.

9) Von mehreren Antragsberechtigten kann jeder für sich den Antrag stellen.

10) Jeder Antragsteller wird durch den Notar vertreten gemäß § 15. Andere Bevollmächtigte und Vertreter haben ihre Berechtigung besonders nachzuweisen. — Vgl. §§ 29—32.

1. Antrag auf Berichtigung des Grundbuchs.

§. **14.** Die Berichtigung des Grundbuchs[1]) durch Eintragung eines Berechtigten[2]) darf auch von demjenigen[3]) beantragt werden, welcher auf Grund eines gegen den Berechtigten[4]) vollstreckbaren Titels[5]) eine Eintragung in das Grundbuch verlangen kann,[6]) sofern die Zulässigkeit dieser Eintragung von der vorgängigen Berichtigung des Grundbuchs abhängt.[7])

I 45[1], S. 2, und [2], II 13; M. 81. — Art. 14 pr. A.G.

[1]) §§ 894 ff. B.G.B. Gegensatz: Eintragungen, durch welche die Rechtsänderung erst bewirkt werden soll (vgl. Anm. 1 zu § 13). Es wird sich insbesondere nicht nur um Beseitigung versehentlich oder ungültig eingetragener Berechtigter, sondern auch um eine Rechtsnachfolge handeln, welche ohne Eintragung in das G.B. erfolgt ist, z. B. § 1942 B.G.B.

[2]) Gegensatz Löschung und Eintragung von sonstigen Aenderungen ohne Aenderung der Person des Berechtigten.

[3]) Vgl. aber Anm. 10 zu § 13.

[4]) d. h. den einzutragenden Berechtigten.

[5]) Vgl. zunächst §§ 704, 794, 801 C.P.O.

[6]) sei es, daß der Inhalt des Titels in der Verurtheilung zu einer Eintragung bezw. deren Bewilligung besteht (§§ 894, 895 C.P.O.), sei es, daß mit dem Titel die Befugniß, eine Eintragung zu seiner Sicherung ohne Weiteres zu verlangen, gesetzlich verbunden ist, wie dieses bezüglich der persönlichen Verurtheilung zu einer Geldschuld unter den Voraussetzungen der §§ 866 ff. C.P.O. und für den Arrestbefehl nach § 932 C.P.O. (für einstweilige

Verfügungen § 936 C.P.O.) der Fall ist. Vgl. §§ 792, 896 C.P.O., auch § 17[1] Z.V.G.

7) Insbesondere gemäß §§ 40, 41 (vgl. Anm. 5 zu § 40).

2. Antragsrecht der Notare.

§. **15.** Ist die zu einer Eintragung[1]) erforderliche Erklärung[2]) von einem Notar[3]) beurkundet[4]) oder beglaubigt,[5]) so gilt dieser[6]) als ermächtigt, im Namen eines Antragsberechtigten[7]) die Eintragung zu beantragen.[8])

I 44, II 14; M. 80.

1) Neben dem Antrage (vgl. Anm. 3 zu § 13).

2) Auch Auflassungen, soweit ein Notar dieselbe gemäß Art. 143[1] E.G. B.G.B. mit Art. 26 pr. A.G. B.G.B. entgegennehmen kann.

3) Das Notariat ist durch das Landesrecht geregelt. Für Pr. Art. 77 ff. F.G., vgl. Art. 31 ff.

4) § 128 B.G.B. Daß das zu Grunde liegende Rechtsgeschäft (§§ 9 Abs. 2, 98) beurkundet ist, genügt nicht (vgl. Anm. 1).

5) § 129 B.G.B.

6) ohne Vollmacht. Bezüglich anderer Personen greifen §§ 29—32 Platz.

7) Anm. 7—9 zu § 13.

8) Wegen der Beschwerde s. § 80[1].

3. Anträge unter Vorbehalt. Antrag auf mehrere Eintragungen.

§. **16.** Einem Eintragungsantrage,[1]) dessen Erledigung an einen Vorbehalt[2]) geknüpft wird, soll[3]) nicht stattgegeben werden.[4])

Werden mehrere Eintragungen beantragt, so kann von dem Antragsteller bestimmt werden,[5]) daß die eine Eintragung nicht ohne die andere erfolgen soll.[6])

I 38, II 15; M. 72.

[1]) oder Ersuchen, Anm. 3 zu § 39.

[2]) z. B. daß die Eintragung einer Hypothek erst geschehen solle, nachdem die Zahlung des Darlehens erfolgt ist. Nicht getroffen wird dagegen ein Vorbehalt, der den Inhalt der Eintragung selbst bilden soll z. B. § 881 B.G.B.

[3]) Eine unter Nichtbeachtung dieser Vorschrift erfolgte Eintragung ist nicht schon deshalb ungiltig.

[4]) Eine Ausnahme bildet Abs. 2.

[5]) Es kann sich das auch aus den Umständen ergeben.

[6]) Auf diese Art lassen sich insbesondere Eintragungen Zug um Zug, sowie Eintragung des Eigenthümers unter gleichzeitiger Eintragung einer Kaufgelderhypothek sicher bewerkstelligen.

4. Mehrere Anträge.

§. **17.** Werden mehrere Eintragungen beantragt, durch die dasselbe Recht betroffen wird,[1]) so darf[2]) die später[3]) beantragte Eintragung[4]) nicht vor[5]) der Erledigung[6]) des früher gestellten Antrags erfolgen.[7])

I 49¹, II 16; M. 87.

[1]) Vgl. Anm. 7 zu § 13.

[2]) Insbesondere wegen § 879 B.G.B., der auch bei Verletzung dieser Vorschrift für den Rang maßgebend bleibt.

[3]) Anm. 5 und 6 zu § 13.

4) sofern nicht der Fall des § 16^2 vorliegt.

5) Also frühestens im unmittelbaren Anschluß an die früher beantragte Eintragung. Daraus ergiebt sich zugleich die für den Rang zunächst maßgebende Stelle im G.B. — Vgl. § 46.

6) d. h. Eintragung oder endgiltige Zurückweisung. Ueber die Behandlung von Anträgen, welche eingehen, während bezüglich des früher gestellten Antrages die Frist des § 18 läuft, vgl. § 18^2. — Vgl. a. § 76.

7) Auch auf Ersuchen von Behörden anwendbar. Anm. 4 zu § 39.

5. Abweisung und Beanstandung.

§. **18.** Steht einer beantragten Eintragung ein Hinderniß[1]) entgegen, so hat das Grundbuchamt entweder den Antrag unter Angabe der Gründe zurückzuweisen[2]) oder[3]) dem Antragsteller eine angemessene Frist zur Hebung des Hindernisses zu bestimmen.[4]) Im letzteren Falle ist der Antrag nach dem Ablaufe der Frist zurückzuweisen, wenn nicht inzwischen die Hebung des Hindernisses nachgewiesen ist.[5])

Wird vor der Erledigung des Antrags eine andere Eintragung beantragt, durch die dasselbe Recht betroffen wird,[6]) so ist zu Gunsten des früher gestellten Antrags von Amtswegen eine Vormerkung[7]) oder ein Widerspruch[8]) einzutragen[9]); die Eintragung gilt im Sinne des §. 17 als Erledigung dieses Antrags.[10]) Die Vormerkung oder der Widerspruch wird von

Amtswegen gelöscht, wenn der früher gestellte Antrag zurückgewiesen wird.[11])

I 20, 48, 49². II 17. — Abs. 2 ist von der Reichstagskommission hinzugefügt; — M. 86, 88.

[1]) irgend welcher Art. Es kann sich sowohl um Mängel der Begründung, Mängel der Form, Fehlen oder Mangelhaftigkeit der sonstigen Voraussetzungen, insbesondere der Eintragungsbewilligung und anderer vorzulegender Urkunden handeln, ebenso aber auch um besondere Umstände, welche der Eintragung entgegenstehen.

[2]) Dann geht die durch die Einreichung des Antrags gewahrte Priorität (§ 46, Anm. 5 zu § 17) wieder verloren.

[3]) Das Ermessen der G.B.A. ist gesetzlich ohne Schranken, obwohl von seinem Gebrauch unter Umständen der Gewinn oder Verlust von Millionen für einen der Betheiligten abhängen kann. Soll Willkür vermieden werden, so darf die Bestimmung nur so gehandhabt werden, daß die Zwischenverfügung die Regel bildet und eine Zurückweisung nur dann erfolgt, wenn von vornherein feststeht, daß das Hinderniß nicht zu beseitigen ist. So wird freilich der Steller mangelhafter Anträge vor dem begünstigt, der den gesetzlichen Bestimmungen zu genügen trachtet und werden zur Wahrung der Priorität sehr häufig die Anträge gestellt werden, ehe die nöthigen Unterlagen beschafft sind. Es erscheint das aber gegenüber einer grundsatzlosen Handhabung des Ermessens als das geringere Uebel.

[4]) s. g. Zwischenverfügung oder „temporisirende" Vf. Wird das Hinderniß gehoben, so erfolgt die Eintragung mit der durch den mangelhaften Antrag (Anm. 3 zu § 46) erworbenen Priorität. Erheblich auch für die

§§ 878, 892² B.G.B. Wegen der Behandlung der Kollision mit einem zweiten Antrage s. Abs. 2.

5) Die Gewährung einer Nachfrist ist nicht gestattet, sofern die erste Frist angemessen war, was in der Beschwerdeinstanz nachgeprüft werden kann.

6) Anm. 7 zu § 13.

7) Im Falle des § 883 B.G.B.

8) Im Falle der §§ 894, 899 B.G.B.

9) § 14 pr. Allg. Vf.

10) d. h. es kann die später beantragte Eintragung vorgenommen werden, was namentlich im Falle des § 1139 B.G.B. wichtig ist.

11) Anwendbar auch auf Ersuchen von Behörden (Anm. 4 zu § 39). Vgl. § 76.

II. Eintragungsbewilligung.

§. **19.** Eine Eintragung[1]) erfolgt, wenn derjenige sie bewilligt,[2]) dessen Recht von ihr betroffen[3]) wird.[4])[5])[6])[7])[8])

I 21¹, II 18; M. 55.

1) Vgl. Anm. 3 zu § 13.

2) Besonderer Inhalt in § 28, Form § 29. Eine Prüfung der Legalität der zu Grunde liegenden Rechtsgeschäfte findet nach dem Konsensprinzip nicht mehr statt. Ausnahme in § 98.

3) Anm. 7 zu § 13. Werden die Rechte Mehrerer betroffen, so ist die Bewilligung Aller erforderlich.

4) Gleichviel, ob nach materiellem Recht eine einseitige Erklärung genügt (z. B. §§ 875, 928, 1132², 1168², 1188¹, 1195, 1196² B.G.B.) oder eine Einigung

erforderlich ist (z. B. §§ 873, 877, 880², 1166² u. ³, 1180.) — Ausnahmen § 20.

⁵) Die Einwilligung fällt unter Umständen weg gemäß §§ 21, 22, 27, auch im Falle des § 1139 B.G.B., ferner bei Löschungen, wenn bezüglich der Eintragung ein Ausschlußurtheil vorliegt (§§ 887, 927, 1170, 1171 B.G.B.). Sie wird ersetzt gemäß §§ 25, 26, bei Aneignung durch den Fiskus nach § 928 B.G.B. und bei Erlöschen der Hypothek (§§ 1173, 1181 B.G.B.), ferner durch Unschädlichkeitszeugniß, Art. 20 pr. A.G. Besonderheiten in §§ 23, 24.

⁶) In den Fällen der §§ 885, 899 B.G.B. genügt statt der Bewilligung die einstweilige Verfügung.

⁷) Ganz allgemein wird die Bewilligung durch die rechtskräftige Verurtheilung zur Bewilligung ersetzt gemäß § 894 C.P.O. — für vorläufig vollstreckbare Urtheile vgl. § 895 C.P.O. — Ansprüche darauf bestehen z. B. nach §§ 888, 894, 1438 B.G.B.

⁸) Für die Zwangshypothek wird die Bewilligung durch den vollstreckbaren Titel wegen einer persönlichen Geldforderung ersetzt. Vgl. Anm. 6 zu § 14.

Bei Auflassung.

§. **20.** Im Falle der Auflassung eines Grundstücks[1]) sowie im Falle der Bestellung[2]) oder Uebertragung[3]) eines Erbbaurechts[4]) darf die Eintragung nur erfolgen, wenn die erforderliche Einigung des Berechtigten und des anderen Theiles erklärt ist.[5])[6])

I 21¹, II 19; M. 55.

¹) § 925 B.G.B. mit Art. 143 E.G. B.G.B. Art. 26 pr. A.G. B.G.B.

2) § 1015 B.G.B. mit Art. 143 E.G. B.G.B.

3) § 1017 B.G.B.

4) Weitere Anwendung in § 84.

5) Vgl. Anm. 4 zu § 19.

6) Auch hier Ersatz durch rechtskräftige Verurtheilung gemäß § 894 C.P.O. Für vorläufig vollstreckbare Verurtheilung § 895 C.P.O. Ueber die Vorlegung des zur Eigenthumsübertragung verpflichtenden Vertrages vgl. § 98.

2. Bei subjektiv-dinglichen Rechten.

§. **21.** Steht ein Recht, das durch die Eintragung betroffen wird,[1] dem jeweiligen Eigenthümer eines Grundstücks zu,[2] so bedarf es der Bewilligung derjenigen, deren Zustimmung nach §. 876 Satz 2 des Bürgerlichen Gesetzbuchs zur Aufhebung des Rechtes erforderlich ist, nur dann,[3] wenn das Recht auf dem Blatte des Grundstücks vermerkt ist.[4])

II 20.

1) Anm. 7 zu § 13.

2) Anm. 1 zu § 8.

3) Anm. 5 zu § 19. Die Bestimmung ist nicht nur eine Ausnahme von dem § 19, sondern auch von den §§ 876, 877 B.G.B. (vgl. dazu Art. 120² Nr. 2 E.G. B.G.B.), welche die Zustimmung ohne Rücksicht auf den Vermerk fordern.

4) Gemäß § 8.

3. Bei Berichtigung des Grundbuchs.

§. **22.** Zur Berichtigung des Grundbuchs[1] bedarf es der Bewilligung desjenigen, dessen Recht von der

Berichtigung betroffen wird,[2]) nicht,[3]) wenn die Unrichtigkeit nachgewiesen[4]) wird. Dies gilt insbesondere für die Eintragung oder Löschung einer Verfügungsbeschränkung.[5])

Die Berichtigung des Grundbuchs durch Eintragung eines Eigenthümers[6]) oder eines Erbbauberechtigten[7]) darf, sofern nicht der Fall des §. 14 vorliegt, nur mit Zustimmung des Eigenthümers oder des Erbbauberechtigten erfolgen.[8])

II 21.

[1]) § 894 B.G.B. mit Anm. 1 zu § 13. Es handelt sich insbesondere um den Fall, daß das G.B. durch eingetretene Rechtsänderungen unrichtig geworden ist, z. B. durch Eintritt der Gütergemeinschaft. Vgl. dazu §§ 1438³, 1519, 1549 B.G.B. — Wegen Grundbuchberichtigung ohne Antrag vgl. § 54.

[2]) Anm. 3 zu § 19.

[3]) Anwendung auch in § 27. Ausnahmen in Abs. 2, in § 23 und unter Umständen auch in § 27.

[4]) Form des Nachweises § 29. So genügt z. B. in den Fällen der §§ 1144, 1145, 1167 B.G.B. statt der Bewilligung die bloße Quittung (§ 368 B.G.B.).

[5]) §§ 135 ff., 888², 892, 2113 B.G.B.

[6]) z. B. §§ 90, 130 Z.V.G.

[7]) Weitere Fälle in § 84.

[8]) Das entspricht dem Gedanken des § 20. Die Zustimmung bedarf aber nur der in § 29 bestimmten Form. Auflassungsform ist nicht erforderlich.

4. Bei Löschung von Rechten auf Lebenszeit.

§. **23.** Ein Recht, das auf die Lebenszeit des Berechtigten beschränkt ist,[1]) darf nach dessen Tode, falls Rückstände von Leistungen nicht ausgeschlossen sind, nur mit Bewilligung des Rechtsnachfolgers gelöscht werden,[2]) wenn die Löschung vor dem Ablauf eines Jahres nach dem Tode des Berechtigten erfolgen soll oder wenn der Rechtsnachfolger der Löschung[3]) bei dem Grundbuchamte widersprochen hat;[4]) der Widerspruch ist von Amtswegen in das Grundbuch einzutragen.[5]) Ist der Berechtigte für todt erklärt, so beginnt die einjährige Frist mit der Erlassung des die Todeserklärung aussprechenden Urtheils.[6])

Der im Abs. 1 vorgesehenen Bewilligung des Rechtsnachfolgers bedarf es nicht, wenn im Grundbuch eingetragen ist, daß zur Löschung des Rechtes der Nachweis des Todes des Berechtigten genügen soll.

II 22.

1) z. B. § 1061 mit § 1090[4] B.G.B. — Entsprechende Anwendung im Falle des § 24.

2) An sich würde nach § 22 der Nachweis des Todes genügen.

3) Vor ihrer Ausführung. Der Widerspruch liegt also außerhalb des Rahmens des § 899 B.G.B.

4) Ausnahme für beide Alternativen in Abs. 2.

5) § 14 pr. Allg. Vf.

6) § 18 B.G.B.

5. Bei Löschung anderer zeitlich beschränkter Rechte.

§. **24.** Die Vorschriften des §. 23 finden entsprechende Anwendung, wenn das Recht mit der Erreichung eines bestimmten Lebensalters des Berechtigten oder mit dem Eintritt eines sonstigen bestimmten Zeitpunkts oder Ereignisses erlischt.

II 23.

6. Bei Löschung einer Vormerkung oder eines Widerspruchs.

§. **25.** Ist eine Vormerkung oder ein Widerspruch auf Grund einer einstweiligen Verfügung[1]) eingetragen, so bedarf es zur Löschung[2]) nicht der Bewilligung des Berechtigten, wenn die einstweilige Verfügung durch eine vollstreckbare Entscheidung aufgehoben ist. Diese Vorschrift findet entsprechende Anwendung, wenn auf Grund eines vorläufig vollstreckbaren Urtheils nach den Vorschriften der Civilprozeßordnung[3]) eine Vormerkung oder ein Widerspruch eingetragen ist.

II 24.

1) §§ 885[1], 899[2] B.G.B. — Vgl. Anm. 5 zu § 19.
2) Auf Antrag des Betroffenen § 13[2].
3) § 895 C.P.O.

7. Bei Uebertragung und Belastung von Briefpfändern.

§. **26.** Soll die Uebertragung einer Hypothek, Grundschuld oder Rentenschuld, über die ein Brief ertheilt ist,[1]) eingetragen werden,[2]) so genügt es, wenn an Stelle der Eintragungsbewilligung[3]) die Abtretungserklärung[4]) des bisherigen Gläubigers vorgelegt wird.[5])

Diese Vorschrift findet entsprechende Anwendung, wenn eine Belastung der Hypothek, Grundschuld oder Rentenschuld[6]) oder die Uebertragung oder Belastung einer Forderung, für die ein eingetragenes Recht als Pfand haftet,[7]) eingetragen werden soll.[8])

I 36, II 25; M. 70. § 40.

1) Briefpfand §§ 1116, 1192, 1199. Der Ausdruck Pfand wird vom B.G.B. und der G.B.O. vermieden, weil das B.G.B. im Widerspruch mit dem allgemeinen Sprachgebrauch unter Pfand nur ein Mobiliarpfand versteht.

2) Die Eintragung ist nur fakultativ. — Vgl. §§ 1154, 1192 1 B.G.B.

3) Ausnahme von § 19.

4) Form § 29. — Statt der Abtretung genügen gemäß § 1155 S. 2 B.G.B. Ueberweisungsbeschluß (§§ 835—837, vgl. auch § 831 C.P.O.) und Anerkenntniß eines gesetzlichen Ueberganges (§ 412 B.G.B.).

5) Die Annahmeerklärung ist nicht erforderlich. Wegen Vorlegung des Briefs vgl. §§ 42, 43.

6) Nießbrauch (§§ 1069, 1154, 1192 B.G.B.), Pfandrecht (§§ 1274, 1154, 1292 B.G.B.).

7) Vgl. § 401 B.G.B.

8) Dadurch ist zugleich die im B.G.B. nicht vorgesehene Zulässigkeit einer solchen Eintragung begründet. Der öffentliche Glaube des Grundbuchs (§ 892 B.G.B.) erstreckt sich aber weder auf den Bestand der Forderung noch auf die Legitimation des Gläubigers.

8. Bei Löschung von Pfandrechten und deren Belastung.

§. 27. Eine Hypothek, eine Grundschuld oder eine Rentenschuld[1]) darf nur mit Zustimmung des Eigenthümers des Grundstücks gelöscht werden.[2])

Ein Recht,[3]) mit dem eine Hypothek, eine Grundschuld oder eine Rentenschuld belastet ist, darf nur mit Zustimmung desjenigen gelöscht werden, welchem die Hypothek, die Grundschuld oder die Rentenschuld zusteht.[4]) Für eine Löschung, die zur Berichtigung des Grundbuchs erfolgen soll,[5]) ist die Zustimmung nicht erforderlich,[6]) wenn die Unrichtigkeit nachgewiesen wird.[7])

I 35, II 26; M. 70.

[1]) gleichviel, ob es sich um ein Briefpfand (Anm. 2 zu § 26) handelt oder nicht. — Vgl. aber § 69.

[2]) Für den Fall der Aufhebung des Pfandrechts (§§ 1183, 1192 B.G.B.) ist das nur eine selbstverständliche Anwendung des § 29. Dagegen ist es für den Fall einer Grundbuchberichtigung (Anm. 1 zu § 13) unter Umständen eine Ausnahme von § 22. — Wegen Vorlegung von weiteren Urkunden vgl. § 44.

[3]) Anm. 6 zu § 26.

[4]) Anwendung von § 19 unter Berücksichtigung der §§ 1063, 1068, 1256, 1273 B.G.B.

[5]) Anm. 1 zu § 22.

[6]) Entsprechend dem § 22.

[7]) z. B. im Falle des § 1255 mit § 1273 B.G.B.

III. Bezeichnung des Grundstücks und des Geldbetrags.

§. **28.** In der Eintragungsbewilligung[1]) oder, wenn eine solche nicht erforderlich ist,[2]) in dem Eintragungsantrag[3]) ist das Grundstück übereinstimmend mit dem Grundbuch[4]) oder durch Hinweisung auf das Grundbuchblatt[5]) zu bezeichnen. Einzutragende Geldbeträge sind in Reichswährung anzugeben.[6]) [7])

I 25, 29, II 27; M. 60, 64.

[1]) § 19.

[2]) Anm. 5—8 zu § 19.

[3]) Anm. 3 zu § 13, bezw. in dem Ersuchen, Anm. 3 zu § 39.

[4]) § 2 2.

[5]) §§ 3 ff., sofern sich daraus das Grundstück zweifellos ergiebt.

[6]) Vgl. § 1115 B.G.B. u. § 56. Die Bestimmung gilt auch für Reallasten (§§ 1105 ff. B.G.B.) soweit dieselben auf Geld gehen und im Falle des § 882 B.G.B.

[7]) Die weiteren für die Eintragungen erforderlichen Angaben ergeben sich aus den Bestimmungen für den einzelnen Fall z. B. für Grunddienstbarkeiten aus § 1018 B.G.B., für beschränkte persönliche Dienstbarkeiten aus § 1090 B.G.B., für Pfandrechte aus §§ 1115, 1192, 1199 B.G.B., für Sicherungshypotheken aus § 1184 B.G.B., Maximalhypotheken aus § 1190 B.G.B.

IV. Nachweis der Voraussetzungen.

§. **29.** Eine Eintragung soll[1]) nur erfolgen, wenn die Eintragungsbewilligung[2]) oder die sonstigen zu der

Eintragung erforderlichen Erklärungen[3]) vor dem Grundbuchamte zu Protokoll gegeben[4]) oder durch öffentliche[5]) oder öffentlich beglaubigte Urkunden[6]) nachgewiesen werden. Andere Voraussetzungen der Eintragung[7]) bedürfen, soweit sie nicht bei dem Grundbuchamt offenkundig[8]) sind, des Nachweises durch öffentliche[9]) Urkunden.[10])[11])

I 39, 40, II 28; M. 72, 75.

[1]) Ordnungsvorschrift, welche auf die Gültigkeit der Eintragung ohne Einfluß ist.

[2]) Oder deren Ersatz, soweit erforderlich. Vgl. § 19 nebst Anm.

[3]) namentlich die Bewilligung nach §§ 23 1, 24, die Abtretungserklärung nach § 26 und die Zustimmung nach §§ 22 2, 27, 66, die Erklärung des § 58 3, der Bestimmung nach § 60 2, auch die erforderlichen Vollmachten. Ausnahmen für Antrag und Vollmacht dazu in § 30. Anwendung auf Rücknahme und Vollmachtswiderruf § 32.

[4]) Anm. 1 und 3 zu § 1. Der durch das Landesrecht (Anm. 1 zu § 1) zu bestimmende Beamte des G.B.A. (in Pr. der Richter, Art. 5 A.G.) ist verpflichtet, alle diese Erklärungen zu Protokoll zu nehmen. Das Landesrecht kann diese Verpflichtung zur Protokollirung noch erweitern. Auf das Protokoll finden, soweit darin ein Rechtsgeschäft beurkundet wird, die reichs- und landesgesetzlichen Vorschriften über gerichtliche Beurkundung von Rechtsgeschäften (§§ 168 ff. F.G., Art. 40 ff. pr. F.G.) Anwendung.

[5]) § 415 C.P.O. Die Erklärungen öffentlicher Behörden (auch kommunaler und kirchlicher Behörden, sofern sie nach Landesrecht als öffentliche anzusehen sind) in eigenen Angelegenheiten in gesetzlicher Form ausgestellt,

bedürfen daher einer weiteren Beglaubigung nicht. Das gilt auch für die Behörden in den anderen Bundesstaaten (§ 1 R.G. vom 1. Mai 1878). Vgl. pr. Allg. Vf. vom 25. März 1885 (J.M.Bl. S. 128) für Mecklenburg-Strelitz. Für die Feststellung der Unterschrift bei Erklärungen ausländischer Behörden durch Legalisation vgl. § 2 R.G. vom 1. Mai 1878, Staatsverträge mit Oesterreich-Ungarn vom 25. Februar 1880 (R.G.Bl. 1881 S. 4) und 13. Juni 1881 (R.G.Bl. S. 253). Die Zuständigkeit kann in jeder geeigneten Weise festgestellt werden. Für Pr. Art. 9 A.G.

6) d. h. Privaturkunden mit Unterschriftsbeglaubigung. § 129 B.G.B. Die Befugniß zur Beglaubigung nach Reichs- oder Landesrecht muß vorhanden sein (§§ 167, 183, 184, 200 F.G.).

7) z. B. die Legitimation eines gesetzlichen Vertreters (Anm. 10 zu § 13), der Nachweis der Unrichtigkeit nach § 22 1, der Nachweis des Todes (§ 23) oder des in § 24 gedachten Ereignisses oder der Aufhebung einer einstweiligen Verfügung (§ 25). Bezüglich der gemäß §§ 33 bis 38 zu erbringenden Nachweise sind die Mittel in den gedachten Paragraphen im Einzelnen angegeben. — Vgl. § 2356 1 B.G.B.

8) § 291 C.P.O. Das G.B.A. kann jedenfalls auch die in anderen Akten des G.B.A. oder auch des Gerichts, zu dem das G.B.A. gehört, enthaltenen Voraussetzungen als offenkundig behandeln.

9) Hier genügt Unterschriftsbeglaubigung nicht.

10) Wer ein Urtheil auf Eintragung erlangt hat, kann nach § 896 C.P.O. an Stelle des Schuldners die Ertheilung, bei Behörden und Beamten, insbesondere Notaren, verlangen. — Vgl. a. Anm. 5 zu § 40.

11) Wegen der Aufbewahrung vgl. § 11.

1. Antrag und Vollmacht.

§. 30. Für den Eintragungsantrag[1]) sowie für die Vollmacht zur Stellung eines solchen[2]) gelten die Vorschriften des §. 29[3]) nur, wenn durch den Antrag zugleich eine zu der Eintragung erforderliche Erklärung[4]) ersetzt werden soll.

I 43, II 29; M. 79.

[1]) §§ 13—15. Wegen Rücknahme s. § 32.

[2]) Anm. 10 zu § 13. Vgl. a. § 31. — Wegen Widerrufs s. § 32. — Auf die Legitimation des gesetzlichen Vertreters oder des Verfügers über fremde Rechte (Konkursverwalter, Testamentsvollstrecker, Pfleger nach § 1914 B.G.B., „Vertreter" nach § 58 C.P.O.), sowie der Organe privater und öffentlicher juristischer Personen (vgl. z. B. pr. Allg. Vf. vom 14. August 1897, 2. November 1898 für Militärbehörden), sowie das Erforderniß einer Ermächtigung, Genehmigung und dgl. (vgl. z. B. Anm. 2 zu § 4 pr. Allg. Vf.) bezieht sich das nicht.

[3]) Anm. 3 zu § 29.

[4]) insbesondere die Bewilligung (§ 19) oder die in § 26 erwähnte Abtretungserklärung.

Vollmachtsstempel.

§. 31. Wird im Falle der Auflassung eines Grundstücks sowie im Falle der Bestellung oder Uebertragung eines Erbbaurechts die erforderliche Einigung des Berechtigten und des anderen Theiles[1]) durch Bevollmächtigte[2]) vor dem Grundbuchamt erklärt, so ist die Vollmacht stempelfrei,[3]) wenn das der Einigung zu Grunde liegende Rechtsgeschäft[4]) von einem Notar beurkundet und die Vollmacht in der Urkunde ertheilt ist.[5])

Von der Reichstagskommission neu eingefügter § 29a. Vgl. Bericht zu § 14.

[1]) § 20.

[2]) Anm. 10 zu § 13, Anm. 2 zu § 30.

[3]) Anm. 3 zu § 1.

[4]) Anm. 4 zu § 9.

[5]) Die Stempelfreiheit bleibt auch dann bestehen, wenn schließlich von der Vollmacht kein Gebrauch gemacht, sondern auch die Einigung durch die Betheiligten selbst erklärt wird.

2. Zurücknahme und Vollmachtswiderruf.

§. **32.** Erklärungen, durch die ein Eintragungsantrag[1]) zurückgenommen oder eine zur Stellung des Eintragungsantrags ertheilte Vollmacht[2]) widerrufen wird, bedürfen der im §. 29 Satz 1 vorgeschriebenen Form.[3])

II 30.

[1]) § 13.

[2]) Anm. 10 zu § 13.

[3]) § 30 findet also keine Anwendung.

3. Handelsgesellschaften.

§. **33.** Der Nachweis, daß der Vorstand[1]) einer Aktiengesellschaft[2]) aus den im Handelsregister eingetragenen Personen besteht, wird durch ein Zeugniß des Gerichts über die Eintragung geführt.[3])

Das Gleiche gilt von dem Nachweise der Befugniß zur Vertretung einer offenen Handelsgesellschaft,[4]) einer Kommanditgesellschaft,[5]) einer Kommanditgesellschaft auf Aktien[6]) oder einer Gesellschaft mit beschränkter Haftung.[7])[8])

II. — § 26 Abs. 2 R.G. vom 1. Mai 1889, § 69 B.G.B.

1) auch die Liquidatoren.

2) § 198 H.G.B.

3) Es genügt Bezugnahme im Falle des § 35.

4) §§ 106, 125 H.G.B.

5) § 161 H.G.B.

6) § 325 H.G.B.

7) § 10 R.G. vom 20. April 1892.

8) Für Erwerbs- und Wirthschaftsgenossenschaften vgl. § 10 R.G. vom 1. Mai 1889, für eingetragene Vereine § 69 B.G.B.

4. Eheliches Güterrecht.

§. **34.** Der Nachweis, daß zwischen Ehegatten Gütertrennung[1]) oder ein vertragsmäßiges Güterrecht[2]) besteht oder daß ein Gegenstand zum Vorbehaltsgut eines Ehegatten gehört,[3]) wird durch ein Zeugniß des Gerichts[4]) über die Eintragung des güterrechtlichen Verhältnisses im Güterrechtsregister[5]) geführt.[6])

II 32.

1) §§ 1426 ff. B.G.B.

2) §§ 1432 ff. B.G.B.

3) §§ 1365 ff. B.G.B.

4) Es genügt Bezugnahme im Falle des § 35.

[5]) §§ 1558 ff. B.G.B.

[6]) Sonst ist das Vermögen der Ehefrau als eingebrachtes Gut (wegen der dadurch herbeigeführten Beschränkungen vgl. § 1404 B.G.B.) und das Vermögen des Ehemannes als durch die Ehe nicht beeinflußt zu behandeln.

Bezugnahme.

§. **35.** Ist in den Fällen der §§. 33, 34 das Grundbuchamt zugleich das Registergericht, so genügt statt des Zeugnisses die Bezugnahme auf das Register.

II 33.

5. Erbfolge[1]) und Testamentsvollstreckung.

§. **36.** Der Nachweis der Erbfolge kann nur durch einen Erbschein[2]) geführt werden. Beruht jedoch die Erbfolge auf einer Verfügung von Todeswegen, die in einer öffentlichen Urkunde enthalten ist,[3]) so genügt es, wenn an Stelle des Erbscheins[4]) die Verfügung und das Protokoll über die Eröffnung der Verfügung[5]) vorgelegt werden; erachtet das Grundbuchamt die Erbfolge durch diese Urkunden nicht für nachgewiesen, so kann es die Vorlegung eines Erbscheins verlangen.[6])

Das Bestehen der fortgesetzten Gütergemeinschaft sowie die Befugniß eines Testamentsvollstreckers zur Verfügung über einen Nachlaßgegenstand ist nur auf Grund der in den §§. 1507, 2368 des Bürgerlichen Gesetzbuchs vorgesehenen Zeugnisse als nachgewiesen anzunehmen; auf den Nachweis der Befugniß des

Testamentsvollstreckers finden jedoch die Vorschriften des Abs. 1 Satz 2 entsprechende Anwendung.

I 41, II 34. Der letzte Halbsatz ist von der Reichstagskommission hinzugefügt. — M. 76.

[1]) Für Fideikommißgüter und andere Güter mit Sondernachfolge, sowie für Güter mit Obereigenthum vgl. Art. 15 ff. pr. A.G.

[2]) §§ 2353 ff. B.G.B. Für die gesetzliche Erbfolge ist jeder andere Nachweis ausgeschlossen. Für die testamentarische s. Satz 2.

[3]) §§ 2231 Nr. 1 (Gegensatz Nr. 2 mit § 2267), 2249, 2276, theilweise 2250, 2251 B.G.B. und § 44 des R.G. vom 2. Mai 1874.

[4]) der auch hier zulässig ist (§ 2355 B.G.B).

[5]) §§ 2260, 2273, 2300 B.G.B.

[6]) Wegen der Eintragung eines Vorerben vgl. auch § 52 und wegen der gleichzeitigen Eintragung des Testamentsvollstreckers vgl. § 53. — Vermächtnißnehmer haben nach § 2174 B.G.B. lediglich eine Forderung auf Leistung des vermachten Gegenstandes gegen den Beschwerten (Anm. 7 zu § 13), können also nur auf Grund einer Bewilligung des Beschwerten eingetragen werden.

6. Erbauseinandersetzung.

§. **37.** Soll bei einer zu einem Nachlasse gehörenden Hypothek, Grundschuld oder Rentenschuld[1]) einer von mehreren Erben[2]) als neuer Gläubiger eingetragen werden, so genügt zum Nachweise der Erbfolge und der Eintragungsbewilligung der Erben ein Zeugniß des Nachlaßgerichts.[3])

Das Zeugniß darf nur ausgestellt werden, wenn die Voraussetzungen für die Ertheilung eines Erbscheins vorliegen und die Erklärungen der Erben vor dem Nachlaßgerichte zu Protokoll gegeben oder durch öffentliche oder öffentlich beglaubigte Urkunden nachgewiesen sind.[4])

I 42, II 35; M. 78.

[1]) Anm. 1 zu § 27. — Ausdehnbar auf Eigenthum und Erbbaurecht § 99.

[2]) Ausgedehnt auf Gütergemeinschaft § 38.

[3]) Anm. 1 zu § 99. Andere Nachweise sind zulässig.

[4]) Entsprechend dem § 30. Das G.B.A. hat die Beobachtung des Abs. 2 nicht nachzuprüfen.

7. Auseinandersetzung einer Gütergemeinschaft.

§. 38. Die Vorschriften des §. 37 finden entsprechende Anwendung, wenn bei einer Hypothek, Grundschuld oder Rentenschuld,[1]) die zu dem Gesammtgut einer ehelichen Gütergemeinschaft[2]) oder einer fortgesetzten Gütergemeinschaft[3]) gehört, ein Betheiligter, auf den das Recht bei der Auseinandersetzung übertragen ist, als neuer Gläubiger eingetragen werden soll.

II 36.

[1]) Anm. 1 zu § 27. Ausdehnbar auf Eigenthum und Erbbaurecht § 99.

[2]) §§ 1438, 1474 ff., 1519, 1546, 1549, 1550 B.G.B.

[3]) §§ 1485, 1497 ff. B.G.B.

V. Eintragung auf Ersuchen einer Behörde.

§. 39. In den Fällen, in denen nach gesetzlicher Vorschrift[1]) eine Behörde befugt ist, das Grundbuchamt um eine Eintragung zu ersuchen, erfolgt die Eintragung auf Grund[2]) des Ersuchens[3]) der Behörde.[4])

I 50 S. 1, II 37; M. 90.

[1]) Des Reichs- oder Landesrechts. z. B. Art. 91 E.G. B.G.B. Dazu gehören insbesondere auch die gerichtlichen einstweiligen Verfügungen (§ 885 B.G.B.). Vgl. ferner §§ 19, 34, 130, 146, 161, 172, 176, 180 Z.V.G., §§ 113, 163, 190 K.O., §§ 93, 140 St.G.B., § 143 R.G. v. 31. März 1873. Für Pr. Art. 12—14, 16, 23—25 A.G., pr. V. v. 30. Juni 1834, G. v. 29. Juni 1835, Dekl. v. 30. Juli 1842, G. v. 2. März 1850, v. 26. Juni 1875, v. 17. Januar 1883, v. 25. März 1889, §§ 6, 12 G. v. 7. Juli 1891, § 3 ff. G. v. 2. Juli 1898 (§ 43 Allg. Vf.), §§ 24⁴, 33 G. v. 11. Juni 1874, V. v. 24. Januar 1844, §§ 160, 162, 223, 234 Allg. Berggef., G. v. 20. August 1883, § 4 d. G. v. 2. März 1850, § 86 G. v. 13. Mai 1879, §§ 17, 39 G. v. 6. Juli 1875, § 28 G. v. 1. April 1879, §§ 51, 53 V. v. 15. November 1899.

[2]) Das Ersuchen ersetzt Antrag (§§ 13 ff.) und Bewilligung (§§ 19 ff.), auch die etwa erforderlichen Erklärungen Dritter (z. B. §§ 23, 24, 26, 27), nicht aber die sonstigen allgemeinen Voraussetzungen der Eintragung, insbesondere das Erforderniß der zuvorigen Eintragung des Berechtigten (§§ 40, 41) und die Vorlage des Briefes (§§ 42, 43) und der in § 44 gedachten Urkunden.

[3]) Der Inhalt des Ersuchens muß den §§ 28, 16, 48 genügen.

[4]) Bei der Behandlung des Ersuchens finden die §§ 17, 18 Anwendung.

VI. Vorgängige Eintragung des Berechtigten.

§. **40.** Eine Eintragung[1]) soll[2]) nur[3]) erfolgen, wenn derjenige, dessen Recht durch sie betroffen wird,[4]) als der Berechtigte eingetragen ist.[5])

Bei einer Hypothek, Grundschuld oder Rentenschuld, über die ein Brief ertheilt ist,[6]) steht es der Eintragung des Gläubigers gleich, wenn dieser sich im Besitze des Briefes befindet und sein Gläubigerrecht nach §. 1155 des Bürgerlichen Gesetzbuchs nachweist.

I 23, 32, II 38; M. 58, 67.

[1]) jeder Art. — Vgl. Anm. 1 und 2 zu § 13.

[2]) Ordnungsvorschrift zur Ergänzung der §§ 873, 875, 876 B.G.B. ohne Einfluß auf die Gültigkeit der Eintragung.

[3]) Ausnahme in Abs. 2 und in § 41.

[4]) Anm. 7 zu § 13.

[5]) Es ist Sache des Antragstellers (§ 13) bez. der ersuchenden Behörde (§ 39) die zuvorige Eintragung herbeizuführen. Die Verpflichtung ergiebt sich zunächst aus § 895 B.G.B. Ueber die Mittel zur Herbeischaffung der erforderlichen Urkunden vgl. Anm. 10 zu § 29. Die Legitimation zu dem Berichtigungsantrage gegen einen eingetragenen Dritten giebt § 14, die Grundlage ist durch Geltendmachung des im Wege der Zwangsvollstreckung zu überweisenden Berichtigungsanspruchs des einzutragenden Berechtigten oder durch eine Feststellungsklage (§ 256 C.P.O.) gegen den Dritten zu beschaffen. Vgl. auch §§ 17, 130³ Z.V.G.

[6]) Anm. 1 zu § 26.

§. **41.** Ist derjenige, dessen Recht durch eine Eintragung betroffen wird, Erbe des eingetragenen Berechtigten, so findet die Vorschrift des §. 40 Abs. 1 keine Anwendung, wenn die Uebertragung oder die Aufhebung des Rechtes eingetragen werden soll oder wenn der Eintragungsantrag durch die Bewilligung des[1]) Erblassers oder eines Nachlaßpflegers[2]) oder durch einen gegen den Erblasser oder den Nachlaßpfleger vollstreckbaren Titel[3]) begründet wird.[4])

Das Gleiche gilt für eine Eintragung auf Grund der Bewilligung eines Testamentsvollstreckers[5]) oder auf Grund eines gegen diesen vollstreckbaren Titels,[6]) sofern die Bewilligung oder der Titel gegen den Erben wirksam ist.[7])

II 21², II 39; M. 57.

1) eingetragenen.

2) §§ 1960 ff. B.G.B., oder Nachlaßverwalters §§ 1975 ff. B.G.B.

3) Anm. 5 zu § 14.

4) entsprechende Anwendung bei Fideikommissen u. s. w. Art. 15² pr. A.G.

5) §§ 2197 ff.

6) §§ 748, 749 C.P.O.

7) Das ist aus § 2213 in Verbindung mit §§ 2205 bis 2209 B.G.B. bez. §§ 325 ff., 327 C.P.O. (vgl. auch §§ 727, 728 C.P.O.) zu prüfen.

VII. Vorlegung von Urkunden.[1]) 1. Des Hypothekenbriefes.

§. **42.** Bei einer Hypothek, über die ein Brief ertheilt ist,[2]) soll eine Eintragung[3]) nur erfolgen, wenn der Brief vorgelegt wird.[4]) Für die Eintragung eines Widerspruchs bedarf es der Vorlegung nicht, wenn die Eintragung durch eine einstweilige Verfügung angeordnet ist und der Widerspruch sich darauf[5]) gründet, daß die Hypothek oder die Forderung, für welche sie bestellt ist, nicht bestehe oder einer Einrede[6]) unterliege oder daß die Hypothek unrichtig eingetragen sei.[7])[8])

Der Vorlegung des Hypothekenbriefs steht es gleich, wenn in den Fällen der §§. 1162, 1170, 1171 des Bürgerlichen Gesetzbuchs auf Grund des Ausschlußurtheils die Ertheilung eines neuen Briefes beantragt wird.[9]) Soll die Ertheilung des Briefes nachträglich ausgeschlossen[10]) oder die Hypothek gelöscht werden[11]), so genügt die Vorlegung des Ausschlußurtheils.[12])

I 31[1], S. 1, 2, II 40; M. 65.

[1]) Vgl. auch § 98.

[2]) Anm. 1 zu § 26. Modifizirte Anwendung auf andere Briefpfänder in § 43.

[3]) irgend welcher Art, auch die des § 1119. Vgl. Anm. 1 zu § 13.

[4]) Vgl. §§ 1154, 1155 B.G.B. — Ueber den zu machenden Vermerk vgl. § 62[1]. Ein Recht auf Vorlegung geben §§ 896, 1144, 1145 B.G.B. — Die Vorlegung der etwa beigegebenen Zins- und Erneuerungsscheine (Anm. 5 zu § 70) ist nicht vorgeschrieben.

[5]) Sie bleibt also erforderlich, wenn der Widerspruch sich gegen die Uebertragung des Rechts richtet oder auf

eine Verfügungsbeschränkung im Sinne des § 892[1] B.G.B. gestützt wird.

6) peremtorischen (§ 1169 B.G.B.) oder dilatorischen im Sinne des B.G.B. §§ 390, 768, 1137, 1157, 1211.

7) Das G.B.A. hat aber den Besitzer des Briefes zur Vorlegung anzuhalten, § 62[2].

8) Ueber Vorlegung bei Berichtigung „von Amtswegen" vgl. § 54[2].

9) §§ 67, 68.

10) § 1116[2] B.G.B.

11) § 27.

12) §§ 982—987, 1024 C.P.O.

2. Des Grundschuld- und Rentenschuldbriefs.

§. **43.** Die Vorschriften des §. 42 finden auf die Grundschuld und die Rentenschuld[1]) entsprechende Anwendung.[2]) Ist jedoch das Recht für den Inhaber des Briefes eingetragen,[3]) so bedarf es der Vorlegung des Briefes nur dann nicht,[4]) wenn der Eintragungsantrag durch die Bewilligung eines nach §. 1189 des Bürgerlichen Gesetzbuchs bestellten Vertreters oder durch eine gegen ihn erlassene gerichtliche Entscheidung begründet wird.[5])

I 31[1]. S. 1, 2, II 41; M. 65.

1) Anm. 1 zu § 26.

2) Vermerk nach § 62[1].

3) §§ 1195, 1199, auch 796 B.G.B.

4) Ausnahme von § 42[1] S. 2.

5) Ueber Vorlegung bei Berichtigungen „von Amtswegen" vgl. § 54.

3. Der Inhaber- und Ordrepapiere.

§. **44.** Bei einer Hypothek für die Forderung aus einer Schuldverschreibung auf den Inhaber, aus einem Wechsel oder einem anderen Papiere, das durch Indossament übertragen werden kann,[1]) soll eine Eintragung nur erfolgen, wenn die Urkunde[2]) vorgelegt wird; die Eintragung ist auf der Urkunde zu vermerken.[3])

Diese Vorschrift findet keine Anwendung,[4]) wenn eine Eintragung auf Grund der Bewilligung eines nach §. 1189 des Bürgerlichen Gesetzbuchs bestellten Vertreters oder auf Grund einer gegen diesen erlassenen gerichtlichen Entscheidung bewirkt werden soll.[5])

II 42.

[1]) Sicherungshypothek (ohne Brief) gemäß §§ 1187, 1185 B.G.B. mit §§ 793 B.G.B. §§ 363 ff. H.G.B. Art. 9 ff. W.O.

[2]) welche als Inhaberpapier oder Ordrepapier im Verkehr ist. Vgl. aber § 796 B.G.B.

[3]) entsprechend dem § 62¹.

[4]) entsprechend dem § 43².

[5]) Außerdem muß es entsprechend dem § 42² auch genügen, daß die Vernichtung oder Kraftloserklärung nachgewiesen wird.

VIII. Eintragung. 1. Datum und Unterschrift.

§. **45.** Jede Eintragung[1]) soll[2]) den Tag, an welchem sie erfolgt ist,[3]) angeben und mit der Unterschrift des Grundbuchbeamten versehen werden.[4])[5])

I 52, II 43, M. 91.

1) Anm. 1 zu § 13. — § 15 pr. Allg. Vf.

2) Die Gültigkeit ist dadurch nicht bedingt. Anders in § 56.

3) § 879 B.G.B. — Die Unterschrift kann möglicher Weise später erfolgen ohne die Wirksamkeit zu beeinträchtigen.

4) Das Landesrecht kann Näheres bestimmen, auch die Unterschrift mehrerer Beamten erfordern, so in Pr. § 6 A.G. — Vgl. Anm. 1—3 zu § 1.

5) Weitere die Bewirkung der Eintragung betreffende Vorschriften enthalten die §§ 46—52. Die Eintragung kann die Anlegung eines neuen G.B.Bl. erforderlich machen. — Vgl. Anm. 5 zu § 3, Anm. 6 zu § 4, § 6.

2. Reihenfolge. Vermerk über den Rang.

§. **46.** Sind in einer Abtheilung[1]) des Grundbuchs mehrere Eintragungen[2]) zu bewirken, so erhalten sie die Reihenfolge, welche der Zeitfolge der Anträge[3]) entspricht; sind die Anträge gleichzeitig gestellt, so ist im Grundbuche zu vermerken, daß die Eintragungen gleichen Rang haben.

Werden mehrere Eintragungen, die nicht gleichzeitig beantragt sind, in verschiedenen Abtheilungen unter Angabe desselben Tages[4]) bewirkt, so ist im Grundbuche zu vermerken, daß die später beantragte Eintragung der früher beantragten im Range nachsteht.

Diese Vorschriften finden insoweit keine Anwendung, als ein Rangverhältniß nicht besteht[5]) oder das Rangverhältniß von den Antragstellern abweichend bestimmt ist.[6])

I 49³, II 44; M. 88.

[1]) Vgl. Anm. 2 zu § 1 und § 879¹ Satz 1 B.G.B.

[2]) irgend welcher Art. Anm. 1 zu § 13. Vgl. § 17. — § 879 B.G.B. hat dagegen nur Rechte im Auge. Für Meliorationsdarlehen s. Art. 118 E.G. B.G.B.

[3]) d. h. des Eingangs des wenn auch mangelhaften Antrages oder Ersuchens, sofern keine Zurückweisung erfolgt ist. — Vgl. § 18.

[4]) Andernfalls ergiebt sich die Priorität schon aus dem Datum gemäß § 879¹ S. 2 B.G.B.

[5]) z. B. zwischen Eigenthum und Belastung.

[6]) Die Abweichung ist dann in das G.B. einzutragen. § 879³ B.G.B. — Ueber Rangänderung § 880 B.G.B., Rangvorhalt § 881 B.G.B., Rangbestimmung durch Vormerkung § 883³ B.G.B.

3. Löschung und Nichtübertragung.

§. 47. Die Löschung eines Rechtes oder einer Verfügungsbeschränkung erfolgt[1]) durch Eintragung eines Löschungsvermerkes.[2])

Wird bei der Uebertragung eines Grundstücks oder eines Grundstückstheils auf ein anderes Blatt ein eingetragenes Recht nicht mitübertragen,[3]) so gilt es[4]) in Ansehung des Grundstücks oder des Theiles als gelöscht.

I 34, II 45; M. 69.

[1]) in allen Fällen, auch bei der Grundbuchberichtigung (§ 894) B.G.B. Vgl. Anm. 1 zu § 13.

[2]) Eine Durchstreichung oder Unterstreichung, welche die Landesjustizverwaltungen daneben vorschreiben können (vgl. Anm. 2 zu § 1), genügt nicht.

[3]) Vgl. § 3 und Anm. 4 zu § 45, auch § 49 und Art. 120¹ E.G. B.G.B.

[4]) auch wenn ein Versehen vorliegt.

4. Gemeinschaftliche Rechte.

§. 48. Soll ein Recht für Mehrere gemeinschaftlich eingetragen werden,[1]) so soll die Eintragung in der Weise erfolgen, daß entweder die Antheile der Berechtigten in Bruchtheilen angegeben werden[2]) oder das für die Gemeinschaft maßgebende Rechtsverhältniß[3]) bezeichnet wird.[4])

I 27, II 46; M. 62.

[1]) oder soll eingetragen werden, daß das bereits eingetragene Recht gemeinschaftlich geworden ist. — Vgl. § 1438[3] B.G.B., § 10 Nr. 1 pr. Allg. Bf.

[2]) im Falle der regelmäßigen Gemeinschaft nach Bruchtheilen, welche jedem Berechtigten die Verfügung über seinen Antheil gestatten. Vgl. §§ 741, 747, 1095, 1106, 1114 B.G.B., § 864[2] C.P.O.

[3]) z. B. Gesellschaft (§ 719 B.G.B. bez. §§ 105, 161, 335 H.G.B.), eheliches Gesammtgut (§§ 1438, 1442, 1471[2], 1485[3], 1487, 1519, 1549), Erbengemeinschaft (§ 2033[2]). Hier ist regelmäßig eine Verfügung über den Antheil oder doch über die Antheile an den einzelnen Gegenständen ausgeschlossen.

[4]) Der Antrag (§ 13) oder das Ersuchen (§ 39) muß die nöthigen Angaben und Unterlagen enthalten. — Wegen der Mitwirkung des Ehegatten dazu vgl. § 1438[3] B.G.B.

5. Mitbelastung.

§. 49. Werden mehrere Grundstücke[1]) mit einem Rechte[2]) belastet, so ist auf dem Blatte jedes Grundstücks die Mitbelastung der übrigen von Amtswegen erkennbar zu machen.[3]) Das Gleiche gilt, wenn mit einem an einem Grundstücke bestehenden Rechte nachträglich noch ein anderes Grundstück belastet oder wenn im Falle der Uebertragung eines Grundstückstheils[4]) auf ein anderes Grundbuchblatt[5]) ein eingetragenes Recht mitübertragen wird.

Soweit eine Mitbelastung erlischt,[6]) ist dies von Amtswegen zu vermerken.

I 33, II 47; M. 68.

[1]) gleichzeitig. Gegensatz Satz 2.

[2]) irgend welcher Art, soweit eine Mitbelastung möglich ist.

[3]) nach näherer Bestimmung des Landesrechts. § 12[2] pr. Allg. Vf.

[4]) Für Uebertragungen eines ganzen Grundstückes von einem gemeinschaftlichen G.B.Bl. auf ein anderes Blatt ergiebt sich das Gleiche ohne Weiteres. — Vgl. Anm. 5 u. 6 zu § 4.

[5]) Anm. 5 zu § 3.

[6]) z. B. nach §§ 1173, 1181[2], in Verbindung mit §§ 1192, 1199.

6. Leibgedinge.

§. **50.** Werden Dienstbarkeiten[1]) und Reallasten[2]) als Leibgedinge, Leibzucht, Altentheil oder Auszug[3]) eingetragen, so bedarf es nicht der Bezeichnung der einzelnen Rechte, wenn auf die Eintragungsbewilligung[4]) Bezug genommen wird.[5])

I 28, II 48; M. 63.

1) Nießbrauch (§§ 1030 ff.) und beschränkte persönliche Dienstbarkeiten (§§ 1190 ff.), dazu die in § 84 genannten Rechte.

2) §§ 1105 ff. B.G.B., auch Geldrenten, soweit sie unter die Reallasten fallen.

3) Art. 96 E.G. B.G.B.

4) Aufbewahrung nach § 9.

5) Das entspricht der für Vormerkungen geltenden Vorschrift des § 885[2] B.G.B., geht jedoch über §§ 874, 877 B.G.B. hinaus, die nur wegen des Inhalts der Rechte, nicht aber zum Ersatz ihrer Bezeichnung die Bezugnahme gestatten. — Vgl. a. für Hypotheken § 1115[1 u. 2] S. § 57[2] Nr 3.

7. Inhaber-Theilpfänder.

§. **51.** Bei der Eintragung einer Hypothek für Theilschuldverschreibungen auf den Inhaber[1]) genügt es, wenn der Gesammtbetrag der Hypothek unter Angabe der Anzahl, des Betrags und der Bezeichnung der Theile[2]) eingetragen wird.

Diese Vorschrift findet entsprechende Anwendung, wenn eine Grundschuld oder eine Rentenschuld für den Inhaber des Briefes[3]) eingetragen und das Recht in Theile zerlegt werden soll.[4])

II 49. — § 20 pr. G. v. 19. August 1895.

1) nach § 1187 B.G.B. Vgl. § 44.

2) So wird hier für diesen Fall § 1115 B.G.B. näher bestimmt.

3) § 1195 in Verbindung mit § 1199 B.G.B. Vgl. § 43.

4) Vgl. § 70[2].

8. Vorerbe.

§. **52.** Bei der Eintragung eines Vorerben[1]) ist zugleich das Recht des Nacherben[2]) und, soweit der Vorerbe von den Beschränkungen seines Verfügungsrechts befreit ist,[3]) auch die Befreiung von Amtswegen[4]) einzutragen.[5])

II 50.

[1]) § 36.

[2]) §§ 2113[1 u. 3], 2114 B.G.B. zur Sicherung des öffentlichen Glaubens (§ 892 B.G.B.).

[3]) §§ 2136, 2137 B.G.B.

[4]) Soweit sich die Befreiung aus dem Erbschein oder der letztwilligen Verfügung ergiebt, sonst nur auf Antrag (§ 13).

[5]) § 11 Nr. 2 pr. Allg. Vf.

9. Testamentsvollstrecker.

§. **53.** Ist ein Testamentsvollstrecker[1]) ernannt, so ist dies bei der Eintragung des Erben[2]) von Amtswegen miteinzutragen,[3]) es sei denn, daß der Nachlaßgegenstand der Verwaltung des Testamentsvollstreckers nicht unterliegt.[4])

II 51.

[1]) § 36[2].

[2]) § 36[1].

[3]) wegen § 2211 B.G.B. Die Grundlage bildet das nach § 2368 B.G.B. zu ertheilende Zeugniß. — § 11 Nr. 2 pr. Allg. Vf.

[4]) Was sich aus dem Zeugniß ergeben muß.

IX. Berichtigung.

§. **54.** Ergiebt sich, daß das Grundbuchamt unter Verletzung gesetzlicher Vorschriften[1]) eine Eintragung vorgenommen hat, durch die das Grundbuch unrichtig geworden ist, so ist von Amtswegen[2]) ein Widerspruch einzutragen.[3]) Erweist sich eine Eintragung nach ihrem Inhalt als unzulässig,[4]) so ist sie von Amtswegen[2]) zu löschen.

Bei einer Hypothek, einer Grundschuld oder einer Rentenschuld bedarf es zur Eintragung eines Widerspruchs der Vorlegung des Briefes nicht, wenn der Widerspruch den im §. 42 Abs. 1 Satz 2 bezeichneten Inhalt hat. Diese Vorschrift findet keine Anwendung, wenn der Grundschuld- oder Rentenschuldbrief auf den Inhaber ausgestellt ist.[5])[6])

I 54, II 52. — Abs. 2 S. 1 ist ein Zusatz der Reichstagskommission. — M. 92.

1) Vgl. Art. 2 E.G. B.G.B. mit § 82². Sind gesetzliche Vorschriften nicht verletzt, aber thatsächliche Unrichtigkeiten eingetragen, so ist wie in allen sonstigen Fällen der Grundbuchberichtigung (§ 894 B.G.B. s. o. § 22) ein Antrag (§ 13) erforderlich.

2) oder auf Antrag, auch im Beschwerdewege § 71². — Auch auf Anordnung des vorgesetzten Amtsgerichts ohne Beschwerde im Falle des § 101. — Im Uebrigen werden auf Grund von S. 1 eingetragene Widersprüche anders wie nach §§ 18², 76² nur auf Antrag gelöscht.

3) auch zur möglichsten Vermeidung des in § 12 statuirten Schadensersatzanspruchs.

[4]) z. B. ein Miethsrecht, eine gegen die §§ 1019, 1061 B.G.B. verstoßende Dienstbarkeit, die Renten der §§ 914, 917 B.G.B.

[5]) Abs. 2 entspricht den in den §§ 43, 44 gegebenen Vorschriften.

[6]) Wegen nachträglicher Beschaffung des Briefes vgl. § 62[2].

X. Benachrichtigung der Betheiligten.

§. **55.** Jede Eintragung soll dem Antragsteller und dem eingetragenen Eigenthümer sowie im Uebrigen allen aus dem Grundbuch ersichtlichen Personen bekannt gemacht werden, zu deren Gunsten die Eintragung erfolgt ist oder deren Recht durch sie betroffen wird.[1]) Auf die Bekanntmachung kann verzichtet werden.[2])

I 55 S. 1, II 53; M. 70.

[1]) Anm. 7 zu § 13.

[2]) Ueber weitere Bekanntmachungen vgl. § 31 pr. Allg. Vf.

Dritter Abschnitt.

Hypotheken-, Grundschuld-, Rentenschuldbrief.

I. Hypothekenbrief. 1. Ertheilung und Inhalt.

§. **56.** Der Hypothekenbrief[1]) wird von dem Grundbuchamt[2]) ertheilt. Er muß[3]) die Bezeichnung als Hypothekenbrief enthalten, den Geldbetrag der

Hypothek[4]) und das belastete Grundstück[5]) bezeichnen sowie mit Unterschrift[6]) und Siegel[7]) versehen sein.[8])[9])

I 56, II 54; M. 97.

[1]) § 1116 B.G.B. — Er fällt weg bei Ausschließung nach § 1116 ² B.G.B. und bei der Sicherungshypothek (§ 1185 B.G.B.).

[2]) § 1117 ² B.G.B. — Ausnahme § 61 ¹.

[3]) Die hier aufgestellten Erfordernisse sind wesentlich. Die unwesentlichen enthalten §§ 57, 58.

[4]) Vgl. Anm. 6 zu § 28. — Ueber gemeinschaftliche Briefe s. § 66.

[5]) §§ 2², 3, Anm. 5 zu § 4. Dazu § 57 ² Nr. 1. — Für Gesammthypotheken s. § 59.

[6]) Anm. 3 zu § 45. Nur im Falle des § 70 ² kann die Unterschrift mechanisch vervielfältigt werden. Vgl. Art. 7 ² pr. A.G.

[7]) nicht Stempel.

[8]) Für Theilhypothekenbriefe s. § 61 ², für nachträgliche Eintragungen § 62 ¹. Ueber gemeinschaftliche Briefe § 66.

[9]) Im G.B. wird nur der Ausschluß der Ertheilung (§ 1116² B.G.B.), nicht aber die Ertheilung vermerkt. Anders bei Erneuerungen § 68 ³.

§. **57.** Der Hypothekenbrief soll[1]) die Nummer des Grundbuchblatts angeben und einen Auszug aus dem Grundbuch enthalten.

In den Auszug sollen[2]) aufgenommen werden:

1. die Bezeichnung des Grundstücks nach dem Inhalte des Grundbuchs;[3])

2. die Bezeichnung des[4]) Eigenthümers;
3. der Inhalt der die Hypothek betreffenden Eintragungen und, soweit zur Ergänzung einer Eintragung auf eine Urkunde Bezug genommen ist,[5]) auch der Inhalt dieser Urkunde;[6]) im Falle des §. 1115 Abs. 2 des Bürgerlichen Gesetzbuchs braucht der Inhalt der Satzung nicht aufgenommen zu werden;[7])
4. die kurze Bezeichnung des Inhalts der Eintragungen, welche der Hypothek im Range vorgehen oder gleichstehen.

Der Auszug ist auf Antrag[8]) zu ergänzen, wenn sich der Inhalt des Grundbuchs ändert.[9])

I 57[1], 62, II 55; M. 97.

[1]) Die Erfordernisse dieses Paragraphen sind im Gegensatz zu denen des § 56 nicht wesentlich. Das Landesrecht kann ein den §§ 56, 57 entsprechendes Formular vorschreiben, aber den sachlichen Inhalt nicht erweitern oder beschränken. Für Pr. § 38 Allg. Vf. u. § 40 mit Anlagen.

[2]) Vgl. dazu § 97.

[3]) §§ 2[2], 3, 28.

[4]) eingetragenen.

[5]) § 50 und Anm. 5 zu § 50.

[6]) Vgl. aber § 58[2].

[7]) Vgl. § 38[2] Nr. 1 pr. Allg. Vf.

[8]) also ohne einen solchen auch demnächst, wenn er zu anderen Zwecken den G.B.A. vorgelegt wird. Be-

sondere Anwendung § 63 a. E. Wegen Vermerks der Minderung des Betrages s. § 97 a. E.

9) Handelt es sich um Eintragungen bei der Hypothek selbst, so findet § 62[1] Anwendung.

2. Verbindung mit der Schuldurkunde.

§. **58.** Ist eine Urkunde über die Forderung, für welche eine Hypothek besteht,[1]) ausgestellt, so soll[2]) die Urkunde mit dem Hypothekenbriefe verbunden werden.[3]) Erstreckt sich der Inhalt der Urkunde auch auf andere Angelegenheiten,[4]) so genügt es, wenn ein öffentlich beglaubigter Auszug aus der Urkunde mit dem Hypothekenbriefe verbunden wird.

In den Fällen des Abs. 1 unterbleibt die im §. 57 Abs. 2 Nr. 3 vorgesehene Aufnahme des Inhalts der Urkunde in den Hypothekenbrief.[5])

Zum Nachweise, daß eine Schuldurkunde nicht ausgestellt ist, genügt eine darauf gerichtete Erklärung des Eigenthümers.[6])

I 58, II 56.

1) § 1115 B.G.B.

2) nicht wesentlich im Gegensatz zu § 56.

3) Für Theilhypothekenbriefe s. § 61. Bei Umwandlungen s. Anm. 7 zu § 65. Vgl. § 41 pr. Allg. Vf.

4) z. B. einen Kauf, eine Gutsübernahme, eine Erbauseinandersetzung.

5) § 38[2] Nr. 1 pr. Allg. Vf.

6) Form § 29 S. 1.

3. Gesammthypothek.

§. **59.** Ueber eine Gesammthypothek[1]) soll nur ein Hypothekenbrief ertheilt werden.[2])

Sind die belasteten Grundstücke in den Bezirken verschiedener Grundbuchämter belegen, so soll jedes Amt für die Grundstücke seines Bezirkes einen besonderen Brief ertheilen; die Briefe sind mit einander zu verbinden.[3])

I 59, II 57; M. 100.

[1]) § 1132 B.G.B., § 49.

[2]) Ausnahme in Abs. 2. — Ueber den Fall nachträglicher Belastung anderer Grundstücke vgl. § 63. — Ueber den Fall der Vertheilung § 64. — Vgl. § 38² Nr. 2 pr. Allg. Vf.

[3]) § 41 pr. Allg. Vf.

4. Aushändigung.

§. **60.** Der Hypothekenbrief ist dem Eigenthümer[1]) des Grundstücks, im Falle der nachträglichen Ertheilung dem Gläubiger[2]) auszuhändigen.

Auf eine abweichende Bestimmung des Eigenthümers oder des Gläubigers[3]) findet die Vorschrift des §. 29 Satz 1[4]) entsprechende Anwendung.

I 60, II 58; M. 101.

[1]) mit Rücksicht auf §§ 1117¹, 1163² B.G.B.

[2]) mit Rücksicht auf §§ 873, 952² B.G.B.

[3]) Im Gegensatz zu § 1117² B.G.B. bedarf es nur der einseitigen Bestimmung des nach Abs. 1 Empfangsberechtigten.

[4]) wegen der Form.

5. Theilhypothekenbrief.

§. 61. Ein Theilhypothekenbrief[1]) kann von dem Grundbuchamt, einem Gericht oder einem Notar hergestellt werden.

Der Theilhypothekenbrief muß[2]) die Bezeichnung als Theilhypothekenbrief sowie eine beglaubigte Abschrift der im §. 56 Satz 2 vorgesehenen Angaben des bisherigen Briefes enthalten, den Theilbetrag der Hypothek, auf den er sich bezieht, bezeichnen sowie mit Unterschrift und Siegel versehen sein. Er soll[3]) außerdem eine beglaubigte Abschrift der sonstigen Angaben des bisherigen Briefes und der auf diesem befindlichen Vermerke enthalten. Eine mit dem bisherigen Briefe verbundene Schuldurkunde soll[4]) in beglaubigter Abschrift mit dem Theilhypothekenbriefe verbunden werden.

Die Herstellung des Theilhypothekenbriefs soll[5]) auf dem bisherigen Briefe[6]) vermerkt werden.

I 61, II 59; M. 103.

1) §§ 1145[1], 1152 B.G.B.
2) wesentlich, entsprechend dem § 56.
3) nicht wesentlich, entsprechend dem § 57.
4) nicht wesentlich, entsprechend dem § 58.
5) nicht wesentlich.
6) der vorgelegt werden muß. — Vgl. aber § 1145 Abs. 1 B.G.B.

6. Vermerk späterer Eintragungen.

§. 62. Eintragungen,[1]) die bei der Hypothek[2]) erfolgen, sind von dem Grundbuchamt[3]) auf dem Hypothekenbriefe[4]) zu vermerken; der Vermerk ist mit Unterschrift und Siegel zu versehen.[5])

In den Fällen des §. 54 Abs. 1 hat das Grundbuchamt den Besitzer des Briefes zur Vorlegung anzuhalten. In gleicher Weise hat es, wenn in den Fällen des §. 42 Abs. 1 Satz 2 und des §. 54 Abs. 2 der Brief nicht vorgelegt ist, zu verfahren, um nachträglich den Widerspruch auf dem Briefe zu vermerken.[6])

I 31², II 60; M. 65.

[1]) Mit Ausnahme der vollständigen Löschung, für welche § 69 gilt.

[2]) später.

[3]) ohne Antrag. — Vgl. Anm. 7 u. 8 zu § 57.

[4]) Vorlegung erfolgt nach § 42. Für die Fälle einer Berichtigung ohne Antrag s. Abs. 2.

[5]) entsprechend dem § 56. — Vgl. auch §§ 63, 65¹.

[6]) Vgl. Art. 26 pr. A.G.

7. Vermerk der Mitbelastung.

§. **63.** Wird nach[1]) der Ertheilung eines Hypothekenbriefs mit der Hypothek noch ein anderes, in dem Bezirke desselben Grundbuchamts belegenes Grundstück belastet, so ist, sofern nicht die Ertheilung eines neuen Briefes über die Gesammthypothek beantragt wird,[2]) die Mitbelastung auf dem bisherigen Briefe zu vermerken[3]) und zugleich der Inhalt des Briefes in Ansehung des anderen Grundstücks nach §. 57[4]) zu ergänzen.[5])

II 61.

1) Gegensatz. § 59.
2) § 69.
3) entsprechend dem § 62[1].
4) also nur auf Antrag. — Vgl. Anm. 7 zu § 57.
5) Für den Fall der Vertheilung s. § 64.

8. Vertheilung einer Gesammthypothek.

§. 64. Im Falle der Vertheilung einer Gesammthypothek[1]) auf die einzelnen Grundstücke ist[2]) für jedes Grundstück ein neuer[3]) Brief zu ertheilen.[4])

II 62.

1) §§ 1132[2], 1172, 1175 B.G.B.

2) Die Bestimmung ist, sofern nicht die Ertheilung des Briefes nachträglich ausgeschlossen wird (§ 1116[2]) zwingend. — Vgl. a. Anm. 3 zu § 65.

3) Eine Benutzung der nach §§ 59, 63 ausgestellten Briefe ist also ausgeschlossen.

4) und dem berechtigten Gläubiger (§ 1132[2]), bez. Eigenthümer (§§ 1171, 1172, 1175 B.G.B.) auszuhändigen.

9. Umwandlung.

§. 65. Tritt nach §. 1177 Abs. 1[1]) oder nach §. 1198 des Bürgerlichen Gesetzbuchs eine Grundschuld oder eine Rentenschuld[2]) an die Stelle der Hypothek, so ist,[3]) sofern nicht die Ertheilung eines neuen Briefes beantragt wird,[4]) die Eintragung der Rechtsänderung[5]) auf dem bisherigen Briefe zu vermerken[6]) und eine mit dem Briefe verbundene Schuldurkunde abzutrennen.[7])

Das Gleiche[8]) gilt, wenn nach §. 1180 des Bürgerlichen Gesetzbuchs an die Stelle der Forderung, für welche eine Hypothek besteht, eine andere Forderung gesetzt wird.

II 63.

[1]) im Gegensatz zu Abs. 2.
[2]) § 1199[1] B.G.B.
[3]) auch ohne Antrag.
[4]) oder gemäß § 64 erfolgen muß. — Vgl. dazu § 68.
[5]) § 877 B.G.B.
[6]) entsprechend § 62[1].
[7]) Mit Rücksicht auf § 1192. Rückgabe gemäß § 69 a. E.
[8]) nicht blos das Entsprechende. Eine neue Schuldurkunde darf also mit dem alten Briefe nicht verbunden werden, ist dagegen bei Ertheilung eines neuen Briefes gemäß § 58[1] zu verbinden.

10. Gemeinschaftlicher Brief.

§. **66.** Stehen einem Gläubiger mehrere Hypotheken zu, die gleichen Rang haben oder im Range unmittelbar auf einander folgen,[1]) so ist ihm auf seinen Antrag mit Zustimmung des Eigenthümers[2]) über die mehreren Hypotheken ein Hypothekenbrief[3]) in der Weise zu ertheilen, daß der Brief die sämmtlichen Hypotheken umfaßt.

II 64.

[1]) §§ 879, 880 B.G.B.
[2]) Form § 29 Satz 1.
[3]) unter Anwendung der §§ 56—58.

11. Erneuerung.

§. 67. Einem Antrage des Berechtigten auf Ertheilung eines neuen Briefes ist[1]) stattzugeben,[2]) wenn der bisherige Brief oder in den Fällen der §§. 1162, 1170, 1171 des Bürgerlichen Gesetzbuchs das Ausschlußurtheil vorgelegt wird.[3])

I 64, 65, II 65. — § 42.

[1]) ohne weitere Voraussetzungen, insbesondere ohne Zustimmung des Eigenthümers.

[2]) Inhalt und Vermerk im G.B. § 68.

[3]) Wegen des alten Briefes vgl. § 68.

§. 68. Wird ein neuer Brief ertheilt, so hat er die Angabe zu enthalten, daß er an die Stelle des bisherigen Briefes tritt.[1])

Vermerke, die nach den §§. 1140, 1145, 1157 des Bürgerlichen Gesetzbuchs für das Rechtsverhältniß zwischen dem Eigenthümer und dem Gläubiger in Betracht kommen, sind auf den neuen Brief zu übertragen.[2])

Die Ertheilung des Briefes ist im Grundbuche zu vermerken.[3])

I 66, II 66; M. 108.

[1]) Im Uebrigen ist derselbe gemäß §§ 56 ff. unter Berücksichtigung der gegenwärtigen Lage des G.B. zu ertheilen. Vgl. aber Abs. 2.

[2]) zur Sicherung des Eigenthümers. Auch Privatvermerke dieser Art sind zu übertragen.

[3]) Vgl. Anm. 9 zu § 56. — § 12[2] pr. Allg. Vf.

12. Vernichtung.

§. **69.** Wird eine Hypothek gelöscht,[1]) so ist der[2]) Brief unbrauchbar zu machen;[3]) das Gleiche gilt, wenn die Ertheilung des Briefes über eine Hypothek nachträglich ausgeschlossen[4]) oder an Stelle des bisherigen Briefes ein neuer Hypothekenbrief,[5]) ein Grundschuldbrief oder ein Rentenschuldbrief[6]) ertheilt wird. Eine mit dem bisherigen Briefe verbundene Schuldurkunde ist abzutrennen und, sofern sie nicht mit dem neuen Hypothekenbriefe zu verbinden ist,[7]) zurückzugeben.

I 64⁴, II 67; M. 106.

[1]) § 27. Für blos theilweise Löschung (§ 1145 B.G.B.) gilt nicht § 69, sondern § 62.

[2]) gemäß § 42 vorzulegender.

[3]) Ueber die Weise der Unbrauchbarmachung und ob er zurückbehalten wird, bestimmt die Landesjustizverwaltung. Vgl. § 42 pr. Allg. Vf.

[4]) § 1116² B.G.B. Ebenso im Falle der Umwandlung in eine Sicherungshypothek § 1186 G.B.O.

[5]) §§ 63, 64, 67.

[6]) § 65.

[7]) im Falle des § 67.

II. Grundschuld- und Rentenschuldbrief.

§. **70.** Die Vorschriften der §§. 56 bis 69 finden auf den Grundschuldbrief[1]) und den Rentenschuldbrief[2]) entsprechende Anwendung.[3]) Der Rentenschuldbrief muß auch die Ablösungssumme[4]) angeben.

Ist eine für den Inhaber des Briefes eingetragene Grundschuld oder Rentenschuld in Theile zerlegt,[5]) so ist über jeden Theil ein besonderer Brief herzustellen.[6])

I 67 S. 2, II 68; M. 108.

[1]) § 1192 B.G.B.

[2]) § 1199 B.G.B.

[3]) In Wegfall kommt die Schuldurkunde §§ 58, 61². — § 65¹. — § 38⁴ pr. Allg. Vf.

[4]) § 1201 B.G.B.

[5]) § 51². Den über diese ertheilten Briefen können Zins- und Erneuerungsscheine beigegeben werden. — Vgl. § 1195 in Verbindung mit §§ 803 ff. B.G.B.

[6]) Die Unterzeichnung kann im Wege mechanischer Vervielfältigung hergestellt werden. — §§ 793 S. 2, 1195 S. 2 B.G.B.

Vierter Abschnitt.

Beschwerde.

1. Zulässigkeit.

§. **71.** Gegen die Entscheidungen[1]) des Grundbuchamts findet das Rechtsmittel der Beschwerde[2]) statt.[3])

Die Beschwerde gegen eine Eintragung ist unzulässig.[4]) Im Wege der Beschwerde kann jedoch verlangt werden, daß das Grundbuchamt angewiesen wird, nach §. 54 einen Widerspruch einzutragen oder eine Löschung vorzunehmen.[5])

I 68[1], 69, 74, II 69; M. 109.

[1]) d. h. an und für sich gegen jede sachliche Anordnung. Wegen Beschwerden im Aufsichtswege s. Anm. 1 zu § 1.

[2]) Dasselbe entspricht im Wesentlichen der einfachen Beschwerde der C.P.O., gehört aber, wie das gesammte G.B.wesen, zur freiwilligen Gerichtsbarkeit. Vgl. auch §§ 19–29 F.G.

[3]) Die Sachlegitimation des Beschwerdeführers ist nach der besonderen Lage des Falles zu prüfen. Grundsätzlich ist sie auch bei Ablehnungen nicht auf den Antragsteller beschränkt.

[4]) d. h. mit Rücksicht auf die Rechte Dritter darf die Eintragung nicht ungeschehen gemacht werden. Durch die Anträge auf Eintragung eines Widerspruches oder auf Löschung kann jedoch im Uebrigen der gleiche Erfolg erreicht werden.

[5]) Vgl. auch § 80[3]. — Ausnahme in § 100.

2. Beschwerdegericht.

§. **72.** Ueber die Beschwerde entscheidet das Landgericht,[1]) in dessen Bezirke das Grundbuchamt seinen Sitz hat.[2])

I 68[2], II 70; M. 111. — § 568[1] C.P.O., § 71 G.V.G.

[1]) Civilkammer § 81[1].

[2]) Für den Fall, daß nicht das Amtsgericht G.B.A. ist (Anm. 1 zu § 1), kann durch Landesrecht zunächst Anrufung des Amtsgerichts vorgeschrieben werden. § 100.

3. Einlegung.

§. 73. Die Beschwerde kann bei dem Grundbuchamt oder bei dem Beschwerdegericht[1]) eingelegt werden.

Die Einlegung erfolgt durch Einreichung einer Beschwerdeschrift[2]) oder[3]) durch Erklärung zum Protokolle des Grundbuchamts oder des Gerichtsschreibers des Beschwerdegerichts.[4])

I 70¹, II 71; M. 113. — § 100.

1) und zwar nicht blos, wie nach § 569¹ C.P.O. in dringenden Fällen. Das Beschwerdegericht wird sie aber regelmäßig zur Beifügung der Akten und um Gelegenheit zur Anwendung des § 75 zu geben, dem G.B.A. übersenden.

2) ohne Anwaltszwang. Anders § 80¹. Eine Frist besteht nicht.

3) auch hier, im Gegensatz zu § 569² C.P.O. in allen Fällen.

4) Die Beschwerde hat nicht die in § 17 bestimmten Wirkungen eines Eintragungsantrages.

4. Neues Vorbringen.

§. 74. Die Beschwerde kann auf neue Thatsachen und Beweise gestützt werden.[1])[2])

I 72, II 72; M. 115. — § 570 C.P.O. — § 100.

1) Sie eröffnet dem Beschwerdegericht eine vollständige Nachprüfung in thatsächlicher und rechtlicher Beziehung, auch bezüglich der in das Ermessen des G.B.A. gestellten Dinge. Vgl. z. B. Anm. 3 zu § 18. Zur Vorbereitung der Entscheidung durch Berichte, Beweisaufnahmen u. s. w.

kann die Mitwirkung des G.B.A. in Anspruch genommen werden.

2) Wegen Anm. 4 zu § 17 ist aber unter Umständen ein erneuter Antrag der Beschwerde vorzuziehen.

5. Abhülfe durch das Grundbuchamt.

§. **75.** Erachtet das Grundbuchamt die Beschwerde für begründet, so hat es[1]) ihr abzuhelfen.[2])

I 71, II 73; M. 114. — § 571 C.P.O. — § 100.

1) Anders bei der weiteren Beschwerde § 80.

2) Andernfalls ist die Beschwerde dem Beschwerdegericht vorzulegen. — Bei der Abhülfe kann § 54 in Frage kommen.

6. Einstweilige Anordnung.

§. **76.** Das Beschwerdegericht kann vor der Entscheidung durch eine einstweilige Anordnung dem Grundbuchamt aufgeben,[1]) eine Vormerkung[2]) oder einen Widerspruch[3]) einzutragen.[4])

Die Vormerkung oder der Widerspruch wird von Amtswegen gelöscht, wenn die Beschwerde zurückgenommen oder zurückgewiesen ist.[5])

I 73² S. 1, II 74; M. 116. — § 572 C.P.O. — §§ 80³, 100.

1) Eine Mittheilung an den Beschwerdeführer ist anders wie im § 77 nicht vorgeschrieben.

2) Im Falle des § 886 B.G.B.

3) Im Falle des § 894 B.G.B.

4) Vgl. §§ 18², 55. — § 14 pr. Allg. Vf. Die Beschwerde hat keine aufschiebende Wirkung.

5) Anders §§ 54, 71².

7. Endgültige Entscheidung.

§. **77.** Die Entscheidung des Beschwerdegerichts[1]) ist mit Gründen zu versehen und dem Beschwerdeführer mitzutheilen.

I 74, 75, II 75; M. 117. — §§ 80³, 100.

[1]) Bei völlig begründeter Beschwerde regelmäßig Anweisung zur Eintragung (im Falle des § 71² eines Widerspruches), auf Grund deren dann das G.B.A. die Eintragung vorzunehmen hat.

8. Weitere Beschwerde. a) Zulässigkeit.

§. **78.** Gegen die Entscheidung des Beschwerdegerichts ist das Rechtsmittel der weiteren Beschwerde zulässig, wenn die Entscheidung auf einer Verletzung des Gesetzes beruht.[1]) Die Vorschriften der §§. 550, 551, 561, 563 der Civilprozeßordnung finden entsprechende Anwendung.

I 76¹, II 76; M. 118.

[1]) Das weicht von § 568² C.P.O. ab und nähert sich dem Rechtsmittel der Revision, auf welche Satz 2 in mehreren Punkten verweist.

b) Gericht.

§. **79.** Ueber die weitere Beschwerde entscheidet das Oberlandesgericht.[1])

Will das Oberlandesgericht bei der Auslegung einer das Grundbuchrecht betreffenden reichsgesetzlichen Vorschrift[2]) von der auf weitere Beschwerde ergangenen Entscheidung eines anderen Oberlandesgerichts,[3]) falls aber über die Rechtsfrage bereits eine Entscheidung des Reichsgerichts[4]) ergangen ist, von dieser abweichen, so hat es die weitere Beschwerde unter Begründung seiner Rechtsauffassung dem Reichsgerichte vorzulegen. Der Beschluß über die Vorlegung ist dem Beschwerdeführer mitzutheilen.

In den Fällen des Abs. 2 entscheidet über die weitere Beschwerde das Reichsgericht.

I 76², II 77; M. 118. — §§ 120, 123, 137 G.V.G.

1) d. h. der Civil-Senat des Bezirks-Oberlandesgerichts § 81¹. Abweichung zulässig nach § 102.

2) Daß dieselbe in den Grundbuchgesetzen steht, ist nicht erforderlich, dagegen handelt es sich nicht um zur Anwendung gelangende allgemeine Vorschriften.

3) Vorausgesetzt ist, daß die Justizverwaltungen diese Entscheidungen sammeln und veröffentlichen.

4) In Frage kommen kann immer nur die jüngste Entscheidung des Reichsgerichts über die Auslegung der Vorschrift.

c) Verfahren.

§. 80. Die weitere Beschwerde kann bei dem Grundbuchamte, dem Landgericht oder bei dem Oberlandesgericht eingelegt werden. Erfolgt die Einlegung durch Einreichung einer Beschwerdeschrift,[1]) so muß diese von einem Rechtsanwalt unterzeichnet sein. Der Zuziehung eines Rechtsanwalts bedarf es nicht, wenn die Beschwerde von einer Behörde oder von dem

Notar eingelegt wird, der nach §. 15 den Eintragungsantrag gestellt hat.

Das Grundbuchamt und das Landgericht sind nicht befugt, der weiteren Beschwerde abzuhelfen.[2])

Im Uebrigen finden die Vorschriften über die Beschwerde entsprechende Anwendung.[3])

I 76³, II 78; M. 120.

[1]) Sie kann auch zu Protokoll des Gerichtsschreibers der beiden Gerichte bez. des G.B.A. erfolgen, § 73².

[2]) abweichend von § 75.

[3]) insbesondere §§ 71², 76, 77.

9. Gericht. Ausschließung der Gerichtspersonen.

§. **81.** Die Entscheidungen über Beschwerden erfolgen bei den Landgerichten durch eine Civilkammer, bei den Oberlandesgerichten[1]) und dem Reichsgerichte durch einen[2]) Civilsenat.

Die Vorschriften der Civilprozeßordnung über die Ausschließung und Ablehnung der Gerichtspersonen sowie die Vorschriften des §. 137 des Gerichtsverfassungsgesetzes finden entsprechende Anwendung.[3])

II 79.

[1]) Vgl. § 102.

[2]) oder mehrere.

[3]) Vgl. Anm. 1 zu § 1 und Anm. 1 zu § 10.

Fünfter Abschnitt.

Schlußbestimmungen.

Inkrafttreten.

§. **82.** Dieses Gesetz tritt, soweit es die Anlegung des Grundbuchs betrifft, gleichzeitig mit dem Bürgerlichen Gesetzbuch,[1]) im Uebrigen für jeden Grundbuchbezirk mit dem Zeitpunkt in Kraft, in welchem das Grundbuch als angelegt anzusehen ist.[2])

Die Artikel 2 bis 5, 32, 55 des Einführungsgesetzes zum Bürgerlichen Gesetzbuche finden entsprechende Anwendung.[3])

I 77, II 80; M. 121.

[1]) also am 1. Januar 1900. Art. 1 E.G. B.G.B.

[2]) Art. 186^{1} E.G. B.G.B. — Vgl. auch Art. 187 ff., insbesondere Art. 189. — Art. 34 pr. A.G.

[3]) d. h. die das Grundbuchwesen betreffenden Vorschriften der Reichsgesetze bleiben grundsätzlich in Kraft, die landesrechtlichen treten grundsätzlich außer Kraft. Das vorliegende Gesetz läßt aber dem Landesrecht, und zwar sowohl dem Landesgesetz als der landesherrlichen Verordnung und den Anordnungen der Landesjustizverwaltung einen großen Spielraum. Vgl. §§ 1, 2, 83—102. Die danach vorbehaltenen Ausführungsbestimmungen können selbstverständlich schon vor dem 1. Januar 1900 mit rechtsverbindlicher Kraft erlassen werden. Ueber ihre spätere Aenderung s. Art. 218 E.G. B.G.B. Vgl. die Einleitung.

Vorbehalte zu Gunsten des Landesrechts. 1. Allgemeine.

§. 83. Soweit im Einführungsgesetze zum Bürgerlichen Gesetzbuche zu Gunsten der Landesgesetze Vorbehalte gemacht sind,[1]) gelten sie auch[2]) für die Vorschriften der Landesgesetze über das Grundbuchwesen;[1]) den Landesgesetzen stehen nach Maßgabe der Artikel 57, 58 des Einführungsgesetzes zum Bürgerlichen Gesetzbuche die Hausverfassungen gleich.

I 5², 78, II 81; M. 31.

[1]) Von Art. 55 ab. Daraus ergiebt sich zugleich die Befugniß zum Erlaß der Uebergangsbestimmungen innerhalb dieses Rahmens. Vgl. Anm. 3 zu § 82. In Betracht kommen neben der allgemeinen Bestimmung des Art. 218 B.G.B. namentlich Art. 57—74, 77—79, 83, 88, 91, 96, 109—133, 141—143, 167, 168, 180—197, 200. Vgl. Art. 21 ff., 27 pr. A.G. Daraus ergiebt sich insbesondere die Zulässigkeit besonderer Grundbücher für Eisenbahngrundstücke (Art. 112, vgl. Art. 31 pr. A.G.), für Anerbengüter (Art. 64, vgl. pr. G. v. 2. Juli 1898, § 43 pr. Allg. Vf.) der Eintragung von Verfügungsbeschränkung auf Grund des landesgesetzlichen ehelichen Güterrechts (Art. 200) und der Aufrechterhaltung der Sonderstellung der landschaftlichen Kreditanstalten (Art. 167, vgl. pr.G. vom 3. August 1897), Art. 21 pr.A.G. Bezüglich der Vorbehalte in Art. 63 (Erbpacht) und Art. 68 (Recht zur Gewinnung eines Minerals) giebt jedoch § 84 eine Einschränkung.

[2]) neben den in diesem Gesetz gemachten Vorbehalten (Anm. 3 zu § 82).

2. Besondere. a) Erbpacht und Abbaurechte.

§. 84. Die Vorschriften der §§. 7,[1]) 20 und des §. 22 Abs. 2 über das Erbbaurecht sowie die Vorschrift des §. 50 finden auf die in den Artikeln 63, 68 des Einführungsgesetzes zum Bürgerlichen Gesetzbuche bezeichneten Rechte[2]) entsprechende Anwendung.[3])[4])

II 82.

[1]) Es ist dadurch nicht erfordert, daß für das Grundstückseigenthum ebenfalls ein G.B.Bl. angelegt ist. Letzteres kann z. B. gemäß § 90 vom Buchungszwange befreit sein.

[2]) diese Bestimmung ist kein Vorbehalt zu Gunsten des Landesrechts, sondern eine Einschränkung des allgemeinen Vorbehalts (Anm. 1 zu § 83) für diese besonderen Fälle.

[3]) Die Vorschriften finden, soweit als möglich, auch dann Anwendung, wenn für die Gerechtigkeit kein besonderes G.B.Bl. angelegt ist.

[4]) Das Landesrecht kann das Gleiche für das Stockwerkseigenthum (Art. 182 E.G. B.G.B.) und andere erwerbliche und übertragbare Nutzungsrechte (Art. 196 E.G. B.G.B.) bestimmen. Vgl. Art. 28 pr. A.G.

b) Abweichungen von den Grundbuchbezirken.

§. **85.** Durch landesherrliche Verordnung kann bestimmt werden, daß für gewisse Gattungen von Grundstücken[1]) besondere nicht für Bezirke eingerichtete Grundbücher geführt werden.[2])

II 83.

[1]) z. B. für die Rittergüter in Mecklenburg. In Pr. ist von diesem Vorbehalt kein Gebrauch gemacht.

[2]) Ausnahme von § 2[1].

c) Gemeinschaftliche Blätter.

§. **86.** Durch landesherrliche Verordnung kann bestimmt werden, daß die Vorschrift des §. 4 auch dann[1]) Anwendung findet, wenn mehrere Grundstücke desselben Eigenthümers in den Bezirken verschiedener Grundbuchämter[2]) belegen sind.

II 84.

[1]) Diese Ausdehnung des § 4 dient namentlich der Ausführung des § 119 Nr. 2 E.G. B.G.B. Dem entsprechend in Pr. nur für Familienfideikommisse verordnet (Art. 37 pr. B.).

[2]) Liegen sie in verschiedenen Bundesstaaten, so muß ein Staatsvertrag hinzukommen.

d) Anpassung älterer Bücher.

§. 87. Durch landesherrliche Verordnung kann bestimmt werden, daß ein bisher geführtes Buch[1]) oder mehrere bisher geführte Bücher[2]) für sich allein oder zusammen mit einem neuen Buche oder mehreren neuen Büchern als Grundbuch gelten sollen.[3]) Die Bestimmung kann auch dann getroffen werden, wenn für Grundstücke, die nicht denselben Eigenthümer haben, ein gemeinschaftliches Blatt besteht;[4]) die Vorschrift des §. 4 findet entsprechende Anwendung.[5]) [6])

I 8 S. 1, 10¹, II 85; M. 35, 36.

[1]) Soll dieses für sich allein als G.B. gelten, so muß es den Vorschriften dieses Gesetzes genügen, oder entsprechend umgestaltet werden. — Vgl. § 89.

[2]) namentlich ein Grundbuch und ein Pfandbuch.

[3]) Ausnahme von § 3, der nur ein G.B. will, lediglich zu Gunsten bereits bestehender Bücher. Dazu § 88.

4) Auch diese Ausdehnung des § 4 für Grundstücke verschiedener Eigenthümer, z. B. Ehegatten, Eltern und Kinder, gilt nur für bereits bestehende Blätter.

5) insbesondere hinsichtlich der Beseitigung des gemeinschaftlichen Blattes wegen Verwirrung. So lange eine Verwirrung nicht zu besorgen ist, können Eintragungen auf die einzelnen Grundstücke vorgenommen werden.

6) Für Pr. vgl. Art. 3 und 4 V.

§. **88.** Werden nach §. 87 mehrere Bücher geführt, so muß jedes Grundstück in einem der Bücher eine besondere Stelle haben.1) An dieser Stelle ist auf die in den anderen Büchern befindlichen Eintragungen zu verweisen. Die Stelle des Hauptbuchs und die Stellen, auf welche verwiesen wird, gelten zusammen als das Grundbuchblatt.2)

I 10², II 86; M. 37.

1) entsprechend dem § 3 S. 1.
2) Anm. 5 zu § 3.

§. **89.** Sind in einem Buche, das zufolge landesherrlicher Verordnung als Grundbuch gilt, die Grundstücke nicht nach Maßgabe des §. 2 Abs. 2 bezeichnet, so ist diese Bezeichnung von Amtswegen zu bewirken.1)

I 9, II 89; M. 36.

1) Wenn mehrere Bücher geführt werden (§§ 87, 88) ist diese Bezeichnung in allen Büchern durchzuführen, soweit sich nicht durch Verweisung (§ 88) dasselbe Ergebniß erreichen läßt. Vgl. auch § 96.

e) Befreite Grundstücke.

§. **90.** Durch landesherrliche Verordnung kann[1]) bestimmt werden, daß die Grundstücke des Fiskus[2]) oder gewisser juristischer Personen, die öffentlichen Wege und Gewässer sowie solche Grundstücke, welche einem dem öffentlichen Verkehre dienenden Bahnunternehmen gewidmet sind,[3]) nur auf Antrag[4]) ein Grundbuchblatt erhalten.[5]) Das Gleiche gilt von den Grundstücken eines Landesherrn und den Grundstücken, welche zum Hausgut oder Familiengut einer landesherrlichen Familie, der Fürstlichen Familie Hohenzollern oder der Familie des vormaligen Hannoverschen Königshauses, des vormaligen Kurhessischen und des vormaligen Herzoglich Nassauischen Fürstenhauses gehören.[6])

Steht demjenigen, welcher nach Abs. 1 von der Verpflichtung zur Eintragung befreit ist, das Eigenthum an einem Grundstücke zu, über das ein Blatt geführt wird, oder erwirbt er ein solches Grundstück,[7]) so ist auf seinen Antrag das Grundstück aus dem Grundbuch[8]) auszuscheiden, wenn eine Eintragung, von welcher das Recht des Eigenthümers betroffen wird, nicht vorhanden ist.[9])

I 11[1], 12[1]. II 88; M. 37, 39.

[1]) dauernd. Für Pr. Art. 1 V.

[2]) Reichsfiskus oder Landesfiskus. Vgl. a. Art. 127 E.G. B.G.B.

[3]) Art. 112 E.G. B.G.B.

4) Das Antragsrecht steht auch Dritten zu nach Maßgabe des § 14².

5) Damit sind dann aber bezüglich dieses Grundstücks bis zur Anlage des G.B.Bl. alle Rechtsveränderungen ausgeschlossen, welche nur durch eine Eintragung im G.B. bewirkt werden können. — Vgl. aber Anm. 1 zu § 84.

6) Vgl. Art. 57 E.G. B.G.B.

7) oder einen Theil desselben.

8) ohne vorherige Uebertragung auf ein neues G.B.Bl.

9) § 8⁶ Nr. 2 pr. Allg. Vf.

f) Nachträgliche Eintragung von Grundstücken.

§. **91.** Das Verfahren zum Zwecke der Eintragung von Grundstücken, die bei der Anlegung des Grundbuchs1) ein Blatt nicht erhalten haben,2) wird durch landesherrliche Verordnung bestimmt.3)

I 17, II 89; M 47.

1) d. h. bis zu dem in Art. 186¹ E.G. B.G.B. gedachten Zeitpunkte. Vgl. Anm. 2 zu § 1 a. E.

2) aus irgend einem Grunde, z. B. wegen der Befreiung aus § 90 oder weil sich Hindernisse ergeben oder auch weil das Grundstück übersehen ist.

3) Art. 15 und 16 ff. pr. V.

g) Wiederherstellung von Grundbüchern.

§. **92.** Das Verfahren zum Zwecke der Wiederherstellung eines ganz oder theilweise zerstörten oder abhanden gekommenen Grundbuchs1) wird durch landesherrliche Verordnung bestimmt.[2]) Die Verordnung kann auch darüber Bestimmung treffen, in welcher Weise bis zur Wiederherstellung des Grundbuchs die zu einer Rechtsänderung erforderliche Eintragung ersetzt werden soll.

I 18, II 90; M. 47.

[1]) einschließlich der Grundakten und mit dem G.B. zerstörten oder verloren gegangenen Briefe und sonstigen Urkunden.

[2]) Eine solche wird im einzelnen Falle erlassen. Vgl. z. B. pr. V. für Saalfeld v. 28. Dezember 1898 (G.S. v. 1899 S. 3).

h) Einsicht des Buchs und der Akten. Abschriften.

§. **93.** Die Landesjustizverwaltung kann anordnen, daß die Einsicht des Grundbuchs und der im §. 11 Abs. 1 Satz 2 bezeichneten Schriftstücke in weiterem Umfange[1]) gestattet und die Ertheilung von Abschriften in weiterem Umfange zulässig sein soll, als es im §. 11 vorgeschrieben ist.

II 91.

[1]) also auch Jedermann ohne Weiteres. Für Pr. vgl. § 32 Allg. Vf.

i) Grundakten.

§. **94.** Die Landesjustizverwaltung kann anordnen, daß Grundakten gehalten werden, und, unbeschadet der Vorschriften des §. 11, auch Anordnungen über die

Einsicht der Grundakten und über die Ertheilung von Abschriften treffen.[1])

I 16, II 92; M. 47.

[1]) Vgl. Anm. 5 zu § 11. — Für Pr. §§ 34—36 Allg. Vf.

k) Verweisung auf andere Akten.

§. **95.** Die Landesjustizverwaltung kann anordnen, daß, wenn eine der im §. 9 Abs. 1 bezeichneten Urkunden in anderen Akten der das Grundbuch führenden Behörde enthalten ist, statt einer beglaubigten Abschrift der Urkunde eine Verweisung auf die anderen Akten genügt.[1])

II 93.

[1]) Vgl. § 35^2 pr. Allg. Vf.

l) Abschreibung.

§. **96.** Durch die Landesjustizverwaltung kann darüber Bestimmung getroffen werden, inwieweit für die Fälle, in denen ein Theil eines Grundstücks von diesem abgeschrieben[1]) oder ohne Abschreibung mit einer Dienstbarkeit oder einer Reallast belastet[2]) werden soll, die Eintragung von einer Aenderung des amtlichen Verzeichnisses der Grundstücke[3]) oder von der Beibringung einer die Lage und die Grenzen des Grundstückstheils darstellenden Karte[4]) abhängig sein soll.[5])

I 26^2, II 94; M. 61.

[1]) Anm. 5 zu § 3, Anm. 4 zu § 6.

²) gemäß § 6 S. 2.
³) § 2².
⁴) Anm. 3 zu § 2.
⁵) § 30 pr. Allg. Vf.

m) Inhalt des Briefes.

§. **97.** Durch die Landesjustizverwaltung kann angeordnet werden,[1]) daß der im §. 57 bezeichnete Auszug[2]) aus dem Grundbuche noch andere als die dort vorgeschriebenen Angaben über das Grundstück enthalten und daß, wenn sich der Betrag der Hypothek, Grundschuld oder Rentenschuld mindert, auf dem Briefe durch einen Vermerk ersichtlich gemacht werden soll, für welchen Betrag das Recht noch besteht.[3])

I 57², II 96; M. 99.

[1]) Für Pr. § 37 Allg. Vf.
[2]) Anm. 2 zu § 57
[3]) Anm. 7 zu § 57.

n) Veräußerungs-Vertrag.

§. **98.** Durch Landesgesetz kann bestimmt werden, daß das Grundbuchamt die Erklärung der Auflassung nur entgegennehmen soll,[1]) wenn die nach §. 313 des Bürgerlichen Gesetzbuchs erforderliche Urkunde[2]) vorgelegt wird.[3])

II 96.

[1]) Reichsrechtlich ist die Vorlegung nicht erforderlich. Vgl. § 9².
[2]) in der dort bestimmten, bez. der nach Art. 142 E.G. B.G.B. zulässigen Form.
[3]) Ist in Pr. nicht geschehen.

o) Erbauseinandersetzung.

§. **99.** Durch Landesgesetz kann bestimmt werden, daß die Vorschriften der §§. 37, 38 entsprechende Anwendung finden, wenn bei einem zum Nachlaß oder zu dem Gesammtgut einer ehelichen Gütergemeinschaft oder einer fortgesetzten Gütergemeinschaft gehörenden Grundstück oder Erbbaurecht einer von den Betheiligten als Eigenthümer oder Erbbauberechtigter eingetragen werden soll.[1])

II 97.

[1]) Statt des Nachlaßgerichts kann dabei die Theilungsbehörde, auch ein für die Theilung zuständiger Notar in Betracht kommen. — Für Pr. vgl. Art. 10 A.G.

p) Unterstellung der Grundbuchämter unter die Amtsgerichte.

§. **100.** Durch die Gesetzgebung eines Bundesstaats, in welchem die Amtsgerichte nicht zugleich Grundbuchämter sind,[1]) kann bestimmt werden, daß die Abänderung einer Entscheidung des Grundbuchamts bei dem Amtsgerichte nachzusuchen ist, in dessen Bezirke das Grundbuchamt seinen Sitz hat.[2]) In diesem Falle finden auf das Verfahren die Vorschriften des §. 71 Abs. 2 und der §§. 73 bis 77 entsprechende Anwendung.[3])

Die Beschwerde findet gegen die Entscheidung des Amtsgerichts statt.[4])

II 98. — § 576 C.P.O. — § 13 E.G. Z.V.G.

[1]) Kommt in Pr. nicht vor. Vgl. Art. 1 pr. A.G.
[2]) Abweichung von §§ 71 1, 72.
[3]) Eine weitere Befugniß dieses Amtsgerichts in § 101.
[4]) gemäß §§ 71 ff.

§. **101.** Durch Landesgesetz kann dem im §. 100 bezeichneten Amtsgerichte die Befugniß ertheilt werden, von Amtswegen das Grundbuchamt zu einer nach §. 54 zulässigen Eintragung anzuhalten.[1])

Gegen die Anordnung des Amtsgerichts findet Beschwerde nach Maßgabe der Vorschriften des vierten Abschnitts statt.[2])

II 99.

[1]) Anm. 2 zu § 54.

[2]) Vgl. Anm. 1 zu § 100.

q) **Zuständigkeit für die weitere Beschwerde.**

§. **102.** Durch die Gesetzgebung eines Bundesstaats, in welchem mehrere Oberlandesgerichte errichtet sind, kann die Entscheidung über das Rechtsmittel der weiteren Beschwerde einem der mehreren Oberlandesgerichte oder an Stelle eines solchen Oberlandesgerichts dem obersten Landesgerichte zugewiesen werden.[1])

II 100.

[1]) Abweichung von § 79[1]. Für Pr. in erster Linie Kammergericht in Berlin, unbeschadet der Zuständigkeit des Reichsgerichts nach § 79[3] G.B.O. Art. 7, 8 pr. F.G.

Urkundlich unter Unserer Höchsteigenhändigen Unterschrift und beigedrucktem Kaiserlichen Insiegel.

Gegeben Berlin im Schloß, den 24. März 1897.

(L. S.) **Wilhelm.**

Fürst zu Hohenlohe.

II. Ausführungsgesetz zur Grundbuchordnung.

Vom 26 September 1899.
(Gesetz-Samml. 1899. S. 307 ff.)

Wir **Wilhelm**, von Gottes Gnaden König von Preußen ꝛc.
verordnen unter Zustimmung der beiden Häuser des Landtags Unserer Monarchie, was folgt:

I. Grundbuchämter. 1. Zuständigkeit.

Art. **1.** Die Amtsgerichte[1]) sind die Grundbuchämter[2]) für die in ihrem Bezirke belegenen[3]) Grundstücke.

[1]) Zufolge dieser Bestimmung gehören die G.B.sachen in Pr. zur landesrechtlich begründeten ordentlichen freiwilligen Gerichtsbarkeit. Anwendung finden die allgemeinen Bestimmungen des pr. F.G. (Art. 3—6 bleiben wegen §§ 71 ff. G.B.O. außer Betracht) und zufolge Art. 1, 2 pr. F.G. auch die dort angezogenen §§ d. F.G., ferner die sonstigen allgemeinen auf freiwillige Gerichtsbarkeit bezüglichen Landesgesetze, insbesondere pr. A.G. G.V.G. in der Fassung des Art. 130 pr. F.G. Im Einzelnen:

a. Gerichtsverfassung. Besetzung des Amtsgerichts mit Amtsrichtern und Gerichtsschreibern, §§ 22, 54 G.V.G., besondere Qualifikation des Gerichtsschreibers in G.B.sachen § 5 pr. G. v. 3. März 1879 in der Fassung des Art. 131 pr. F.G. Geschäftsvertheilung und Vertretung bezüglich der Richter §§ 23, 24 pr. A.G. G.V.G. Ausschließung und Ablehnung der Gerichtspersonen §§ 6, 7 F.G. mit §§ 81², 10 G.B.O., Art. 2 pr. F.G. Dienstaufsicht einschließlich der Beschwerden über Verzögerungen §§ 70—80, 85 pr. A.G. G.V.G. (Ueber sachliche Beschwerden §§ 71 ff. G.B.O.). Theilung der Funktionen zwischen Richter und Gerichtsschreiber Art. 4—7 dieses G., Oertliche Zuständigkeit Art. 1—3 dieses G.

b. Allgemeine Grundsätze des Verfahrens. Zulässigkeit von Bevollmächtigten und Beiständen § 13 F.G. unbeschadet der §§ 29—32 G.B.O., Gerichtssprache und Dolmetscher §§ 8, 9 179 F.G., Aufrechterhaltung der Ordnung § 88 pr. A.G. G.V.G., Einfluß der Gerichtsferien § 91 pr. A.G. G.V.G., Berechnung von Fristen § 17 F.G. Zeitpunkt der Wirksamkeit gerichtlicher Vf. § 16¹ F.G. (unbeschadet der Bestimmungen über die sofortige Wirksamkeit von Eintragungen und deren Anordnung vgl. z. B. §§ 879, 891, 892 B.G.B., §§ 13, 17 G.B.O.), Ausfertigung gerichtlicher Vf. § 18 pr. F.G. Zeugnisse der Rechtskraft § 31 F.G., Form der Bekanntmachung der Vf. (Zustellungen) § 16²,³ F.G., Kostenwesen §§ 57—70 pr. G.K.G. v. 25. Juni 1895 in der Fassung der Bekanntmachung v. 6. Oktober 1899, Stempelwesen pr. Stempelsteuerg. v. 31. Juli 1895. Verurtheilungen zu den Kosten des Verfahrens und deren Festsetzung Art. 9—14 pr. F.G., Armenrecht § 14 F.G., Zwangsmaßregeln (Gewalt, Ordnungsstrafen, Offenbarungseid) § 33 F.G. mit Art. 15—17 pr. F.G. (vgl. §§ 62², 70¹ G.B.O., Art. 32 pr. V.), Beweisaufnahme § 15 F.G., Art. 31 pr. V., Folge der Aufhebung einer Vf., durch welche die Geschäftsfähigkeit erlangt ist, § 32 F.G.

c. Bureauverwaltung. Neben den §§ 1—22, 44, 48—51, 61 der Geschäftsordnung für die Gerichtsschreibereien der Amtsgerichte vom 26. November 1899 (J.M.Bl. v. 1899 Nr. 45) sind zu beachten:

Allg. Vf. v. 1. September 1872 (J.M.Bl. S. 177), v. 14. November 1872 (J.M.Bl. S. 302 ff.), v. 14. Oktober 1874 (J.M.Bl. S. 273 ff.), v. 6. Dezember 1880 (J.M.Bl. S. 272), v. 9. Juni u. 2. Juli 1883 (J.M.Bl. S. 178 u. 219), v. 13. September 1884 (J.M.Bl. S. 218), v. 15. Juli 1885 (J.M.Bl. S. 251), v. 22. Oktober 1885 (J.M.Bl. S. 354), v. 31. Januar 1887 (J.M.Bl. S. 43), v. 4. August 1887 (J.M.Bl. S. 195), v. 4. Mai 1888 (J.M.Bl. S. 120), ferner v. 23. September 1873 (J.M.Bl. S. 259) für Hohenzollern v. 24. September 1873 (J.M.Bl. S. 259) für Hann., v. 31. Oktober 1873 (J.M.Bl. S. 293) für Ehrenbreitstein, v. 9. Mai 1874 (J.M.Bl. S. 141) für Kassel, v. 9. November 1874 (J.M.Bl. S. 301) für Hohenzollern, v. 22. Juni 1876 (J.M.Bl. S. 129) für Kassel, v. 28. August 1876 (J.M.Bl. S. 152) für Schl.-H., v. 16. Februar 1877 (J.M.Bl. S. 29) für Hann., v. 21. Dezember 1878 (J.M.Bl. S. 208) für Schl.-H., v. 21. September 1881 (J.M.Bl. S. 190) für Waldeck und Pyrmont, v. 14. Dezember 1881 (J.M.Bl. S. 328) für Schl.-H. u. Hann., v. 28. August 1883 (J.M.Bl. S. 290) für Schl.-H. u. N.V.P., v. 12. Juni 1885 (J.M.Bl. S. 186), v. 21. November 1888 (J.M.Bl. S. 303) für Rheinl., v. 9. November 1895 (J.M.Bl. S. 349) für Frankfurt, v. 23. November 1895 (J.M.Bl. S. 410) für Rheinl., v. 11. Januar 1896 (J.M.Bl. S. 16 ohne Rheinl.), v. 7. April 1897 (J.M.Bl. S. 86).

2) § 1[1] G.B.O.

3) Beseitigt wird damit die Zuständigkeit des Amtsgerichts Kiel für auswärtige Güter. Ueber die Konkurrenz mehrerer Amtsgerichte vgl. Art. 2, 3. Für die Anlegung von Grundbüchern und Grundbuchblättern Art. 34 pr. V.

2. Mehrheit von Grundstücken. Vereinigung.

Art. 2. Liegt ein Grundstück in den Bezirken mehrerer Grundbuchämter1) oder sollen mehrere in den Bezirken verschiedener Grundbuchämter belegene Grundstücke zu einem Grundstücke vereinigt werden,[2]) so ist das zuständige Grundbuchamt nach §. 20 des Ausführungsgesetzes zum Gerichtsverfassungsgesetze[3]) zu bestimmen.[4])

[1]) gilt nicht, wenn mehrere Abtheilungen desselben G.B.A. konkuriren.

[2]) § 5 G.B.O. Ueber Zuschreibung als Bestandtheil vgl. Art. 3.

[3]) Die Bestimmung erfolgt durch das gemeinschaftliche obere Landesgericht, in Ermangelung eines solchen durch den Justizminister in unanfechtbarer Weise. Die gleiche Regel gilt, gemäß des auch im Uebrigen anwendbaren § 20 A.G. G.V.G. (Anm. 1 zu Art. 1), auch für den Fall thatsächlicher und rechtlicher Behinderung, sowie bei Streit und Ungewißheit über die örtliche Zuständigkeit.

[4]) Vgl. Art. 37 pr. V.O. und § 18 pr. Allg. Vf.

3. Zuschreibung.

Art. **3.** Soll ein Grundstück einem in dem Bezirk eines anderen Grundbuchamts belegenen Grundstück als Bestandtheil zugeschrieben werden,[1]) so ist für die Entscheidung über den Antrag auf Zuschreibung und, wenn dem Antrage stattgegeben wird, für die Führung des Grundbuchs über das ganze Grundstück das andere Grundbuchamt zuständig.[2])

[1]) § 5 G.B.O. zu unterscheiden von der Vereinigung, Art. 2.

[2]) § 18 pr. Allg. Vf.

4. Eingänge.

Art. **4.** Für die Entgegennahme eines auf eine Eintragung gerichteten Antrags oder Ersuchens[1]) und die Beurkundung des Zeitpunkts, in welchem der Antrag oder das Ersuchen bei dem Grundbuchamt eingeht,[2]) sind nur die mit der Führung des Grundbuchs über das betreffende Grundstück[3] beauftragten Beamten, und zwar sowohl der Richter als auch der Gerichtsschreiber, zuständig.

Bezieht sich der Antrag oder das Ersuchen auf mehrere Grundstücke, in Ansehung deren die Führung des Grundbuchs verschiedenen Grundbuchbeamten obliegt, so ist jeder dieser Beamten zuständig.[4])

[1]) auch des Ersuchens eines anderen Richters oder Gerichtsschreibers desselben Amtsgerichts, deren Zuständigkeit zur Aufnahme von Urkunden unberührt bleibt.

[2]) §§ 13[1], 17 G.B.O.

[3]) Für eine Mehrheit von Grundstücken Abs. 2.

[4]) Er hat selbstverständlich die Vorlegung auch bei den übrigen Beamten unverzüglich zu veranlassen.

5. Protokolle.

Art. **5.** Wird eine Erklärung, welche der im §. 29 der Grundbuchordnung vorgeschriebenen Form bedarf, vor dem Grundbuchamt abgegeben, so ist das Protokoll von dem Richter aufzunehmen.[1])

[1]) Vgl. Anm. 4 zu § 29 G.B.O. Es genügt die Unterschrift des Richters. Den Inhalt kann eine dritte Person, insbesondere der etwa nach Art. 2[2] pr. F.G. zugezogene Gerichtsschreiber niederschreiben.

6. Eintragungen.

Art. 6. Die Eintragungen sollen von dem Richter mit Angabe des Wortlauts[1]) verfügt, von dem Gerichtsschreiber ausgeführt und von beiden unterschrieben werden.[2])

[1]) Bezugnahme auf den bereits anderweit (z. B. in dem Antrage oder der Grundaktentabelle, § 34 pr. Allg. Vf.) festgestellten Wortlaut, ist zulässig.

[2]) Vgl. Anm. 3 zu § 45 G.B.O.

7. Briefe.

Art. 7. Die Hypotheken-, Grundschuld- und Rentenschuldbriefe[1]) sowie die nachträglich auf sie gesetzten Vermerke[2]) sind von dem Richter und dem Gerichtsschreiber zu unterschreiben.

Auch die beglaubigten Abschriften aus dem Grundbuche[3]) sind von dem Richter und dem Gerichtsschreiber zu unterschreiben.[4])

[1]) §§ 56, 70 G.B.O.

[2]) §§ 62, 70 G.B.O.

[3]) § 11 G.B.O.

[4]) Ausnahme von Art. 35 pr. F.G.

8. Haftung.

Art. 8. Verletzt ein Grundbuchbeamter vorsätzlich oder aus grober[1]) Fahrlässigkeit die ihm obliegende Amtspflicht, so trifft ihn dem Staate gegenüber die im § 839 des Bürgerlichen Gesetzbuchs bestimmte Verantwortlichkeit.[2]) Die im §. 852 Abs. 1 des Bürgerlichen

Gesetzbuchs vorgesehene dreijährige Verjährung beginnt[3]) mit dem Zeitpunkt, in welchem die Ersatzpflicht des Staates von diesem dem Verletzten gegenüber anerkannt oder dem Staate gegenüber rechtskräftig festgestellt ist.

[1]) Im Falle einer nicht groben Fahrlässigkeit (die Grenze ist richterlichem Ermessen überlassen vgl. §§ 276, 277 B.G.B.) entfällt also jeder Ersatzanspruch des Staates gegen den Beamten.

[2]) An und für sich würde § 839 B.G.B. nicht anwendbar sein, da er nur vom Ersatzrecht Dritter handelt. Die Schädigung des Staates liegt in dem dem Dritten nach § 12 G.B.O. zu leistenden Ersatz.

[3]) abweichend von § 852[1] B.G.B.

II. Eintragungen auf Grundstücke. 1. Form der Erklärungen von Behörden.

Art. **9.** Erklärungen oder Ersuchen einer Behörde[1]) auf Grund deren eine Eintragung erfolgen soll,[2]) sind ordnungsmäßig zu unterschreiben und mit Siegel oder Stempel[3]) zu versehen.

[1]) Es handelt sich hier nur um preußische Behörden. Für außerpreußische Behörden ist das betreffende Landesrecht maßgebend.

[2]) Anm. 5 zu § 29 G.B.O.

[3]) Vgl. § 183[2] F.G.

2. Auseinandersetzung einer Erben- oder Güter-Gemeinschaft.

Art. **10.** Soll bei einem zum Nachlaß oder zu dem Gesammtgut einer ehelichen Gütergemeinschaft oder einer fortgesetzten Gütergemeinschaft gehörenden Grundstück oder Erbbaurecht einer von den Betheiligten als Eigenthümer oder Erbbauberechtigter eingetragen werden, so finden die Vorschriften der §§. 37, 38 der Grundbuchordnung entsprechende Anwendung.[1])

Die Vorschriften über die Zuständigkeit zur Beurkundung der Auflassung bleiben unberührt.[2])

[1]) Die Vorschrift stützt sich auf § 99 G.B.O.

[2]) Vgl. § 20 G.B.O., Art. 5 A.G.

3. Oeffentliche Lasten.

Art. **11.** Die öffentlichen Lasten des Grundstücks,[1]) die bei der Zwangsversteigerung und der Zwangsverwaltung den Rechten an dem Grundstück im Range vorgehen,[2]) sind von der Eintragung in das Grundbuch ausgeschlossen.[3])

Unberührt bleiben die Vorschriften des §. 17 Abs. 4 und des §. 39 des Gesetzes, betreffend Schutzwaldungen und Waldgenossenschaften, vom 6. Juli 1875 (Gesetz-Samml. S. 416).

[1]) Das B.G.B. hat über deren Eintragung nichts bestimmt. Das Landesrecht ist maßgebend.

[2]) Art. 1, 2 pr. A.G. Z.V.G. Ausnahme in Abs. 2.

[3]) Eine Löschung bereits erfolgter Einträge kann nicht begehrt werden.

4. Ersuchen der Auseinandersetzungsbehörden. a) Eintragungen.

Art. **12.** Die Rentenbankrenten und die Domänen-Amortisationsrenten werden im Geltungsbereiche des

Gesetzes über die Errichtung von Rentenbanken vom 2. März 1850 (Gesetz-Samml. S. 112) nach dessen Vorschriften eingetragen.[1]) Diese Vorschriften treten statt der entgegenstehenden bisherigen Bestimmungen auch für die Provinz Hannover in Kraft.[2]) Die Vorschriften des §. 6 Nr. 6 des Gesetzes, betreffend die Beförderung der Errichtung von Rentengütern, vom 7. Juli 1891 (Gesetz-Samml. S. 279)[3]) und des §. 23 Abs. 3 Nr. 3 des Gesetzes, betreffend das Anerbenrecht bei Renten- und Ansiedelungsgütern, vom 8. Juni 1896 (Gesetz-Samml. S. 124) bleiben unberührt.

Im Uebrigen ist der Inhalt der von den Auseinandersetzungsbehörden bestätigten Rezesse[4]) nur in folgenden Fällen in das Grundbuch einzutragen:

1. wenn ein im Grundbuche vermerktes Sach- oder Rechtsverhältniß aufgehoben oder verändert wird;
2. wenn für ein mit dem Eigenthum an dem Grundstücke verbundenes Recht eine Entschädigung durch ein baar oder in Rentenbriefen zu zahlendes Kapital von mehr als sechzig Mark gewährt wird;[5])
3. wenn das Grundstück mit einem Rechte, das zu seiner Begründung der Eintragung in das Grundbuch bedarf, neu belastet wird.[6])

[1]) Vgl. Art. 114 E.G. B.G.B. u. §§ 18, 64 d. G. v. 2. März 1850.

[2]) Art. 22 Nr. 3 S. 2 A.G. B.G.B.

[3]) Vgl. § 2 G. v. 26. April 1886, §§ 1, 2 G. v. 27. Juni 1890, § 12 G. v. 7. Juli 1891.

[4]) Auf Ersuchen der Auseinandersetzungsbehörden. § 39 G.B.O.

[5]) § 110¹c des Ablösungs-G. v. 2. März 1850, § 6 Nr. 1 G. v. 25. März 1889, § 9 pr. Allg. Vf.

[6]) Insbesondere mit Geldrenten, festen Abgaben in Körnern, Grunddienstbarkeiten, Erbbaurechten, dinglichen Vorkaufsrechten oder Wiederkaufsrechten.

b) Löschung.

Art. **13.** Sind auf Ersuchen der Auseinandersetzungsbehörde über die Vorschriften des Artikel 12 hinausgehende Eintragungen erfolgt, so kann die Auseinandersetzungsbehörde das Grundbuchamt um die Löschung ersuchen;[1]) auf Antrag des Eigenthümers hat sie die Löschung herbeizuführen. Die Löschung erfolgt kostenfrei.

[1]) § 39 G.B.O.

c) Berichtigung.

Art. **14.** Die Auseinandersetzungsbehörden sind in einem vor ihnen anhängigen Verfahren befugt, das Grundbuchamt um die Berichtigung des Grundbuchs durch Eintragung eines Eigenthümers zu ersuchen[1]) und den Eigenthümer zur Beibringung der nach ihrem Ermessen[2]) zum Nachweise des Eigenthums erforderlichen Urkunden durch Ordnungsstrafen anzuhalten. Die einzelne Strafe darf den Betrag von dreihundert Mark nicht übersteigen.[3])

[1]) Vgl. auch § 14 G.B.O. — Dies Ersuchen wird auf Grund des § 39 G.B.O. erledigt. Vgl. Anm. 2 zu § 39 G.B.O.

[2]) Dem G.B.A. brauchen die Urkunden nicht mitgesandt zu werden, da es den Nachweis des Eigenthums nicht nachzuprüfen hat.

[3]) Vgl. § 33 S. 2 F.G.

5. Fideikommißgüter und Aehnliches. a) Art der Eintragung.

Art. 15. Lehns-, Meier-, Erbzins- und Erbleihegüter, sowie sonstige Güter, an denen ein Obereigenthum besteht, Erbpacht und Familienfideikommißgüter sowie die nach dem Großherzoglich Hessischen Gesetze vom 11. September 1858 (Reg.-Bl. S. 537) errichteten landwirthschaftlichen Erbgüter sind auf den Namen des jeweilig zu Besitz und Nutzung Berechtigten einzutragen. Die Eigenschaft des Gutes ist als Verfügungsbeschränkung einzutragen.[1])

Gehört zu dem Verband eines Gutes der bezeichneten Art eine Hypothek, Grundschuld oder Rentenschuld, so finden die Vorschriften des Abs. 1 entsprechende Anwendung; gehört das Recht zu einem Familienfideikommisse, so findet außer den Vorschriften des Abs. 1 auch die Vorschrift des §. 41 Abs. 1 der Grundbuchordnung entsprechende Anwendung.

[1]) Art. 61 E.G. B.G.B. u. § 892[1] B.G.B. — § 11 Nr. 2 pr. Allg. Vf.

b) Bei beaufsichtigten Fideikommissen.

Art. **16.** Bei Familienfideikommissen, die unter Aufsicht einer Fideikommißbehörde[1]) stehen,[2]) erfolgt die Eintragung der Fideikommißeigenschaft auf Ersuchen dieser Behörde, die Eintragung des Fideikommißfolgers auf Grund einer Bescheinigung der Behörde über seine Berechtigung, die Löschung der Fideikommißeigenschaft auf Grund einer Bescheinigung der Behörde über das Erlöschen oder auf Grund eines von der Behörde bestätigten Familienschlusses über die Aufhebung der Eigenschaft.

Auf die Bescheinigung über die Berechtigung des Fideikommißfolgers finden die für den Erbschein geltenden Vorschriften entsprechende Anwendung.

[1]) Vgl. Art. 17[1].

[2]) Anderenfalls gilt Art. 18.

Fideikommißbehörde.

Art. **17.** Fideikommißbehörde im Sinne des Artikel 16 ist die Behörde, welche gesetzlich als solche bestellt[1]) oder welcher das Fideikommiß stiftungsmäßig[2]) zur Beaufsichtigung unterstellt ist.

Ein Fideikommiß kann fortan stiftungsmäßig nur dem Oberlandesgerichte[3]) zur Beaufsichtigung[4]) unterstellt werden. Die Bestimmung bedarf der Genehmigung des Justizministers, sofern nicht die Verfügung, durch die sie getroffen wird, der landesherrlichen Genehmigung unterliegt.

[1]) Vgl. Art. 33, welcher die bisherigen Vorschriften bestehen läßt. Für Schlesien G. v. 15. Februar 1840, für Neuvorpommern und Rügen Anm. 6 zu Art. 35.

[2]) Abs. 2.

[3]) sei es des letzten Wohnsitzes des Stifters oder des Bezirks, in dem das Fideikommißvermögen sich befindet.

[4]) in rechtlicher Beziehung. Die Aufsicht über den Wirthschaftsbetrieb kann anderen Behörden übertragen werden.

c) Bei anderen Fideikommissen.

Art. **18.** In Ermangelung einer Fideikommißbehörde erfolgt die Eintragung sowie die Löschung der Fideikommißeigenschaft auf Grund des Nachweises ihrer Entstehung oder Endigung, die Eintragung des Fideikommißfolgers auf Grund der Bescheinigung des Gerichts über die Berechtigung des Fideikommißfolgers.

Auf die Bescheinigung finden die für den Erbschein geltenden Vorschriften entsprechende Anwendung. Zuständig für die Ertheilung ist das Amtsgericht, bei welchem das Grundbuch über den Gegenstand des Fideikommisses geführt wird. Umfaßt das Fideikommiß Gegenstände, über die das Grundbuch von verschiedenen Amtsgerichten geführt wird, so ist das örtlich zuständige Gericht nach §. 20 des Ausführungsgesetzes zum Gerichtsverfassungsgesetze zu bestimmen.

d) Bei Lehen und Stammgütern.

Art. **19.** Auf die Eintragung eines Lehnsfolgers und die Löschung der Lehnseigenschaft finden die Vorschriften des Artikel 16, auf die Eintragung sowie die Löschung der Stammgutseigenschaft und die Eintragung des Stammgutsnachfolgers finden die Vorschriften des Artikel 18 entsprechende Anwendung.

Bei Erbstammgütern nach Bremischem Ritterrechte kann die Eintragung sowie die Löschung auch auf Antrag des Präsidiums der Bremischen Ritterschaft (§. 7 des revidirten Ritterrechts vom 19. April 1847) erfolgen.

6. Abschreibung von Theilen.

Art. **20.** Im Falle der Veräußerung eines Theiles eines Grundstücks, das im Lehns-, Fideikommiß-, Erbstammguts-, Stammguts- oder Leiheverbande steht oder mit Reallasten, Hypotheken, Grundschulden oder Rentenschulden belastet ist, kann der Theil auf Grund eines Unschädlichkeitszeugnisses der zuständigen Behörde[1]) frei von allen oder einzelnen Belastungen des Hauptgrundstücks von diesem ohne die Bewilligung der Berechtigten unter folgenden Voraussetzungen abgeschrieben werden:

1. Wird der Grundstückstheil gegen Auferlegung einer Rente veräußert, so kann die Abschreibung nur erfolgen, wenn gleichzeitig die Rente auf dem Grundstückstheile mit dem Vorrange vor sonstigen Belastungen[2]) als Reallast zu Gunsten des jeweiligen Eigenthümers des Hauptgrundstücks[3]) eingetragen und auf dem Blatte des Hauptgrundstücks vermerkt wird.[4]) Zu den Belastungen, denen die Rente vorzugehen hat, ge-

hören nicht die auf Grund des Gesetzes, betreffend die Beförderung der Errichtung von Rentengütern, vom 7. Juni 1891 (Gesetz-Samml. S. 279) festgestellten Rentenbankrenten.[5])

2. Wird der Grundstückstheil gegen ein anderes Grundstück vertauscht, so kann die Abschreibung nur erfolgen, wenn gleichzeitig das eingetauschte Grundstück dem Hauptgrundstück als Bestandtheil[6]) zugeschrieben wird; ist ein Ausgleichungskapital festgestellt, so finden auf dieses die unter Nr. 3 für ein vereinbartes Kaufgeld gegebenen Vorschriften Anwendung.

3. Ist der Grundstückstheil verkauft, so kann die Abschreibung nur erfolgen:
   a) wenn gleichzeitig auf dem Grundstückstheil eine Hypothek für die Kaufgeldforderung zur ersten Stelle und die Zugehörigkeit dieser Forderung zu dem Verbande, dem das Hauptgrundstück angehört, oder ein Pfandrecht an der Forderung für diejenigen Reallastberechtigten, Hypotheken-, Grundschuld- oder Rentenschuldgläubiger eingetragen wird, deren Bewilligung durch das Unschädlichkeitszeugniß ersetzt wird;
   b) wenn die Auseinandersetzungsbehörde bescheinigt, daß das Kaufgeld zu ihrer Verfügung hinterlegt oder sichergestellt oder daß

die Verwendung des Kaufgeldes erfolgt oder nicht erforderlich ist.

4. Wird der Grundstückstheil zu öffentlichen Zwecken unentgeltlich veräußert, so kann die Abschreibung nur erfolgen, wenn die Auseinandersetzungsbehörde bescheinigt, daß mit der Ausführung der öffentlichen Anlage begonnen ist.

Auf eine Eintragung, die auf Grund des Unschädlichkeitszeugnisses bei einer Hypothek, einer Grundschuld oder einer Rentenschuld zu bewirken ist, finden die Vorschriften der §§. 42 bis 44 der Grundbuchordnung keine Anwendung. Wird der Hypotheken-, Grundschuld- oder Rentenschuldbrief nachträglich vorgelegt, so hat das Grundbuchamt die Eintragung auf dem Briefe zu vermerken.

1) Art. 19, 20 A.G. B.G.B., Art. 120^1 E.G. B.G.B., § 83 G.B.O., pr. G. v. 3. März 1850, 27. Juni 1860, 12. April 1885 (Kassel, Hohenzollern), 22. April 1886 (Schlesw.-H.) § 76 G. v. 12. April 1888 (Rheinl., Anm. 13 zu Art. 33, G. v. 25. März 1889 (Hann., Jade, Frankf.), § 49 v. 19. August 1895 (Frankf., Anm. 14 zu Art. 33), G. v. 15. Juli 1890, § 8 G. v. 2. April 1887, § 1^5 G. v. 27. Juni 1890 (Rentengüter). Dieses Zeugniß ersetzt die in § 19 G.B.O. erforderte Bewilligung der Abschreibung, ohne daß eine Nachprüfung seitens des G.B.A. stattzufinden hätte.

2) Ausnahme in S. 2.

3) §§ 96, 1105^2, 1107, 1126, 1192, 1200 B.G.B.

4) § 8 G.B.O. Vgl. § 21 G.B.O.

5) §§ 2, 6 Nr. 2 G. v. 7. Juli 1891, § 18^1 Rentenbank G. v. 2. März 1850.

6) § 890^2 B.G.B.

7. Satzungen der Kreditanstalten.

Art. 21. Die satzungsmäßigen Vorschriften, welche für die zur Zeit des Inkrafttretens des Bürgerlichen Gesetzbuchs bestehenden landschaftlichen oder ritterschaftlichen Kreditanstalten über die Aufnahme, Eintragung oder Löschung der Pfandbriefdarlehen sowie über die Umschreibung eingetragener Forderungen in Pfandbriefdarlehen und die Umwandlung der Pfandbriefe ergangen sind, bleiben in Kraft.[1])

Als landschaftliche Kreditanstalten im Sinne des Abs. 1 gelten auch die provinzial- (kommunal-) ständischen öffentlichen Grundkreditanstalten.[2])

[1]) Art. 167 E.G. B.G.B., § 83 G.B.O., pr. G. v. 3. August 1897.

[2]) § 1² d. G. v. 3. August 1897.

III. Bergwerke und Gerechtigkeiten. 1. Im Allgemeinen.

Art. 22. Die sich auf Grundstücke beziehenden Vorschriften der Grundbuchordnung und dieses Gesetzes finden, soweit nicht ein Anderes bestimmt ist, auf Bergwerke, selbständige Kohlenabbau-Gerechtigkeiten und andere selbständige Gerechtigkeiten[1]) entsprechende Anwendung.[2])

[1]) soweit solche nach in Kraft bleibendem pr. Landesrecht zulässig sind. Vgl. Art. 67, 68, 196 E.G. B.G.B.

[2]) Vgl. §§ 52, 53 pr. Allg. Bergges., Art. 37 Nr. 1, 38 § 5¹, 40 § 1¹ pr. A.G. B.G.B. — §§ 22 ff. pr. Allg. Vf. — Art. 33 pr. V.

2. Verleihung und Bestätigung.

Art. **23**. Ist das Bergwerkseigenthum durch Verleihung begründet oder durch Konsolidation, Theilung von Grubenfeldern oder Austausch von Feldestheilen erworben, so hat das Oberbergamt das Grundbuchamt unter Mittheilung einer beglaubigten Abschrift der Verleihungsurkunde oder einer Ausfertigung des bestätigten Konsolidations-, Theilungs- oder Austauschakts um die Bewirkung der erforderlichen Eintragungen zu ersuchen.[1])

[1]) § 39 G.B.O. Vgl. Art. 26.

3. Aenderung der Verleihung.

Art. **24**. Wird die Verleihungsurkunde geändert, so hat das Oberbergamt das Grundbuchamt unter Mittheilung der Urkunde über die Aenderung um die Eintragung der Aenderung zu ersuchen.[1])

[1]) § 39 G.B.O. Vgl. Art. 26.

4. Aufhebung.

Art. **25**. Wird das Bergwerkseigenthum oder die Verleihungsurkunde aufgehoben, so hat das Oberbergamt das Grundbuchamt unter Mittheilung einer Ausfertigung des Aufhebungsbeschlusses um die Schließung des über das Bergwerk geführten Grundbuchblatts zu ersuchen.[1])

Bei der Schließung sind die eingetragenen Belastungen von Amtswegen zu löschen.

Grundstücke, die dem Bergwerk als Bestandtheil zugeschrieben sind, werden mit den darauf haftenden Belastungen in das über die Grundstücke ihres Bezirkes geführte Grundbuch eingetragen.

1) § 39 G.B.O. Vgl. Art. 26.

5. Vorlegung von Urkunden.

Art. **26.** Soweit in den Fällen der Artikel 23 bis 25 Hypotheken, Grundschulden oder Rentenschulden von den Eintragungen betroffen werden, finden die Vorschriften der §§. 42 bis 44 der Grundbuchordnung keine Anwendung. Das Grundbuchamt hat den Besitzer des Hypotheken-, Grundschuld- oder Rentenschuldbriefs zur Vorlegung anzuhalten,[1]) um nach den Vorschriften des §. 62 Abs. 1, des §. 69 und des §. 70 Abs. 1 der Grundbuchordnung zu verfahren.

1) Vgl. § 62² G.B.O.

6. Anlegung des Blatts für Gerechtigkeiten.

Art. **27.** Auf die Anlegung eines Grundbuchblatts für eine selbständige Kohlenabbau-Gerechtigkeit[1]) finden die für das Erbbaurecht geltenden Vorschriften des §. 7 der Grundbuchordnung entsprechende Anwendung.

Für andere selbständige Gerechtigkeiten wird ein Grundbuchblatt nur auf Antrag[2]) des Berechtigten angelegt, soweit sich nicht aus den für die Anlegung der Grundbücher geltenden Vorschriften ein Anderes ergiebt.[3])

1) Art. 38 § 3 pr. A.G. B.G.B.

2) Im Gegensatz zu § 7¹ S. 2 G.B.O.

3) §§ 26, 34, 48 Nr. 1 G. vom 19. August 1895 (Frankfurt).

7. Auflassung. Berichtigung.

Art. **28.** Die für das Erbbaurecht[1]) geltenden Vorschriften des §. 20 und des §. 22 Abs. 2 der Grundbuchordnung finden auf das Bergwerkseigenthum, auf unbewegliche Bergwerksantheile und selbständige Gerechtigkeiten entsprechende Anwendung.

1) Nach Art. 22 finden die für Grundstücke, d. h. für Grundstückseigenthum geltenden Vorschriften Anwendung. Hier kommen nach dem Vorbilde des § 84 G.B.O. Sätze des Erbbaurechts hinzu.

IV. Aenderung bestehender Gesetze durch Anordnung des Justizministers.

Art. **29.** Landesgesetzliche Vorschriften über die Einrichtung der Grundbücher, die neben der Grundbuchordnung in Kraft bleiben,[1]) können durch Anordnung des Justizministers geändert werden.[2])

1) § 10 G. v. 19. August 1895, § 3 G. v. 8. Juni 1896, § 3² G. v. 2. Juli 1898.

2) Vgl. § 1² G.B.O. — Daher hat auch die Allg. Vf. v. 20. November 1899 wirksam solche landesgesetzliche Vorschriften ändern können.

2. Gerichtskostengesetz.

Art. **30.** Das Preußische Gerichtskostengesetz vom 25. Juni 1895 (Gesetz-Samml. S. 203) wird dahin geändert:

I. Der §. 65 Nr. 4 und die §§. 69 bis 72 werden, unbeschadet der weiteren Anwendung bis zur Anlegung des Grundbuchs, gestrichen.

Soweit in dem Gesetze neben dem Grundbuchblatte der Artikel erwähnt ist, ist diese Erwähnung zu streichen.

II. In der Ueberschrift des dritten Abschnitts des ersten Theiles, im §. 16, im §. 21 Nr. 3 und im §. 56 ist statt „Grundbuch- und Hypothekensachen", „Grund- oder Hypothekenbuche" zu setzen „Grundbuchsachen", „Grundbuche".

Im §. 21 Nr. 3 und im §. 36 wird das Wort „Vorrechtseinräumungen" ersetzt durch das Wort „Vorrangseinräumungen".

III. Im §. 57 Nr. 3 treten an die Stelle der Worte „Im Falle des §. 59 der Grundbuchordnung" die Worte „Wenn nach §. 90 der Grundbuchordnung ein Eigenthumserwerb unter Ausscheiden des Grundstücks aus dem Grundbuche stattfindet".

IV. Im § 58 treten an die Stelle der Worte „jede endgültige Eintragung in der zweiten oder dritten Abtheilung" die Worte „jede Eintragung der Belastung des Grundstücks mit einem Rechte".

Als Satz 2 wird folgende Vorschrift hinzugefügt:

Als Belastungen des Grundstücks gelten auch das Recht des Nacherben, die Lehns- oder Fideikommißeigenschaft, ein bedingtes Recht auf Eigenthumserwerb sowie die Zugehörigkeit zu einer Wassergenossenschaft, einer Bahneinheit oder einer sonstigen mit Beschränkungen des Eigenthümers verbundenen Vermögensmasse und die nach §. 1010 des Bürgerlichen Gesetzbuchs eingetragenen Bestimmungen oder Ansprüche.

V. Im §. 59 wird hinter dem Worte „Vormerkungen" das Wort „Widersprüchen" eingeschaltet.

VI. Im §. 60 werden Satz 2, 3 durch folgende Vorschrift ersetzt:

Gebührenfrei ist die nach §. 54 der Grundbuchordnung erfolgende Eintragung.

Als Abs. 2 wird folgende Vorschrift hinzugefügt:

Wird ein Antrag zurückgewiesen, nachdem nach §. 18 der Grundbuchordnung eine Vormerkung oder ein Widerspruch eingetragen war, so wird nur die Gebühr für diese Eintragung erhoben.

VII. Im §. 61 werden hinter dem Worte „Erwerbspreises" die Worte eingeschaltet: „für die Eintragung des Verzichts auf das Eigenthum am Grundstücke, für die Eintragung der nachträglichen Ausschließung der Ertheilung eines Briefes oder der Aufhebung dieser Ausschließung, für die Anlegung eines Blattes für ein noch nicht in das Grundbuch eingetragenes oder aus dem Grundbuch ausgeschiedenes Grundstück, für das Ausscheiden eines Grundstücks aus dem Grundbuche, falls nicht gleichzeitig eine Eigenthumsveränderung eingetragen wird, für den Vermerk von Rechten, welche dem jeweiligen Eigenthümer zustehen".

Als Abs. 2 wird hinzugefügt:

Auf die Berechnung des Werthes findet die Vorschrift des §. 22 Abs. 1 entsprechende Anwendung.

VIII. Im §. 64 werden hinter dem Worte „Forderung" folgende Worte eingeschaltet: „oder der Grundschuld, bei Rentenschulden der Betrag der Ablösungssumme"; an die Stelle der Worte „bei den in §. 63 Abs. 1 bezeichneten Eintragungen oder Löschungen" treten die Worte „soweit nach §. 63 Abs. 1 nur fünf Zehntheile der Gebühr zu erheben sind".

IX. Im §. 65 Nr. 1 und 3 werden die Worte „oder Grundschuldbriefes", „oder Grundschuldbriefe" ersetzt durch die Worte „Grundschuld- oder Rentenschuldbriefs", Grundschuld- oder Rentenschuldbriefe".

In Nr. 1 treten an die Stelle der Worte „für die Erneuerung eines Hypotheken- oder Grundschuldbriefes einschließlich der dabei vorkommenden Nebengeschäfte, ingleichen für die Ausfertigung eines Hypotheken- oder Grundschuldbriefes an Stelle einer anderen Urkunde über die Hypothek oder Grundschuld" die Worte „für die Ertheilung eines neuen Briefes, einschließlich des über die Ertheilung im Grundbuch einzutragenden Vermerkes, für die Ergänzung des Auszugs aus dem Grundbuche sowie für die Herstellung eines Theilbriefs".

X. Im §. 66 Abs. 1 werden die Worte „selbständige Gerechtigkeiten" ersetzt durch die Worte „andere Berechtigungen, für welche die sich auf Grundstücke beziehenden Vorschriften gelten".

XI. Im §. 66a erhält der Abs. 1 Satz 2 folgende Fassung:

Es werden erhoben für die Anlegung und für die Schließung des Bahngrundbuchs der Satz des §. 61 und für den Vermerk des Erlöschens der Genehmigung einschließlich der öffentlichen Bekanntmachung des Vermerkes der Satz des §. 59.

3. G. betr. Pfandrecht an Eisenbahnen.

Art. **31**. Im §. 25 des Gesetzes, betreffend das Pfandrecht an Privateisenbahnen und Kleinbahnen und die Zwangsvollstreckung in dieselben, vom 19. August

1895 (Gesetz-Samml. S. 499)[1]) treten an die Stelle des Abs. 3 Satz 2 folgende Vorschriften:

Der Inhaber des Zinsscheines kann gegen Aushändigung des Scheines den Betrag in Empfang nehmen. Sein Recht erlischt mit dem Ablaufe von sechs Monaten nach dem Eintritte der Verjährung; der Hinterleger ist zur Zurücknahme berechtigt. Ein Aufgebot der Zinsscheine findet nicht statt.

1) Das G. erleidet nur diese, übrigens sachlich bedeutungslose Aenderung. Vgl. Art. 112 E.G. B.G.B., § 83 G.B.O., § 2[1] E.G. Z.V.G., § 871 C.P.O. Im Uebrigen werden, allerdings in erheblichem Umfange, die in dem G. in Bezug genommenen Vorschriften durch diese neuen Abänderungen ersetzt (Art. 4 E.G. B.G.B., § 82[2] G.B.O., § 1[2] E.G. Z.V.G.). Eine neue Formulirung des G. steht zu erwarten. Vgl. § 45 pr. Allg. Vf.

4. Ersatzvorschriften.

Art. 32. Soweit in Gesetzen auf Vorschriften verwiesen ist, welche durch dieses Gesetz außer Kraft gesetzt werden, treten an deren Stelle die entsprechenden neuen Vorschriften.[1])

1) Vgl. Art. 4 E.G. B.G.B., § 82[2] G.B.O.

5. Aufhebung.

Art. 33. Die nachstehenden Vorschriften werden, soweit sie nicht schon in Folge Reichsgesetzes außer

Kraft treten [1]) oder nach der zu erlassenden Königlichen Verordnung für die Anlegung der Grundbücher maßgebend bleiben, [2]) unbeschadet der Uebergangsvorschriften, [3]) aufgehoben:

1. die Grundbuchordnung vom 5. Mai 1872 (Gesetz-Samml. S. 446); [4])
2. das Gesetz über das Grundbuchwesen in dem Jadegebiete vom 23. März 1873 (Gesetz-Samml. S. 111); [5])
3. das Gesetz über das Grundbuchwesen und die Verpfändung von Seeschiffen in Neuvorpommern und Rügen vom 26. Mai 1873 (Gesetz-Samml. S. 229) mit Ausnahme des §. 26 und des §. 28 Nr. 4; [6])
4. das Gesetz über das Grundbuchwesen und die Verpfändung von Seeschiffen in der Provinz Schleswig-Holstein vom 27. Mai 1873 (Gesetz-Samml. S. 241); [7])
5. das Gesetz über das Grundbuchwesen in der Provinz Hannover rc. vom 28. Mai 1873 (Gesetz-Samml. S. 253) mit Ausnahme des §. 8 und des §. 14 Abs. 1; [8])
6. das Gesetz über das Grundbuchwesen in dem Bezirke des Appellationsgerichts zu Cassel rc. vom 29. Mai 1873 (Gesetz-Samml. S. 273) mit Ausnahme der §§. 45, 47; [9])

7. das Gesetz über das Grundbuchwesen in dem Bezirke des Justizsenats zu Ehrenbreitstein vom 30. Mai 1873 (Gesetz-Samml. S. 287) mit Ausnahme des §. 10;[10])

8. das Gesetz über das Grundbuchwesen in den Hohenzollernschen Landen vom 31. Mai 1873 (Gesetz-Samml. S. 301);[11])

9. das Gesetz, betreffend die Abänderungen der unter Nr. 2 und 7 genannten Gesetze, vom 3. Februar 1879 (Gesetz-Samml. S. 17);[12])

10. das Gesetz über das Grundbuchwesen und die Zwangsvollstreckung in das unbewegliche Vermögen im Geltungsbereich des Rheinischen Rechts vom 12. April 1888 (Gesetz-Samml. S. 52) mit Ausnahme des §. 1, soweit er sich auf das Gesetz, betreffend die Berichtigung des Grundsteuerkatasters und der Grundbücher bei Auseinandersetzungen vor Bestätigung des Rezesses, vom 26. Juni 1875 bezieht, sowie der §§. 29, 31, 76;[13])

11. das Gesetz, betreffend das Grundbuchwesen und die Zwangsvollstreckung in das unbewegliche Vermögen in dem Gebiet der vormals freien Stadt Frankfurt sowie den vormals Großherzoglich Hessischen und Landgräflich Hessischen Gebietstheilen der Provinz Hessen-Nassau, vom 19. August 1895 (Gesetz-Samml. S. 481) mit

Ausnahme des §. 1, soweit er sich auf das Gesetz vom 26. Juni 1875 bezieht, sowie der §§. 4, 7, 8, des §. 21 Abs. 2, des §. 22, des §. 72 Abs. 2 und der §§. 74 bis 76;[14])

12. das Gesetz über das Grundbuchwesen und die Zwangsvollstreckung in das unbewegliche Vermögen im Kreise Herzogthum Lauenburg vom 8. Juni 1896 (Gesetz-Samml. S. 109) mit Ausnahme des §. 1, soweit er sich auf das Gesetz vom 26. Juni 1875 bezieht, des §. 59 Abs. 2 und des §. 61.[15])

Soweit die aufrecht erhaltenen Vorschriften noch nicht in Kraft getreten sind, treten sie gleichzeitig mit diesem Gesetz in Kraft.[16])

[1]) Vgl. Art. 89 pr. A.G. B.G.B.

[2]) Art. 5 pr. B. mit Anm. 3.

[3]) Vgl. Anm. 1 zu § 83 G.B.O.

[4]) Für den Uebergang kommen §§ 16^1, 50 gemäß Art. 200 E.G. B.G.B. in Frage. Aufgehoben ist auch das G. v. 14. März 1882.

[5]) Für den Uebergang haben noch Bedeutung §§ 6, 28, 29. Vgl. Art. 213, 186^2, 189 E.G. B.G.B. Vgl. unten Nr. 9.

[6]) „§ 26. Die in den §§ 52, 74, 99 der Grundbuchordnung vom 5. Mai 1872 den Lehns- und Fideikommißbehörden übertragenen Befugnisse werden von den Behörden, welche die Aufsicht über die Kuratel führen und in deren Ermangelung von dem Appellationsgericht in Greifswald ausgeübt.

§ 28 Nr. 4. Zur Beglaubigung von Unterschriften (§ 33 der Grundbuchordnung) sind befugt:

1) . . . . .

2) . . . . .

3) . . . . .

4) auf dem Lande solche zur Führung eines Amtssiegels befugte öffentliche Beamte, welche damit von dem Appellationsgericht zu Greifswald beauftragt worden sind."

Vgl. § 191[2] F.G. — An die Stelle des Appellationsgerichts zu Greifswald ist das O.L.G. zu Stettin getreten. An die Stelle der §§ 52, 74, 99 pr. G.B.O. Art. 16[1] dieses G. — Für die Uebergangszeit vgl. namentlich §§ 11, 12, 14, 23, 24, 29—37.

7) Für die Uebergangszeit kommen in Betracht §§ 34, 39.

8) „§ 8. Die bestehenden Rechtsnormen, nach welchen die Theilung eines Bauerhofes, die Veräußerung einzelner Theile desselben, die Vereinigung eines Bauerhofes mit andern Grundstücken, ingleichen die Rechtsnormen, nach welchen die Veräußerung oder Theilung von Bürgergütern (auch getheilten Laischaftsgrundstücken in der Stadt Osnabrück) verboten oder an die Genehmigung einer Regiminal- oder Gerichtsbehörde gebunden sind, werden, soweit sie von dem sonst geltenden Rechte abweichen, aufgehoben und kann auf Grund derselben eine früher stattgehabte Veräußerung oder Uebertragung fortan nicht angefochten werden.

Außerdem werden die für die sogenannten Höfekontrakte (Hofübertragungs-, Ehe-, Abfindungs-, Altentheils-, Interimswirthschafts-Kontrakte u. s. w.) bestehenden besonderen Rechtsnormen, nach welchen dieselben zu ihrer Gültigkeit der Mitwirkung oder Genehmigung einer Behörde oder der öffentlichen Beurkundung bedürfen, aufgehoben, insbesondere tritt das Gesetz vom 17. Juni 1857, die Zuständigkeit der Verwaltungsbehörden hinsichtlich der sogenannten Höfekontrakte betreffend, außer Kraft.

§ 14 Abs. 1. In dem Geltungsbereich des Allgemeinen Landrechts werden die in der Grundbuchordnung erwähnten Obliegenheiten in der Fideikommißbehörde von dem Gericht der belegenen Sache (§ 4) wahrgenommen."

Nach Maßgabe der Uebergangsvorschriften haben Bedeutung §§ 13, 16, 53 Nr. 1.

9) „§ 45. Die nach Maßgabe der Kurhessischen Ablösungsgesetze — G. v. 3. Juni 1832 §§ 15, 54 u. 55, G. v. 31. März 1835 § 8, G. v. 2. April 1835, G. v. 26. August 1848 §§ 17 u. 20, Verordnung vom 20. November 1849, G. v. 20. Juni 1850 — zur Ablösung aufgehobener Grundzinsen, Zehnten, Dienste, Triftabgaben und anderer Grundlasten, sowie der aufgehobenen Lehns-, Meier- und sonstigen gutsherrlichen Verhältnisse und der an deren Stelle getretenen Ablösungs- und Entschädigungskapitalien aus der Landeskreditkasse erborgten Darlehne behalten auch ohne Eintragung in die Grundbücher ihre bisherigen gesetzlichen Pfand- und Vorzugsrechte an den ehemals pflichtigen Grundstücken, sollen jedoch, soweit sie in den General-, Währschafts- und Hypotheken-, sowie sonstigen älteren gerichtlichen Büchern unter dem Titel des Eigenthümers der pflichtigen Grundstücke eingetragen sind, auch in die zweite Abtheilung des Grundbuchs übertragen werden.

§ 47. Soweit eine ganze Gemarkung oder mehrere vormals pflichtige Grundstücke für ein an die Stelle abgelöster Grundlasten getretenes Ablösungs- und Entschädigungskapital oder für ein zu dessen Abtragung erborgtes Darlehn ungetheilt haften, ist der Eigenthümer jedes der mitverhafteten Grundstücke berechtigt, gegen Abtragung des auf dasselbe fallenden Antheils der Gesammtschuld dessen Freigabe aus dem Pfandverband zu beanspruchen."

Nach Maßgabe der Uebergangsvorschriften behalten namentlich Bedeutung §§ 3², 14, 23, 42 (dazu Art. 33 § 3 A.G. B.G.B., Art. 33 A.G. Z.B.G.), 43.

10) „§ 10. Wenn der Schuldner im Besitz der Schuldurkunde ist, dürfen Löschungen im Grundbuch auch auf Grund einer jeden Quittung und Löschungsbewilligung des Gläubigers erfolgen, dessen Unterschrift durch einen Bürgermeister oder Ortsvorsteher unter Beidrückung des Amtssiegels beglaubigt ist."

Vgl. Art. 123 pr. F.G. Für den Uebergang vgl. § 13. Vgl. unten Nr. 9.

11) Für den Uebergang bleibt von Bedeutung § 11.

12) Ersetzt durch Art. 18 dieses G.

13) „§ 29. In den Landestheilen des linken Rheinufers findet der § 66 der Grundbuchordnung mit folgenden Maßgaben Anwendung:

Bei der Zerstückelung von Grundstücken, auf welchen feste Geldrenten haften, muß sich der Berechtigte eine Vertheilung dieser Renten auf die Trennstücke nach Verhältniß des Werths derselben gefallen lassen. Er ist jedoch zu fordern berechtigt, daß diejenigen Rentenbeträge, welche nach der Vertheilung jährlich weniger als 12 Mk. betragen, durch Kapitalzahlung seitens der Pflichtigen abgelöst werden. Die Ablösung erfolgt zum zwanzigfachen Betrage, soweit nicht ein anderer Ablösungssatz rechtsverbindlich festgesetzt ist.

§ 31. In den Fällen des G. vom 19. Mai 1851, betr. das Verfahren in den nach der Gemeinheitstheilungsordnung zu behandelnden Theilungen und Ablösungen in den Landestheilen des linken Rheinufers (G.-S. S. 383) hat das Landgericht nach erfolgter Bestätigung des Theilungsplanes den Grundbuchrichter um Vornahme der erforderlichen Eintragungen zu ersuchen. In den Fällen des § 1 Abs. 4 des G. betr. die Zusammenlegung der Grundstücke im Geltungsbereich des Rheinischen Rechts, vom 24. Mai 1885 (G.-S. S. 156) hat die Auseinandersetzungsbehörde nach den für die Zusammenlegung der Grundstücke geltenden Vorschriften den Grundbuchrichter um Vornahme der erforderlichen Eintragungen zu ersuchen.

Die Eintragungen erfolgen unter entsprechender Anwendung des § 77 der G.B.O.

§ 76. Gleichzeitig mit diesem Gesetz treten das Gesetz, betr. den erleichterten Abverkauf kleiner Grundstücke vom 3. März 1850 (G.-S. S. 145) und die §§ 2—6 des G. betr. die Abänderung des G. v. 13. April 1841 über den erleichterten Austausch einzelner Parzellen von Grundstücken, vom 27. Juni 1860 (G.-S. S. 384) in Kraft. Hinsichtlich der Verwendung der festgesetzten Kaufgelder und Ausgleichungskapitalien nach Maßgabe dieser Gesetze finden die in den landrechtlichen Theilen der Rheinprovinz geltenden Vorschriften Anwendung."

§ 1 führt lediglich das G. v. 26. Juni 1875 (Anm. 1 zu § 39 G.B.O.) ein. An die Stelle der in §§ 29, 31 in Bezug genommenen §§ 66, 77 pr. G.B.O. treten Art. 31 pr. A.G. B.G.B. und Art. 12 dieses G. Vgl. auch Art. 24, 25, 33 § 4, 55 § 9 pr. A.G. B.G.B., Art. 10, 35 ff. pr. A.G. Z.V.G. Nach Maßgabe der Uebergangsvorschriften bleiben bez. treten (Anm. 16) in Kraft insbesondere §§ 11^3, 23—28. Das G. vom 14. Juli 1893 bleibt in Kraft. An die Stelle von Art. III § 5a tritt Art. 25 § 2 pr. A.G. B.G.B.

[14]) „§ 4. Mit dem Tage des Inkrafttretens des gegenwärtigen Gesetzes (§ 77) wird in dem Geltungsgebiete desselben, das Gesetz betr. die Erleichterung der Abveräußerung einzelner Theile von Grundstücken in der Provinz Hannover vom 25. März 1889 (G.-S. S. 65)

mit der Maßgabe eingeführt, daß auf das Verfahren und das Kostenwesen ergänzend die allgemeinen Vorschriften, welche für Gemeinheitstheilungen gelten, entsprechende Anwendung finden.

Die Unschädlichkeitsatteste, welche bezüglich der in § 1 Nr. 3 des Gesetzes vom 29. März 1889 bezeichneten Geschäfte ausgestellt werden, sind stempel- und gebührenfrei.

§ 7. Die Landgüterordnung für den Regierungsbezirk Cassel vom 1. Juli 1887 (G.-S. S. 315) wird dahin abgeändert, daß für den Amtsgerichtsbezirk Vöhl an die Stelle des § 7 die §§ 5, 6 und an die Stelle des zweiten der erste Absatz des § 23 treten.

§ 8. Soweit in den Gebietstheilen, auf welche sich das gegenwärtige Gesetz bezieht, die Verordnung vom 2. September 1867, betr. die Güterkonsolidation im Regierungsbezirk Wiesbaden (G.-S. S. 1462), Geltung hat, kommt die Vorschrift in § 25 Abs. 2 der Verordnung, betr. die Ablösung der Servituten rc. für das vormalige Kurfürstenthum Hessen vom 13. Mai 1867 (G.-S. S. 716) zur entsprechenden Anwendung.

§ 21 Abs. 2. In den vormals Großherzoglich Hessischen Gebietstheilen gilt das nach Art. 6 Nr. 3 des Gesetzes betr. die Familienfideikommisse vom 13. September 1858 (Reg.-Bl. S. 521) zuständige Amtsgericht als die Fideikommißbehörde.

§ 22. Wer in Gemäßheit des § 41 des Großherzoglich Hessischen Gesetzes, betr. die landwirthschaftlichen Erbgüter vom 11. September 1858 Einsitzrechte oder Alimentationsreichnisse zu beanspruchen hat, kann die Eintragung dieser Rechte in die zweite Abtheilung des Grundbuchs verlangen.

§ 76. In den vormals Großherzoglich Hessischen Gebietstheilen hat das Amtsgericht den Tag, an welchem mit dem Anlegungsverfahren für einen Bezirk begonnen werden soll, durch das Amtsblatt bekannt zu machen.

An diesem Tage sind die bei dem Ortsgerichte des Bezirks vorhandenen gerichtlichen Bücher an das Amtsgericht abzugeben, und es werden nunmehr die Geschäfte jener Ortsgerichte, insoweit als sie den Besitz der gerichtlichen Bücher zur Voraussetzung haben, durch einen von dem Oberlandesgerichtspräsidenten zum Vertreter der Ortsgerichte zu ernennenden Beamten des Amtsgerichts wahrgenommen.

Der Justizminister wird ermächtigt, den Wirkungskreis der Ortsgerichte und der vorgenannten Vertreter derselben zu regeln, auch die zur Staatskasse zu erhebenden Kosten, sowie die Gebühren der Ortsgerichte für die ihnen verbleibenden Geschäfte festzusetzen. Die Verfügung des Justizministers ist in der Gesetzsammlung zu veröffentlichen."

§ 1 führt lediglich das G. v. 26. Juni 1875 (Anm. 1 zu § 39 G.B.O.) ein. Die §§ 72² und 74 enthalten lediglich Kostenvorschriften. Vgl. Art. 11, 15—19, 22, 24—26 dieses G., Art. 115 pr. F.G., Art. 39 § 2 pr. A.G. B.G.B. Für die Uebergangszeit kommen in Betracht insbesondere §§ 9, 17, 52¹.

15) § 1 führt lediglich d. G. vom 26. Juni 1875 (Anm. 1 zu § 39 G.B.O.) ein. §§ 59² und 61 enthalten Kostenvorschriften.

16) hat z. B. Bedeutung für die Bezirke des Rheinischen Rechts, in denen das G. v. 26. Juni 1875 nicht mehr nach § 3³ des G. v. 12. April 1888 Geltung erlangt hat.

V. Inkrafttreten.

Art. **34.** Dieses Gesetz tritt gleichzeitig mit der Grundbuchordnung in Kraft.[1])

Auf Bergwerke, die nach dem Inkrafttreten des Bürgerlichen Gesetzbuchs verliehen werden, finden die Vorschriften dieses Gesetzes sofort Anwendung.

1) Demgemäß gilt auch hier die in § 82[1] gemachte Unterscheidung. §§ 1, 2, 8 treten also z. B. überall am 1. Januar 1900 in Kraft. Eine Ausnahme in Abs. 2. — Vgl. § 61[1] d. Geschäftsanw. f. d. Gerichtsschreibereien der Amtsgerichte (Anm. 1 c zu Art. 1).

Urkundlich unter Unserer Höchsteigenhändigen Unterschrift und beigedrucktem Königlichen Insiegel.

Gegeben Neufahrwasser, den 26. September 1899.

(L. S.) **Wilhelm.**

Fürst zu Hohenlohe. v. Miquel.
Thielen. Frhr. v. Hammerstein.
Schönstedt. Brefeld. v. Goßler.
Gr. v. Posadowsky. Gr. v. Bülow.
Tirpitz. Studt. Frhr. v. Rheinbaben.

III. Königliche Verordnung, betreffend das Grundbuchwesen.

Vom 13. November 1899.

(Gesetz-Sammlung S. 519 ff.)

Wir **Wilhelm**, von Gottes Gnaden König von Preußen &c.

verordnen auf Grund des Artikel 186 des Einführungsgesetzes zum Bürgerlichen Gesetzbuch, und der §§. 2, 86, 87, 90, 91 der Grundbuchordnung, was folgt:

1. Nicht buchungspflichtige Grundstücke.

Art. **1.** Die Grundstücke des Reichs, die Domänen und die sonstigen Grundstücke des Staates, die Grundstücke der Gemeinden und anderer Kommunalverbände, der Kirchen, Klöster und Schulen, die öffentlichen Wege und Gewässer sowie die Grundstücke, welche einem dem öffentlichen Verkehre dienenden Bahnunternehmen gewidmet sind, erhalten ein Grundbuchblatt nur auf Antrag des Eigenthümers oder eines Berechtigten.[1])

[1]) Die Vorschrift ergänzt den § 90[1] S. 1 G.B.O. Für andere, als die hier genannten juristischen Personen

besteht also in Pr. die Buchungspflicht. Schon kraft Reichsrechts befreit sind die in § 90^1 S. 2 bezeichneten Grundstücke. Ueber Beseitigung des bereits angelegten G.B.Bl. § 90^2 G.B.O., § 8^5 pr. Allg. Vf.

2. Grundstücksverzeichnisse.

Art. 2. Als amtliche Verzeichnisse der Grundstücke im Sinne des §. 2 Abs. 2 der Grundbuchordnung dienen die Grund- und Gebäudesteuerbücher.[1])

[1]) § 3 Allg. Vf. — G. v. 21. Mai 1861, V. v. 12. Dezember 1864, G. v. 8. Februar 1867, V. v. 28. April 1867, v. 24. Juni 1867, G. v. 11. Februar 1870, § 5 d. G. v. 23. März 1873.

3. Bereits angelegte und fortzuführende Grundbücher.

Art. 3. Für die aus der Anlage ersichtlichen Grundbuchbezirke und zur Anlegung des Grundbuchs gebildeten Theile von Grundbuchbezirken (Anlegungsbezirke)[1]) ist das Grundbuch mit dem Inkrafttreten des Bürgerlichen Gesetzbuchs als angelegt anzusehen;[2]) die bisher geführten Bücher gelten als Grundbücher im Sinne der Reichsgesetze.[3])

[1]) Weitere Erstreckung in Art. 4.

[2]) Die Bestimmung fußt auf Art. 186^1 E.G. B.G.B. Sie hat insbesondere Bedeutung für das Inkrafttreten der G.B.O. (§ 82^1 G.B.O.), ferner gemäß Art. 186^2, 187—195 E.G. B.G.B.

[3]) Ausführung von § 87 G.B.O., in Folge deren §§ 88, 89 G.B.O. auf die bisher geführten Bücher Anwendung finden. — §§ 27, 28 pr. Allg. Vf.

Art. 4. In den Landestheilen, in welchen die Grundbuchordnung vom 5. Mai 1872 (Gesetz-Samml. S. 446) durch besondere Gesetze eingeführt ist,[1]) finden die Vorschriften des Artikel 3 auch auf diejenigen in der Anlage nicht aufgeführten Grundbuchbezirke und Anlegungsbezirke Anwendung, in Ansehung deren vor dem Inkrafttreten des Bürgerlichen Gesetzbuchs durch das Amtsblatt bekannt gemacht ist, daß das Grundbuch als angelegt anzusehen sei. Ausgenommen sind jedoch die zu dem Bezirke gehörenden Grundstücke, die ein Grundbuchblatt von Amtswegen erhalten müssen, aber noch nicht erhalten haben; diese Grundstücke sind in der Bekanntmachung zu bezeichnen.

Die Bekanntmachung erfolgt nach der Anweisung des Justizministers.[2])

[1]) Anm. * zu Einl. S. 9.

[2]) Allg. Vf. vom 18. November 1899 zur Ausführung der Art. 4, 14 u. 36 der V., betr. das Grundbuchwesen, vom 13. November 1899.

Zur Ausführung der Art. 4, 14 u. 36 der V., betr. das Grundbuchwesen, vom 13. November 1899 (G.S. S. 519) bestimme ich Folgendes:

1. Für diejenigen Grundbuchbezirke und Anlegungsbezirke, für welche das Grundbuch nicht nach Art. 3 der V. v. 13. d. M. mit dem Inkrafttreten des B.G.B. als angelegt anzusehen ist, erfolgt die in den Art. 4, 14 der V. vorgesehene Bekanntmachung durch das Amtsblatt nach den unter Nr. 2 bis 5 gegebenen Vorschriften.
2. Ist für einen Bezirk die Anlegung des Grundbuchs nach den bisherigen Gesetzen so weit vollendet, daß

von den Grundstücken, die ein Grundbuchblatt von Amtswegen erhalten müssen (Art. 1 der V.), nur einzelne weder ein Grundbuchblatt erhalten haben noch in einen Artikel aufgenommen sind, so hat das Amtsgericht die Bekanntmachung dahin zu erlassen, daß für den Bezirk mit Ausnahme der zu bezeichnenden einzelnen Grundstücke das Grundbuch im Sinne der Reichsgesetze mit dem Beginne des 1. Januar 1900 als angelegt anzusehen ist.

Die Anlegung der noch fehlenden Grundbuchblätter oder Artikel ist, soweit thunlich noch vor dem Erlasse der Bekanntmachung zu bewirken.

Die in der Bekanntmachung auszunehmenden Grundstücke sind deutlich, in der Regel mit den Kartenblatt- (Flur-) und Parzellennummern und nach der Reihenfolge dieser Nummern, zu bezeichnen. Bei Grundstücken, die aus einer größeren Anzahl von Katasterparzellen bestehen, sowie bei ungetheilten oder in der Theilung begriffenen Gemeinheiten genügt die Angabe der Artikelnummer der Grundsteuermutterrolle.

3. Die Bekanntmachung ist für alle in Betracht kommenden Grundbuchbezirke und Anlegungsbezirke, die zu demselben Regierungsbezirke gehören, einheitlich spätestens durch eine am 16. Dezember d. J. zur Ausgabe gelangende Nummer des Amtsblatts zu bewirken.

Das Amtsgericht hat die ordnungsmäßige Ausführung der Bekanntmachung nachzuprüfen.

Die in den bisherigen Gesetzen vorgeschriebene Bekanntmachung der Anlegung des Grundbuchs unterbleibt, wenn sie nicht spätestens durch eine am 16. Dezember d. J. zur Ausgabe gelangende Nummer des Amtsblatts bewirkt werden kann.

4. Nach dem Erlasse der Bekanntmachung hat das Amtsgericht unverzüglich dem Landgerichtspräsidenten ein Verzeichniß der in der Bekanntmachung genannten Bezirke einzureichen, in welchem die die Bekanntmachung enthaltende Nummer des Amtsblatts anzugeben ist.
5. s. Anm. 1 zu Art. 14.
6. s. Anm. 1 zu Art. 36.

Ueber spätere Bekanntmachungen vgl. Art. 36.

4. Anlegung von Grundbüchern.

Art. **5.** Für die übrigen Bezirke der im Art. 4 bezeichneten Landestheile[1]) bestimmt sich das Verfahren zur Anlegung der Grundbücher[2]) nach den für die einzelnen Landestheile erlassenen bisherigen Vorschriften,[3]) soweit nicht in den Artikeln 6 bis 14 Aenderungen vorgesehen sind.[4])

[1]) Für Nassau und Helgoland Art. 35. Für den ursprünglichen Geltungsbereich der pr. G.B.O. Anm. 1 zu Art. 16. Ob das G.B. bereits als angelegt anzusehen ist, ergiebt sich aus dem Verzeichniß zu Art. 3 und den Bekanntmachungen nach Art. 4.

[2]) Art. 186[1] E.G. B.G.B.

[3]) für Hann.: §§ 24—55, 57 d. G. v. 28. Mai 1873 abgeändert in §§ 32, 35 durch G. v. 29. Januar 1879, Allg. Vf. v. 24. November 1874, 1. Oktober 1877, 3. März 1883; für Jadeg. §§ 9—29 d. G. v. 23. März 1873; Schl.-H. §§ 4—28, 40, 41, 52 d. G. v. 27. Mai 1873 (durch Art. I, II, IV d. G. v. 31. Januar 1879 sind §§ 11, 12, 14 aufgehoben und ist § 28a eingeschoben); für Lauenburg §§ 20—51 d. G. v. 8. Juni 1896; Kassel §§ 21—42, 49 d. G. v. 29. Mai 1873 (von denen

§§ 31—39, z. Th. auch §§ 25, 27 aufgehoben sind); ferner §§ 1—49, 54, 55 d. G. v. 28. Mai 1885; Frankf. §§ 3, 29—71 d. G. v. 19. August 1895, Allg. Vf. v. 8. November 1895; N.V.P. §§ 141—155 d. G. v. 21. März 1868 und §§ 29—37, 50 d. G. v. 26. Mai 1873, Instr. v. 9. Juni 1866; Ehrenbreitstein §§ 14—43 d. G. v. 30. Mai 1873; für Hohenzollern §§ 14—20 d. G. v. 31. Mai 1873; für den Geltungsbereich des rheinisch-französischen Rechts §§ 3, 42—69, 71 d. G. v. 12. April 1888 mit Art. I—III d. G. v. 14. Juli 1893, Allg. Vf. v. 21. November 1888, 11. Mai 1889, 1. Mai 1890, 28. August 1893, 4. Oktober 1893.

[4]) Vgl. Art. 15.

Art. **6.** Soweit in den bisherigen Gesetzen auf die Bestimmungen der durch sie eingeführten Gesetze über das Grundbuchwesen verwiesen ist, treten an deren Stelle die entsprechenden Vorschriften des Bürgerlichen Gesetzbuchs, des zugehörigen Einführungsgesetzes und der Grundbuchordnung sowie die entsprechenden zur Ausführung und Ergänzung dieser Gesetze erlassenen Vorschriften.[1])

[1]) Vgl. Art. 4 E.G. B.G.B.

Art. **7.** Wer die ihm obliegende Anmeldung versäumt, verliert nach Maßgabe der bisherigen Gesetze sein Vorzugsrecht vor anderen Berechtigten. Im Uebrigen erleidet er den Rechtsnachtheil, daß das Grundbuch ohne Rücksicht auf sein Recht angelegt wird.

Der Wiederholung einer vor der Verkündigung dieser Verordnung erfolgten Bekanntmachung der Ausschlußfrist bedarf es nicht.

Art. 8. In den Fällen, in denen nach den bisherigen Gesetzen eine Vormerkung einzutragen ist, wird ein Widerspruch[1]) eingetragen.

[1]) §§ 899 ff. B.G.B.

Art. 9. Soweit nach den Vorschriften des Bürgerlichen Gesetzbuchs und der Grundbuchordnung im Grundbuch auf die Eintragungsbewilligung Bezug genommen werden kann,[1]) kann bei der Anlegung des Grundbuchs auf die der Eintragung zu Grunde liegende Urkunde Bezug genommen werden.[2])

[1]) §§ 874, 877, 885^2, 1115^1 B.G.B., § 50 G.B.O.
[2]) Vgl. §§ 9, 11, 57 G.B.O.

Art. 10. Ist nach den bisherigen Gesetzen auf Grund einer Anmeldung weder das angemeldete Recht noch eine Vormerkung einzutragen, so hat der Anmeldende dem Grundbuchamt[1]) innerhalb einer von diesem zu bestimmenden Frist die Erhebung der Klage zur Feststellung seines Rechtes nachzuweisen, widrigenfalls das Recht bei der Anlegung des Grundbuchs nicht berücksichtigt wird.

Ist bei der Anlegung des Grundbuchblatts die Frist noch nicht abgelaufen oder im Falle rechtzeitigen Nachweises der Klageerhebung der Rechtsstreit noch anhängig, so ist zu Gunsten des Anmeldenden ein Widerspruch[2]) einzutragen. Der Widerspruch wird auf Antrag gelöscht, wenn die Klage nicht rechtzeitig erhoben oder zurückgenommen oder rechtskräftig zurückgewiesen wird; die Kosten der Löschung hat der Anmeldende zu tragen.

Die Vorschriften der Abs. 1, 2 finden entsprechende Anwendung, wenn ein angemeldetes Recht nicht in vollem Umfange nach Maßgabe der Anmeldung eingetragen wird.

1) Art. 34.

2) §§ 899 ff. B.G.B.

Art. **11.** Soweit zur Eintragung des Eigenthümers nach den bisherigen Gesetzen die Bescheinigung oder Glaubhaftmachung des Eigenthumsbesitzes genügt, muß bei juristischen Personen der Eigenbesitz[1]) durch Zeugnisse staatlicher Behörden oder rechtskräftige Entscheidungen nachgewiesen werden. Dies gilt auch dann, wenn die Eintragung auf Grund der Ersitzung erfolgen soll.

Die Vorschriften des Abs. 1 finden insoweit keine Anwendung, als vor der Verkündigung dieser Verordnung der Beginn der Ausschlußfrist schon bestimmt ist.

1) § 872 B.G.B.

Art. **12.** Das Grundbuchblatt wird auch dann angelegt, wenn nach den bisherigen Gesetzen wegen eines Streites um das Eigenthum oder ein das Eigenthum beschränkendes Recht die Anlegung zu unterbleiben hat. In diesem Falle ist nach dem Ermessen des Grundbuchamts einer der streitenden Theile als Eigenthümer und zugleich zu Gunsten des oder der Gegner ein Widerspruch[1]) einzutragen; ebenso bestimmt sich nach dem Ermessen des Grundbuchamts, ob die Eigenthumsbeschränkung unter gleichzeitiger Aufnahme eines Widerspruchs oder nur ein Widerspruch wegen der Eigenthumsbeschränkung einzutragen ist.

[1]) §§ 899 ff. B.G.B.

Art. **13.** Wird für eine in das Grundbuch aufzunehmende Hypothek die Ertheilung eines Hypothekenbriefs nicht beantragt, so ist im Grundbuche zu vermerken, daß die Ertheilung des Hypothekenbriefs ausgeschlossen ist.[1])

[1]) Vgl. § 1116 B.G.B.

Art. **14.** Ist die Anlegung des Grundbuchs für einen Grundbuchbezirk oder einen Anlegungsbezirk im Wesentlichen vollendet, so wird dies nach Anweisung des Justizministers[1]) im Amtsblatte bekannt gemacht.

Mit dem Beginne des elften Tages nach der Ausgabe des Amtsblatts ist das Grundbuch für den Bezirk als angelegt anzusehen.[2]) Ausgenommen sind jedoch die zu dem Bezirke gehörenden Grundstücke, die ein Grundbuchblatt von Amtswegen erhalten müssen, aber noch nicht erhalten haben; diese Grundstücke sind in der Bekanntmachung zu bezeichnen.

Eine Bekanntmachung der erfolgten Anlegung von Grundbuchblättern und Artikeln nach Maßgabe der bisherigen Gesetze findet nicht mehr statt.

[1]) Vgl. Nr. 5 d. Allg. Vf. v. 18. November 1899, welche besagt:

Die im Art. 14 der Verordnung vom 13. November 1899 vorgesehene Bekanntmachung ist, sobald die Anlegung des Grundbuchs für einen Grundbuchbezirk oder einen Anlegungsbezirk im Wesentlichen vollendet ist, von dem Grundbuchamte dahin zu erlassen, daß für den Bezirk das Grundbuch mit dem Beginne des elften Tages nach der Ausgabe des Amtsblatts als angelegt anzusehen ist; gegebenenfalls sind die nach Art. 14² S. 2 der Verordnung ausgenommenen Grundstücke besonders zu bezeichnen. Die Vorschriften unter Nr. 2³ und Nr. 3² finden Anwendung.

Betrifft die Bekanntmachung den letzten Anlegungsbezirk eines Grundbuchbezirkes, so ist dies in der Bekanntmachung anzugeben.

[2]) Anm. 2 zu Art. 3.

5. Nachträgliche Anlegung von Grundbuchblättern.

a) Außerhalb des ursprünglichen Geltungsbereichs der pr. G.B.O.

Art. **15.** Auf das Verfahren zum Zwecke der Eintragung von Grundstücken, die bei der Anlegung des Grundbuchs ein Blatt nicht erhalten haben,[1]) finden in den im Artikel 4 bezeichneten Landestheilen, mit Ausnahme der im Artikel 16 Abs. 2 genannten Bezirke, die Vorschriften der Artikel 5 bis 13 entsprechende Anwendung. Eine öffentliche Bekanntmachung des Beginns des Verfahrens oder der erfolgten Anlegung des Blattes sowie die wiederholte Bestimmung einer Ausschlußfrist findet nicht statt.

Nach dem Ablaufe von zwei Jahren seit der Zeit, zu welcher das Grundbuch für den Bezirk als angelegt anzusehen ist, gilt, unbeschadet der Vorschriften des Abs. 1, die Anlegung für die dort bezeichneten Grundstücke auch dann als erfolgt,[2]) wenn sie ein Blatt noch nicht erhalten haben.

[1]) Art. 186² E.G. B.G.B., § 91 G.B.O.
[2]) Anm. 2 zu Art. 3.

b) Innerhalb des ursprünglichen Geltungsbereichs.

Art. **16.** Ergiebt sich im ursprünglichen Geltungsbereiche[1]) der Grundbuchordnung vom 5. Mai 1872, daß ein Grundstück[2]) ein Grundbuchblatt noch nicht erhalten hat, so erfolgt die Anlegung des Blattes von Amtswegen, soweit nicht nach Artikel 1 ein Antrag erforderlich ist;[3]) für die Anlegung sind die Vorschriften der Artikel 17 bis 33 maßgebend.

Das Gleiche gilt für Ostfriesland und Harlingerland, für die Niedergrafschaft Lingen und für die ehemals Münsterschen Ortschaften der Provinz Hannover.[4])

[1]) Anm. * auf S. 8 Einl. Hier ist überall das G.B. als angelegt anzusehen. Vgl. das Verzeichniß zu Art. 3.
[2]) für Bergwerke Art. 33.
[3]) Art. 186² E.G. B.G.B., § 91 G.B.O.
[4]) Die in Abs. 2 genannten Theile von Hannover (Anm. 3 zu Art. 5) gehören nicht zu dem ursprünglichen Geltungsbereiche der Grundbuchordnung, wohl aber zum Gebiet des pr. Allg. Landrechts. Auch ist in ihnen überall das G.B. als angelegt anzusehen. Vgl. das Verzeichniß zu Art. 3.

Art. **17.** Das Grundbuchamt hat die Katasterbehörde um Ertheilung eines beglaubigten Auszugs aus dem Steuerbuche[1]) zu ersuchen.

[1]) Art. 2.

Art. **18.** Ueber Besitz und Eigenthum sind zu vernehmen:

1. der im Steuerbuch eingetragene Besitzer oder dessen Erben,
2. diejenigen, welche von den unter 1 Genannten als Eigenthümer bezeichnet werden oder für deren Eigenthum sich Anzeichen ergeben.

Ist der Aufenthalt einer dieser Personen unbekannt oder außerhalb des Deutschen Reichs, so kann deren Vernehmung unterbleiben. Ein dem Grundbuchamte bekannter Vertreter ist zu vernehmen.

Das Grundbuchamt kann von der Vernehmung einzelner Miteigenthümer Abstand nehmen, wenn es die von den übrigen abgegebenen Erklärungen für zutreffend und genügend hält. Den nicht vernommenen Miteigenthümern ist mitzutheilen, welche Eintragungen auf Grund der Erklärungen der anderen Miteigenthümer in Aussicht genommen sind.

Art. **19.** Wer das Eigenthum in Anspruch nimmt, hat auf Verlangen des Grundbuchamts seinen unmittelbaren Rechtsvorgänger zu nennen, den Rechtsgrund anzugeben, vermöge dessen er das Eigenthum erworben hat, und die sich darauf beziehenden Urkunden vorzulegen sowie andere Beweise anzuzeigen.

Art. **20.** Als Eigenthümer ist in das Grundbuch einzutragen:

1. wer das Grundstück in einer gerichtlichen Zwangsversteigerung erstanden hat;
2. wer das Grundstück im Eigenbesitze[1]) hat und entweder
   a) durch Urkunden, Verfügungen oder Bescheinigungen öffentlicher Behörden oder durch Zeugen glaubhaft macht, daß er allein oder unter Hinzurechnung der Besitzzeit seines Rechtsvorgängers das Grundstück schon vor dem Inkrafttreten des Bürgerlichen Gesetzbuchs seit vierundvierzig Jahren oder auf Grund eines nach dem Allgemeinen Landrecht Theil I Titel 9 §. 579' zur Erlangung des Eigenthums geeigneten, wenngleich dem Inhalt oder der Form nach ungültigen, Titels seit zehn Jahren im Eigenbesitze gehabt hat, oder
   b) nachweist, daß er vor dem Inkrafttreten des Bürgerlichen Gesetzbuchs den Eigenbesitz des Grundstücks auf Grund eines zum Erwerbe des Eigenthums nach den Vorschriften des Allgemeinen Landrechts an sich geeigneten,

dem Inhalt und der Form nach gültigen Titels erlangt hat, und außerdem

entweder darthut, daß schon sein unmittelbarer Vorbesitzer einen zum Erwerbe des Eigenthums nach den damals geltenden Gesetzen an sich geeigneten Titel für sich gehabt hat,

oder durch Urkunden, Zeugen oder Bescheinigungen öffentlicher Behörden glaubhaft macht, daß er und sein Vorbesitzer das Grundstück vor dem Inkrafttreten des Bürgerlichen Gesetzbuchs schon im Ganzen zehn Jahre lang besessen haben;

die Vorschriften des Artikel 11 Absatz 1 finden entsprechende Anwendung;

3. wer nach Maßgabe der Artikel 21 bis 27 ein Ausschlußurtheil erwirkt hat.

1) § 872 B.G.B.

Art. **21.** Personen, die, ohne sich im Besitze des Grundstücks zu befinden, das Eigenthum für sich in Anspruch nehmen, können im Wege des Aufgebotsverfahrens[1]) mit ihrem Rechte ausgeschlossen werden.

1) Maßgebend sind außer Art. 22 und 27 der § 10 A.G. C.P.O. und §§ 946ff. C.P.O.

Art. **22.** Zuständig ist das Gericht, in dessen Bezirke das Grundstück belegen ist.[1])

1) Vgl. § 24 C.P.O.

Art. 23. Antragsberechtigt ist der Eigenbesitzer[1]) des Grundstücks.

[1]) § 872 B.G.B.

Art. 24. Der Antragsteller hat zur Begründung des Antrags:

1. entweder eine Bescheinigung der Ortsbehörde darüber beizubringen, daß er das Grundstück im Eigenbesitze hat, oder den Erwerb des Grundstücks durch eine öffentliche Urkunde zu bescheinigen;
2. einen beglaubigten Auszug aus dem Steuerbuch[1]) über das Grundstück beizufügen;
3. ein Verzeichniß der ihm bekannten Personen, die das Eigenthum an dem Grundstücke für sich in Anspruch nehmen, mit Angabe ihres Wohnorts vorzulegen und zu versichern, daß ihm andere Personen der bezeichneten Art nicht bekannt sind.

[1]) Art. 2.

Art. 25. In das Aufgebot ist aufzunehmen:

1. die Bezeichnung der Lage, der Beschaffenheit und der Größe des Grundstücks nach dem Steuerbuche;
2. die Aufforderung an die Personen, welche das Eigenthum in Anspruch nehmen, ihr Recht spätestens im Aufgebotstermin anzumelden, widrigenfalls ihre Ausschließung erfolgen werde.

Art. **26.** Das Aufgebot soll den vom Antragsteller angezeigten Personen, deren Wohnort bekannt ist, von Amtswegen mitgetheilt werden.

Art. **27.** In dem Ausschlußurtheile sind die Rechte der vom Antragsteller angezeigten Personen vorzubehalten, auch wenn sie nicht angemeldet sind.

Art. **28.** Die Anlegung des Grundbuchblatts erfolgt, unbeschadet der Vorschriften des Artikel 29 Abs. 2, wenn der nach Artikel 20 zur Eintragung des Eigenthums erforderliche Nachweis geführt ist.

Im Falle des Artikel 20 Nr. 3 hat das Grundbuchamt, wenn in dem Ausschlußurtheil ein Recht vorbehalten ist, demjenigen, zu dessen Gunsten der Vorbehalt gemacht ist, eine Frist zu bestimmen. Die Anlegung des Blattes erfolgt nach dem Ablaufe der Frist ohne Rücksicht auf das Recht, wenn derjenige, welchem die Frist bestimmt ist, nicht vorher eine einstweilige Verfügung beibringt, durch welche die Eintragung eines Widerspruchs zu seinen Gunsten angeordnet wird.

Eine Bekanntmachung der Anlegung des Blattes findet nicht statt.

Art. **29.** Außer dem Falle des Artikel 28 Abs. 2 werden Rechte an dem Grundstücke bei der Anlegung des Grundbuchblatts nur berücksichtigt, wenn sie bei dem Grundbuchamt angemeldet sind. Zur Eintragung eines Rechtes ist erforderlich, daß es sich auf eine von dem

Eigenthümer ausgestellte öffentliche Urkunde gründet oder von dem Eigenthümer anerkannt wird.

Der Eigenthümer ist über die Anerkennung zu vernehmen. Bestreitet er das angmeldete Recht, so hat das Grundbuchamt dem Anmeldenden eine Frist zu bestimmen. Nach dem Ablaufe der Frist erfolgt die Anlegung des Blattes ohne Rücksicht auf das Recht, wenn der Anmeldende nicht vorher eine einstweilige Verfügung beibringt, durch welche die Eintragung eines Widerspruchs zu seinen Gunsten angeordnet wird.

Art. **30.** Für die Rangordnung der in das Grundbuch aufzunehmenden Rechte bleiben, soweit sie durch besondere für einzelne Landestheile erlassene Gesetze bestimmt ist, diese Gesetze maßgebend. Im Uebrigen regelt sich die Rangordnung nach den zur Zeit der Entstehung der Rechte geltenden Gesetzen und, wenn sie hiernach nicht bestimmt werden kann, nach der Zeitfolge der Anmeldungen.

Art. **31.** Das Grundbuchamt kann Zeugen laden und eidlich oder eidesstattlich vernehmen.[1])

[1]) Vgl. § 15 F.G. u. Anm. 1 b zu § 1 pr. A.G.

Art. **32.** Das Grundbuchamt kann die Befolgung einer Ladung sowie die Erfüllung jeder dem Geladenen auferlegten Verpflichtung durch Geldstrafen bis zum Gesammtbetrage von einhundertfünfzig Mark erzwingen, auch die im Artikel 20 bezeichneten Nachweisungen auf Kosten der Säumigen beschaffen.[1])

[1]) Vgl. Anm. 1b zu Art. 1 pr. A.G.

Art. **33.** Die für das Bergrecht erlassenen besonderen Bestimmungen[1]) bleiben unberührt.[2])

[1]) Instr. v. 21. September 1832 (Kamptz, Jahrb. 40 S. 226), V. v. 28. Februar 1845 (G.S. S. 100), Instr. v. 21. März 1845 (J.M.Bl. S. 78).

[2]) Die Bestimmung bezieht sich nur auf die Anlegung von Grundbuchblättern im ursprünglichen Geltungsbereich der pr. G.B.O. Vgl. Art. 16[1].

6. Zuständiges Grundbuchamt.

Art. **34.** Für die nach dieser Verordnung dem Grundbuchamt obliegenden Verrichtungen ist bis zum Inkrafttreten des Bürgerlichen Gesetzbuchs das Amtsgericht zuständig, welches nach der bezeichneten Zeit als Grundbuchamt zuständig sein wird.[1])

[1]) Vgl. Art. 1—3 pr. A.G.

7. Nassau und Helgoland.

Art. **35.** Die Anlegung der Grundbücher für das Gebiet des vormaligen Herzogthums Nassau und die Insel Helgoland wird durch besondere Verordnung geregelt.[2])

[1]) Nur in diesen Gebieten sind die pr. Grundbuchgesetze nicht eingeführt gewesen. Vgl. Anm. 1 zu Art. 4. In ihnen sind auch die Grundbücher nicht als angelegt anzusehen. Vgl. Verzeichniß zu Art. 3.

[2]) Vgl. V. betr. die Anlegung der G.B. im Gebiete des vormaligen Herzogthums Nassau v. 11. Dezember 1899 (G.S. S. 595).

8. Spätere Bekanntmachungen.

Art. **36.** Solange nicht für alle Grundbuchbezirke der Monarchie das Grundbuch als angelegt anzusehen ist, hat der Justizminister alljährlich im Monat Januar die Bezirke, für die während des vorhergehenden Kalenderjahrs die Anlegung erfolgt ist, in der Gesetz-Sammlung bekannt zu machen.[1])

In gleicher Weise sind die Bezirke bekannt zu zu machen, für welche das Grundbuch auch in Ansehung der von der Anlegung ursprünglich ausgenommenen Grundstücke nach Artikel 15 Absatz 2 als angelegt gilt.

[1]) Vgl. dazu Nr. 6 der Allg. Vf. v. 18. November 1899, welche besagt:

Solange nicht für alle zu dem Bezirk eines Grundbuchamts gehörenden Grundbuchbezirke und Anlegungsbezirke das Grundbuch als angelegt anzusehen ist, hat das Grundbuchamt alljährlich bis zum 15. Dezember dem Landesgerichtspräsidenten ein Verzeichniß der Bezirke einzureichen, für die während des Kalenderjahrs die Anlegung des Grundbuchs bekannt gemacht worden ist; in dem Verzeichniß ist die Nummer des Amtsblatts anzugeben, durch welches die Bekanntmachung erfolgt ist.

Eine nachträglich bis zum Schlusse des Jahres bewirkte Bekanntmachung ist dem Landgerichtspräsidenten unverzüglich anzuzeigen.

9. Grundbuchblatt für Familienfideikommisse.

Art. 37. Die Vorschrift des §. 4 der Grundbuchordnung findet auf mehrere zu einem Familienfideikommisse gehörende Grundstücke auch[1]) dann Anwendung, wenn sie in den Bezirken verschiedener Grundbuchämter belegen sind. Das zuständige Grundbuchamt ist nach §. 20 des Ausführungsgesetzes zum Gerichtsverfassungsgesetze zu bestimmen.[2])

[1]) Diese Ausdehnung beruht auf § 86 G.B.O. Vgl. § 1[2] pr. All. Vf.

[2]) Art. 2 pr. A.G.

Urkundlich unter Unserer Höchsteigenhändigen Unterschrift und beigedrucktem Königlichen Insiegel.

Gegeben Berlin im Schloß, den 13. November 1899.

(L. S.) **Wilhelm.**

Fürst zu Hohenlohe. v. Miquel.
Thielen. Frhr. v. Hammerstein.
Schönstedt. Brefeld. v. Goßler.
Gr. v. Posadowsky. Gr. v. Bülow.
Tirpitz. Studt. Frhr. v. Rheinbaben.

Verzeichniß*)
der
unter Artikel 3 der Verordnung fallenden Grundbuchbezirke und Anlegungsbezirke.

I. Oberlandesgerichtsbezirk Königsberg;
II. Oberlandesgerichtsbez. Marienwerder;
III. Kammergerichtsbezirk;
IV. Oberlandesgerichtsbezirk Stettin;
V. Oberlandesgerichtsbezirk Posen;
VI. O.B. Breslau: zu I bis VI sämmtliche G.B.B.;
VII. O.B. Naumburg: sämmtliche zu dem B. gehörende Pr. G.B.B.;

VIII. O.B. Kiel: A. L.B. Altona: 1. sämmtliche G.B.B. der A.B.: Ahrensburg, Bargteheide, Blankenese, Eddelak, Elmshorn, Glückstadt, Itzehoe, Krempe, Marne, Meldorf, Pinneberg, Rantzau, Reinbeck, Reinfeld, Trittau, Uetersen, Wilster; 2. die G.B.B. der A.B. Altona m. Ausn. der Insel Helgoland; Kellinghusen m. Ausn. des Gm.B. Mühlenbek; Oldesloe m. Ausn. des Gm.B. Oldesloe; Schwarzenbek m. Ausn. des Gm.B. Wentorf; Wandsbek m. Ausn. der Gm.B. Steilshoop, Wandsbek; 3. in den A.B.: Mölln die Gm.B. Alt-Mölln, Anker, Bälau, Bergrade, Besenthal, Borstorf, Brunsmark, Grambek, Gretenberge, Hollenbek, Hornbek, Koberg, Kühsen, Lankau, Lehmrade;

*) Abkürzungen: A. = Amtsgerichts, B. = Bezirks oder Bezirke, G.B. = Grundbuch, Gm. = Gemeinde, Gu. = Guts, L. = Landgerichts, m. Ausn. = mit Ausnahme, O. = Oberlandesgerichts. — Bei dem Verzeichniß ist die Berichtigung vom 28. Dezember 1899 (G.S. S. 657) berücksichtigt.

Ratzeburg die Gm.B. Buchholz, Dargow, Groß-Disnack, Groß-Grönau, Hakendorf, Holstendorf, Hornstorf, Klein-Disnack, Klein-Sarau, Klein-Thurow, Lassahn, Pogeez, Techin, die Gu.B. Groß-Thurow, Groß-Zecher, Niendorf a. S., Stintenburg, Tüschenbek;

B. L.B. Flensburg: sämmtliche G.B.B.;

C. L.B. Kiel: sämmtliche G.B.B., jedoch in den A.B.: Heide m. Ausn. des Gm.B. Heide; Kiel m. Ausn. der Gm.B. Kiel, Pries, Schilksee und des Gu.B. Marutendorf; Neustadt m. Ausn. der Gu.B. Manhagen, Mönch-Neversdorf, Sieversshagen, Stendorf, Wahrendorf; Segeberg m. Ausn. des Gm.B. Blunk; Wesselburen m. Ausn. der Gm.B. Büsum, Wesselburen.

IX. O.B. Celle: A. L.B. Aurich: sämmtliche G.B.B.;

B. L.B. Göttingen: 1. sämmtliche G.B.B. der A.B.: Einbeck, Moringen, Northeim, Reinhausen, Zellerfeld;

2. die G.B.B. der A.B.: Göttingen m. Ausn. der Gm.B. Ebergötzen, Ellershausen, Göttingen, Gladebeck, Hetjershausen, Landolfshausen, Mengershausen, Reyershausen, Settmarshausen; Herzberg m. Ausn. der Gm.B. Elbingerode, Hattorf, Lauterberg, Lütjenhausen, Pöhlde, Scharzfeld, Sieber; Münden m. Ausn. der Gm.B. Bühren, Dankelshausen, Dransfeld, Hemeln, Imbsen, Münden, Niederscheden, Oberscheden; Osterode m. Ausn. der Gm.B. Eisdorf, Lasfelde, Osterode, Schwiegershausen; Uslar m. Ausn. der Gm.B. Adelebsen, Lauenförde, Lödingsen, Wahmbeck;

3. in den A.B.: Duderstadt die Gm.B. Hilkerode, Langenhagen, Seulingen; Gieboldehausen die Gm.B. Bernshausen, Renshausen;

C. L.B. Hannover: sämmtliche zu dem B. gehörende Pr. G.B.B., jedoch in den A.B.: Calenberg m. Ausn. der Gm.B. Gestorf, Jeinsen, Pattensen, Schliekum, Schulenburg, Sorsum, Wülfingen; Coppenbrügge m. Ausn. der Gm.B. Hemmendorf, Oldendorf, Osterwald; Neustadt a. R. m. Ausn. der Gm.B. Bockeloh, Cronbostel; Oldendorf m. Ausn. des Gm.B. Fischbeck; Springe m. Ausn. des Gm.B. Völksen; Wennigsen m. Ausn. der Gm.B. Gehrden, Groß-Goltern, Kirchdorf, Nordgoltern;

D. L.B. Hildesheim: sämmtliche G.B.B.;

E. L.B. Lüneburg: sämmtliche G.B.B.;

F. L.B. Osnabrück: sämmtliche G.B.B., jedoch

1. in den A.B.: Meppen m. Ausn. des Gm.B. Wesuwe; Papenburg m. Ausn. der Gm.B. Bokel, Dersum, Lehe, Renndorf, Papenburg, Steinbild, Tinnen; Quakenbrück m. Ausn. der Gm.B. Groß-Mimmelage, Herbergen, Menslage; Sögel m. Ausn. der Gm.B. Bockhorst, Lorup;

2. in den A.B.: Bersenbrück nur die Gm.B. Ahausen-Sitter, Ankum, Basum-Sussum, Bersenbrück, Bockraden, Bokel, Brickwedde, Döthen, Groß-Drehle, Dorf Gehrde, Bauerschaft Gehrde, Hastrup, Helle, Holsten, Klein-Drehle, Priggenhagen, Restrup, Rüsfort, Rüssel, Talge, Tütingen; Neuenhaus nur die Gm.B. Adorf, Agterhorn, Altendorf, Alte-Piccardie, Backelde, Bimolten, Binnenborg, Bischofspool, Bookholt, Brecklenkamp, Buitenborg, Eschebrügge, Frenswegen, Georgsdorf, Grasdorf, Gölenkamp, Haftenkamp, Halle, Hardinghausen, Heesterkante, Laar, Lage, Lemke, Neu-Ringe, Teich, Thesingfeld, Tinholt, Volzel, Veldgaar, Wielen, Wietmarschen;

G. L.B. Stade: sämmtliche G.B.B., jedoch in den A.B.: Stade m. Ausn. der Gm.B. Agathenburg, Brobergen Campe, Engelschoff, Hammahermoor, Himmelpforten, Mittelsdorf, Mulsum; Zeven m. Ausn. der Gm.B. Buchholz, Dipshorn, Rhade, Tarmstedt, Zeven;

H. L.B. Verden: sämmtliche G.B.B., jedoch in den A.B.: Bassum m. Ausn. der Gm.B. Freidorf, Heiligenloh, Hollwedel, Rüssen, Twistringen; Bruchhausen m. Ausn. der Gm.B. Schwarme, Süstedt, Uenzen.

X. O.B. Hamm: sämmtliche zu dem B. gehörende Pr. G.B.B.

XI. O.B. Cassel: A. L.B. Cassel: sämmtliche

zu dem B. gehörende Pr. G.B.B., jedoch in den A.B.: Abterode m. Ausn. des Gm.B. Vockerode; Bischhausen m. Ausn. des Gm.B. Bischhausen und der Gu.B. Oberförsterei Bischhausen, Domanialgut Bischhausen; Cassel m. Ausn. der Gm.B. Oberzwehren, Rothenditmold; Friedewald m. Ausn. des Gm.B. Friedewald; Hofgeismar m. Ausn. der Gm.B. Eberschütz, Haueda, Hombressen, Hümme, Sielen; Oberkaufungen m. Ausn. des Gm.B. Oberkaufungen; Sontra m. Ausn. des Gm.B. Heyerode und des Anlegungsb. Rittershain im Gm.B. Rockensüß; Witzenhausen m. Ausn. der Gm.B. Ermschwerd, Kleinalmerode, Wendershausen, Witzenhausen und des Gu.B. Freudenthal; Zierenberg m. Ausn. des Gm.B. Zierenberg;

B. L.B. Hanau: sämmtliche G.B.B., jedoch in den A.B.: Bergen m. Ausn. der Gm.B. Bergen-Enkheim, Bischofsheim, Gronau, Fechenheim; Birstein m. Ausn. der Gm.B. Unterreichenbach, Untersotzbach; Orb m. Ausn. der Gm.B. Mernes, Neudorf, Oberndorf; Salmünster m. Ausn. der Gm.B. Salmünster, Sarrod; Schlüchtern m. Ausn. der Gm.B. Hintersteinau, Schlüchtern; Schwarzenfels m. Ausn. der Gm.B. Altengronau, Weichersbach;

C. L.B. Marburg: 1. sämmtliche G.B.B. der A.B.: Amöneburg, Borken, Frankenberg, Fronhausen, Jesberg, Kirchhain, Marburg, Neukirchen, Neustadt, Oberaula, Rauschenberg, Wetter;

2. die G.B.B. der A.B.: Homberg m. Ausn. des Gm.B. Homberg; Rosenthal m. Ausn. des Gm.B. Hüttenrode; Treysa m. Ausn. des Gm. Gilserberg; Ziegenhain m. Ausn. des Gm.B. Ropperhausen;

3. in den A.B.: Battenberg die Gm.B. Berghofen, Biebighausen, Eisa, Frohnhausen, Holzhausen, Laisa, Oberasphe; Biedenkopf die Gm.B. Dexbach, Engelbach, Herzhausen, Niederhörlen, Quotshausen, Weifenbach, Wolzhausen; Gladenbach die Gm.B. Friebertshausen, Frohnhausen, Rüchenbach; Vöhl die Gm.B. Buchenberg,

Deisfeld, Dorf-Itter, Herzhausen, Kirchlotheim, Marienhagen, Obernburg, Oberwerba, Thal-Itter.

XII. O.B. Frankfurt: A. L.B. Frankfurt a. M.: in den A.B.: Frankfurt a. M. die zum B. des vormaligen A. Bockenheim gehörigen Gebietstheile, die Gm.B. Hausen, Niederrad, Niederursel (Frankfurter und Hessischen Antheils), Oberrad, Rödelheim, die Anlegungsb. 2, 3, 4, 6, 7, 8 der Stadt Frankfurt a. M.; Homburg vor der Höhe die Gm.B. Dillingen, Dornholzhausen, Friedrichsdorf, Homburg vor der Höhe, Kirdorf;

B. L.B. Hechingen: sämmtliche G.B.B.;

C. L.B. Limburg a. d. L.: sämmtliche G.B.B. der A.B. Braunfels, Ehringshausen, Wetzlar;

D. L.B. Neuwied: sämmtliche G.B.B. der A.B.: Altenkirchen, Asbach, Daaden, Dierdorf, Ehrenbreitstein, Kirchen, Linz, Neuwied, Wissen.

XIII. O.B. Cöln: A. L.B. Aachen: 1. sämmtliche G.B.B. der A.B.: Eschweiler, Stolberg;

2. die G.B.B. der A.B.: Blankenheim m. Ausn. der B. Ahrdorf, Baasem, Berk, Blankenheim, Blankenheimerdorf, Dahlen, Freilingen, Lindweiler, Lommersdorf, Marmagen, Mülheim, Nettersheim, Ripsdorf, Rohr, Schmidtheim, Udenbrett, Wahlen; Düren m. Ausn. der B. Binsfeld, Birkesdorf, Boich-Leversbach, Düren, Ellen, Frangenheim, Froitzheim, Füßenich, Gey, Ginnick, Girbelsrath, Gürzenich, Hochkirchen, Jüngersdorf-Stütgerloch, Kettenheim, Krenzau, Lamersdorf, Lendersdorf-Krauthausen, Mariaweiler-Hoven, Merzenich, Niederau, Niederzier, Nörvenich, Oberzier, Rath, Rölsdorf, Schophoven, Sievernich, Straß, Vettweiß, Wenau, Winden, Wollersheim, Disternich, Gladbach, Golzheim, Jakobwüllesheim, Kelz, Lüxheim, Soller; Erkelenz m. Ausn. der B. Doveren, Hückelhoven, Kleingladbach, Rückhoven; Eupen m. Ausn. der B. Eupen, Eynatten, Kettenis, Lontzen, Raeren; Geilenkirchen m. Ausn. der B. Beggendorf, Brachelen,

Gangelt, Geilenkirchen, Immendorf, Puffendorf, Uebach; Jülich m. Ausn. der B. Broich, Gevelsdorf, Hambach, Jülich, Krauthausen, Roedingen, Tetz, Titz, Selgersdorf, Welldorf; Malmedy m. Ausn. der B. Bellerraux, Büllingen, Bütgenbach, Faymonville, Geromont, Malmedy, Orifat, Weismes, Weywertz, Xoffraix; Montjoie m. Ausn. der B. Ruhrberg und Schmidt; St. Vith m. Ausn. der B. Crombach, Manderfeld, Recht, Reuland, Schoppen, Thommen, Wallerode;

3. in den A.B.: Aachen die B. Bardenberg, Brandt, Laurensberg, Merkstein, Rimburg, Weiden; Aldenhoven die B. Bettendorf, Bourheim, Dürwiß, Floßdorf, Freialdenhoven, Inden, Pattern, Setterich; Gemünd die B. Berg, Breitenbenden, Broich, Bronsfeld, Eicks, Floisdorf, Glehn, Golbach, Harperscheid, Harzheim, Hergarten, Hostel, Lorbach, Oberhausen, Rinnen, Roggendorf, Schöneseiffen, Sätenich-Kall, Strempt; Heinsberg die B. Aphoven, Braunsrath, Breberen, Dremmen, Millen, Myhl; Wegberg der B. Elmpt;

B. L.B. Bonn: sämmtliche G.B.B. m. Ausn. der B. Enzen, Pissenheim, Schwerfen, Seelscheid;

C. L.B. Cleve:

1. sämmtliche G.B.B. der A.B.: Cleve, Lobberich;

2. die G.B.B. der A.B.: Dülken m. Ausn. der B. Amern, St. Anton, Amern St. Georg, Born, Bracht, Brüggen, Burgwaldniel, Dilkrath, Dülken Land, Kirspelwaldniel, Süchteln; Geldern m. Ausn. der B. Eyll, Geldern, Kevelaer, Nieukerk, Straelen, Walbeck, Weeze; Goch m. Ausn. der B. Appeldorn, Asperden, Calcar, Pfalzdorf; Kempen m. Ausn. der B. Benrad, Kempen, Oert, St. Tönis, Vorst, Wachtendonk; Moers m. Ausn. der B. Baerl, Bergheim, Hochemmerich, Homberg, Vluyn; Rheinberg m. Ausn. der B. Bönninghardt, Horstgen, Orsoy; Xanten m. Ausn. der B. Obermörmter Veen, Xanten;

D. L.B. Coblenz:

1. sämmtliche G.B.B. der A.B: Kirn, Kreuznach, Münstermaifeld, Sobernheim, Stromberg;

2. die G.B.B. der A.B.: Adenau m. Ausn. der B. Acht, Antweiler, Arbach, Arenberg, Berenbach, Blindert, Bodenbach, Bongart, Borler, Brück (Ahr), Brück (Kehlberg), Dorsel, Eichenbach, Gelenberg, Hannebach, Herresbach, Herschbach, Herschbroich, Hühnerbach, Insul, Jammelshofen, Kaltenborn, Kempenich, Kolverath, Lederbach, Liers, Lierstall, Lükkenbach, Müllenbach, Müsch, Rohn, Nürburg, Nürburg-Brück, Oberbaar, Niederbaar, Oberelz, Pittscheid, Pomster, Reimerath, Retterath, Sassen, Senscheid, Staffel, Ueß, Virneburg, Weibern, Weidenbach, Welcherath, Wiesenscheid, Wirbach, Wirft, Wüstleimbach; Ahrweiler m. Ausn. der B. Ahrweiler, Altenahr, Blasweiler, Gelsdorf, Kirchsahr, Maischoß, Neuenahr; Andernach m. Ausn. der B. Glees, Kell, Kruft, Nickenicht, Plaidt, Wehr; Boppard m. Ausn. der B. Alken, Burgen, Halsenbach, Mermuth, Oberfell, Obergondershausen, Salzig, Weiler; Castellaun m. Ausn. der B. Altercülz, Bell (Rothenberg), Bubach, Budenbach, Castellaun, Ebschied, Hasselbach, Horn, Kisselbach diesseits, Kisselbach jenseits, Klosterchumbd, Laubach, Mörsdorf, Moerz, Riegenroth, Spesenroth, Steinbach, Zillshausen; Coblenz m. Ausn. der B. Bisholder, Capellen, Cobern, Coblenz, Dieblich, Güls, Kärlich, Lay, Metternich, Mülheim, Rhens, Rübenach, Urmitz; Cochem m. Ausn. der B. Alflen, Anderath, Brachtendorf, Bremm, Büchel, Clotten, Düngenheim, Ediger, Ellens-Poltersdorf, Eller, Eppenberg, Hamroth, Kaifenheim, Kaisersesch, Kalenborn, Landkern, Laubach, Lütz, Lutzerath, Masburg, Meiserich, Müllenbach, Uelmen, Urmersbach, Valwig; St. Goar m. Ausn. der B. Bacharach, Dudenroth, Engehöll, Henschhausen, Medenscheid, Nauheim, Neurath, Niederbach, Niederheimbach, Oberdiebach, Perscheid, Rheindiebach, Trechtingshausen,

Weiler-Boppard, Winzberg; Kirchberg m. Ausn. der B. Gemünden, Kirchberg; Meisenheim m. Ausn. der B. Breitenheim, Hundsbach; Simmern m. Ausn. der B. Liebshausen, Neuerkirch jenseits, Simmern; Sinzig m. Ausn. des B. Bodendorf; Trarbach m. Ausn. der B. Enkirch, Ravensbeuren, Sohren, Traben, Trarbach, Würrich;

3. in den A.B.: Mayen die B. Allenz, Bermel, Hirten, Kehrig, Luxem, Reudelsterz, St. Johann, Volkesfeld, Waldesch; Zell die B. Alt-Strimmig, Haserich, Hesweiler, Kaimt, Liesenich, Mastershausen, Merl, Mittel-Strimmig, Moritzheim, Pünderich, Schauren, Sosberg, Tellig, Walhausen;

E. L.B. Cöln:

1. die G.B.B. der A.B.: Bensberg m. Ausn. der B. Bleifeld, Forsbach, Heiliger, Loederich, Miebach, Oderscheid, Roesrath, Unter-Odenthal, Vilkerath, Volberg; Bergheim m. Ausn. der B. Angelsdorf, Bedburg, Caster, Elsdorf, Niederembt, Tollhausen; Cöln m. Ausn. der B. Bachem, Buschbell, Cöln, Deutz, Ehrenfeld, Fischenich, Frechen, Freimersdorf, Gleuel, Hermülheim, Kalk, Kriel, Loevenich, Longerich, Müngersdorf, Nippes, Rondorf (Stadt), Rondorf (Land), Worringen; Lindlar m. Ausn. der B. Breun, Oberengelskirchen, Unterengelskirchen; Mülheim am Rhein m. Ausn. des B. Mülheim am Rhein; Wiehl m. Ausn. der B. Marienberghausen, Weiershagen, Wiehl; Wipperfürth mit Ausn. der B. Bechen, Breibach, Engeldorf, Wipperfürth;

2. in den A.B.: Gummersbach der B. Marienheide; Kerpen die B. Buir, Heppendorf, Mödrath;

F. L.B. Düsseldorf:

1. sämmtliche G.B.B. des A.B.: Ratingen;

2. die G.B.B. der A.B.: Crefeld m. Ausn. des B. Crefeld; Düsseldorf m. Ausn. der B. Düsseldorf-Flehe, Düsseldorf-Pempelfort, Düsseldorf-Volmerswerth, Bockum;

Gerresheim m. Ausn. der B. Eller, Erkrath, Gerresheim, Urdenbach; M. Gladbach m. Ausn. der B. M. Gladbach, Hardtalte, Obergeburt; Neuß m. Ausn. des B. Neuß; Opladen m. Ausn. der B. Bürrig, Opladen, Rheindorf, Wiesdorf; Uerdingen m. Ausn. der B. Bockum, Hohenbudberg-Caldenhausen, Langst-Kirst, Lank, Latum, Nierst, Osterath, Rumeln, Uerdingen;

3. in den A.B.: Grevenbroich die B. Allrath, Barrenstein, Broich, Grevenbroich, Höningen, Hoisten, Neuenhausen, Neurath, Oekoven; Odenkirchen die B. Liedberg, Wanlo;

G. L.B. Elberfeld: sämmtliche G.B.B. m. Ausn. der B. Cronenberg, Elberfeld-Stadt, Elberfeld-Land, Langenberg, Millrath, Neviges;

H. L.B. Saarbrücken: 1. sämmtliche G.B.B. der A.B.: Neunkirchen, Saarbrücken;

2. die G.B.B. der A.B.: Baumholder m. Ausn. der B. Frohnhausen, Leitzweiler, Mambacohel; Grumbach m. Ausn. der B. Kirchenbollenbach, Martin-Weiersbach, Niederalben, Oberreidenbach, Offenbach, Sienerhöfe, Wiesweiler; Lebach m. Ausn. der B. Außen-Diefflen, Bettingen, Gresaubach, Hüttersdorf-Bupprich, Limbach, Nalbach, Saarwellingen, Schwarzenholz; Ottweiler m. Ausn. der B. Hangard, Hirzweiler, Illingen-Gennweiler, Ottweiler, Welschbach; Saarlouis m. Ausn. der B. Beaumarais-Picard, Berus, Bisten, Bous, Büren, Dillingen, Differten, Ensdorf, Felsberg, Fraulautern, Großhemmersdorf, Guerlfangen, Hostenbach, Hülzweiler, Ihn, Knausholz, Leidingen, Lisdorf, Neuforweiler, Oberesch, Pachten, Rehlingen, Roden, Saarlouis, Schaffhausen, St. Barbara, Ueberherrn, Wadgassen, Wallerfangen; Sulzbach m. Ausn. des B. Friedrichsthal; Tholey m. Ausn. der B. Bergweiler, Bubach-Cahnesweiler, Eppelborn, Habach, Lindscheid, Satzweiler, Theley, Wiesbach; Völklingen m. Ausn. der B. Fürstenhausen, Geislautern, Großrosseln, Ludweiler, Püttlingen, Völklingen,

Wehrden; St. Wendel m. Ausn. der B. Bliesen, Rosch-berg, St. Wendel;

J. L.B. Trier:

1. die G.B.B. der A.B.: Berncastel m. Ausn. der B. Berncastel, Cues, Graach, Kesten, Lieser, Maring-Noviand, Wehlen, Winterich, Zeltingen-Rachtig; Bitburg m. Ausn. der B. Bettingen, Bitburg, Bollendorf, Brecht, Dudeldorf, Echternacherbrück, Echtershausen, Ehlenz, Ernzen, Ferschweiler, Fließem, Gondorf, Herforst, Hermesdorf, Holsthum, Hüttingen, Idenheim, Irrel, Maßholder, Matzen, Messerich, Mötsch, Neidenbach, Niederstedem, Niederweiler, Oberecken, Oberweiler, Oberstedem, Ordorf, Peffingen, Pickliessem, Preist, Rittersdorf, Röhl, Schankweiler, Schleid, Speicher, Wettlingen, Wolfsfeld; Hillesheim m. Ausn. der B. Bernsdorf, Betteldorf, Hillesheim, Hohenfels, Leuders-dorf, Niederehe, Neroth, Pelm, Rockeskyll, Salm, Uexheim-Ahütte, Walsdorf; Merzig m. Ausn. der B. Ballern, Beckingen, Brotdorf, Büdingen, Düppenweiler, Fickingen, Hargarten, Haustadt, Honzrath, Keuchingen, Merzig, Reims-bach, Rimlingen, Rissenthal, Wahlen; Neuerburg m. Ausn. der B. Bauler, Baustert, Biesdorf, Bierendorf, Brimingen, Cruchten, Falkenstein, Freilingen, Gentingen, Halsdorf, Hütterscheid, Keppeshausen, Körperich, Lahr, Leimbach, Mettendorf, Nusbaum, Niedergeckler, Oberraden, Outscheid, Roth, Sinspelt, Uebereisenbach, Wallendorf; Perl m. Ausn. der B. Beuren, Esingen, Hellendorf, Nennig, Niederperl, Nohn, Oberlenken, Oberperl, Orscholz, Sehndorf, Sinz, Tünsdorf, Wehingen-Bethingen, Weiten, Wochern; Prüm m. Ausn. der B. Bleialf, Buchet, Büdesheim, Duppach, Gondenbrett, Hallschlag, Niederprüm, Oberlascheid, Ormont, Prüm, Reuland, Schlausenbach, Schönecken, Schüller, Sellerich, Seiwerath, Stadtkyll, Steffeln, Weinsfeld, Weins-heim, Wetteldorf, Winterscheid, Winterspelt; Rhaunen m. Ausn. der B. Allenbach, Horel, Hausen, Kempfeld, Oberkirn, Obert, Rhaunen, Wederath; Saarburg m. Ausn. der B.

Ayl, Beurig, Canzem, Faha, Irsch, Kirf, Littdorf-Fisch, Mannebach, Niederlenken, Nittel, Saarburg, Serrig, Tawern, Temmels, Wellen, Wiltingen, Wincheringen, Zerf; Trier m. Ausn. der B. Becond, Butzweiler, Conz, Cordel, Corlingen, Ehrang, Euren, Fastrau, Fell, Föhren, Gusterath, Gutweiler, Hockweiler, Ittel-Kyll, Kenn, Kernscheid, Kürenz, Lampaden, Longen, Mehring, Oberbillig, Olewig, Orenhofen, Pallien, Pluwig, Riol, Riveris, Rodt, Ruwer-Maximin, Ruwer-Paulin, Schleidweiler, Schweich, Sommerau, St. Mathias, Tarforst, Trier, Welschbillig, Wasserliesch, Zemmer; Wadern m. Ausn. der B. Büschfeld-Biel, Gehweiler, Krettnich, Lockweiler, Niederlosheim, Niederlöstern, Noswendel, Nunkirchen, Obermorscholz, Rappweiler-Zwalbach, Scheiden, Steinberg, Wadern, Wadrill, Wedern, Weierweiler;

2. in den A.B.: Daun die B. Brockscheid, Demerath, Ellscheid, Gefell, Katzwinkel, Kirchweiler, Kradenbach, Mückeln, Nerdlen, Saxler, Schönbach, Steinberg, Steiningen, Strohn, Tettscheid, Trittscheid, Utzerath, Weiersbach; Hermeskeil die B. Bescheid, Bierfeld, Damflos, Farschweiler, Gusenburg, Heddert, Herl, Hinzert, Höfchen, Naurath, Nonnweiler, Pöhlert, Prostrath, Rascheid, Sauscheid, Thomm; Neumagen die B. Bäsch, Etgert, Immert, Merschbach, Neunkirchen, Talling; Waxweiler die B. Dackscheid, Eilscheid, Euscheid, Greimelscheid, Habscheid, Heilhausen, Herzfeld, Hickeshausen, Houf, Kesfeld, Kinzenburg, Kopscheid, Leidenborn, Lierfeld, Masthorn, Merkeshausen, Merlscheid, Nieder-Uettfeld, Ober-Uettfeld, Pintesfeld, Reiff, Sengerich, Staudenhof, Strickscheid; Wittlich die B. Arrenrath, Bombogen, Gipperath, Greverath, Hasborn, Hupperath, Karl, Lürem, Manderscheid, Schladt, Schwarzenborn, Steinborn, Wallscheid.

XIV. O.B. Jena: sämmtliche zu Pr. gehörende G.B.B. des Bezirkes.

IV. Allgemeine Verfügung vom 20. November 1899 zur Ausführung der Grundbuchordnung.

(Justiz-Ministeralblatt S. 349 ff.)

Auf Grund des §. 1 Abs. 2 und der §§. 93 bis 97 der Grundbuchordnung sowie des Artikel 29 des Ausführungsgesetzes vom 26. September 1899 (Gesetz-Samml. S. 307)[1]) wird Folgendes angeordnet:

[1]) Vgl. Anm. 2 zu Art. 29 A.G.

I. Grundbücher.

1. Allgemeine Vorschriften.

§. **1.** Für jeden Gemeindebezirk oder selbständigen Gutsbezirk und, wenn ein Gemeindebezirk zum Zwecke der Grundbuchanlegung in mehrere Bezirke getheilt ist, für jeden Anlegungsbezirk wird ein Grundbuch eingerichtet.[1]) Das Grundbuch kann aus mehreren Bänden bestehen; die Bände erhalten fortlaufende Nummern.

Inwieweit in das Grundbuch eines Bezirkes bei Bildung gemeinschaftlicher Grundbuchblätter Grundstücke mitaufgenommen werden können, die in anderen

Bezirken belegen sind, bestimmt sich nach §. 4 der Grundbuchordnung und Artikel 37 der Verordnung, betreffend das Grundbuchwesen, vom 13. November 1899 (Gesetz-Samml. S. 519).

1) § 2[1] G.B.O. Für Bergwerke vgl. § 23, für bisherige Bücher § 28[1]

§. 2. Die Grundbuchblätter erhalten fortlaufende Nummern.

§. 3. Zur Bezeichnung der Grundstücke[1]) sind im Grundbuche nach dem Inhalte der Steuerbücher[2]) anzugeben:

1. der Name der Gemarkung;
2. die Nummern des Kartenblatts (der Flur) und der Parzelle;
3. die Artikelnummer der Grundsteuermutterrolle, die Nummer der Gebäudesteuerrolle;
4. die Wirthschaftsart (Acker, Wiese, Garten, Wohnhaus, Wohnhaus mit Hofraum und Hausgarten rc.) und die Lage (Straße, Hausnummer oder die sonstige ortsübliche Bezeichnung);
5. die Größe; ist die Größe aus den Steuerbüchern nicht ersichtlich, so ist dies anzugeben;
6. der staatlich ermittelte Grundsteuerreinertrag und Gebäudesteuernutzungswerth, in den Hohenzollernschen Landen der Steueranschlag (das Grund- und Gebäudesteuerkapital).

Besteht ein Grundstück aus mehreren Katasterparzellen, so kann die im Abs. 1 Nr. 2 vorgeschriebene Angabe der Kartenblatt- und Parzellennummern unterbleiben, wenn wegen der Zahl der Parzellen das Grundbuch nach dem Ermessen des Grundbuchamts unübersichtlich werden würde und die Parzellen nach Ausweis eines bei den Grundakten befindlichen beglaubigten Auszugs aus der Grundsteuermutterrolle in dieser auf einem oder mehreren Artikeln nachgewiesen sind, die andere Parzellen nicht umfassen. Das Grundbuchamt kann die Katasterbehörde um die Ertheilung des Auszugs, erforderlichenfalls auch um die vorherige Eintragung des Grundstücks auf einem oder mehreren besonderen Mutterrollenartikeln von Amtswegen ersuchen.[3])

Statt der im Abs. 1 Nr. 4 vorgeschriebenen Angabe genügt in den Fällen des Abs. 2 die Angabe des Gesammtnamens des Grundstücks (Rittergut x, Bauerhof y zc.).

[1]) Für Bergwerke § 22 ff., insbes. § 24².
[2]) Vergl. § 29 u. Art. 2 V.
[3]) Für die bisherigen G.B. § 28².

§. 4. Zur Bezeichnung der Berechtigten sind im Grundbuch anzugeben:

1. bei natürlichen Personen[1]) der Name (Vorname, Familienname), der Stand, der Beruf sowie der Wohnort und, soweit diese Angaben nicht thunlich

oder nicht ausreichend sind, andere die Berechtigten deutlich kennzeichnende Merkmale;

2. bei Handelsgesellschaften, bei eingetragenen Genossenschaften und juristischen Personen anderer Art die Firma oder der Name und der Sitz.

Bei Eintragungen für den Fiskus, eine Gemeinde oder eine sonstige juristische Person des öffentlichen Rechtes kann auf Antrag des Berechtigten derjenige Theil seines Vermögens, zu welchem das eingetragene Grundstück oder Recht gehört, oder die Zweckbestimmung des Grundstücks oder des Rechtes durch einen dem Namen des Berechtigten in Klammern beizufügenden Zusatz bezeichnet werden.

Eine nach Maßgabe des Gesetzes, betreffend die durch ein Auseinandersetzungsverfahren begründeten gemeinschaftlichen Angelegenheiten, vom 2. April 1887 mit einer Vertretung ausgestattete Gesammtheit der Betheiligten kann als Berechtigte eingetragen werden, ohne daß es der Bezeichnung der einzelnen Betheiligten bedarf.[2])

[1]) d. h. Menschen.

[2]) Wegen des Vertreters vgl. §§ 1 ff. jenes G. Ein besonderes Erforderniß der Auflassung in § 8[2] desselben.

2. Einrichtung der Grundbuchblätter.

Anlage A. §. 5. Die Grundbuchblätter werden nach dem in Anlage A enthaltenen, mit Probeeintragungen versehenen Formular eingerichtet.[1])

Jedes Blatt besteht aus der Aufschrift, dem Bestandsverzeichniß und drei Abtheilungen.[2])

[1]) Es giebt also künftig, abgesehen von den Vorbehalten in §§ 25, 26 für gewisse Bergwerke (im Uebrigen vgl. § 22) und Hütten, nur ein einheitliches Formular an Stelle der bisherigen Formulare I u. II. Das neue Formular geht wie das bisherige Formular I vom Grundstück aus (s. g. Realfolium), nähert sich aber unter Hinzutritt eines Bestandsverzeichnisses zu der Aufschrift (Titel) dem Formular II dadurch, daß es für die Aufnahme sämmtlicher Grundstücke desselben Eigenthümers (§ 4 G.B.O.) eingerichtet ist. Für Anerbengüter § 21. Bezüglich der bisher geführten Bücher vgl. §§ 27, 28.

[2]) Für die bisherigen G.B. § 28[3,7,8].

§. 6. In der Aufschrift sind das Amtsgericht, der Bezirk (§. 1 Abs. 1), der Kreis, zu dem der Bezirk gehört, sowie die Nummern des Bandes und des Blattes anzugeben.

Gehört der Bezirk zu einem Stadtkreise, so ist die Angabe des Kreises nicht erforderlich.[1])

[1]) Für Bergwerke § 24[1].

§. 7. Das Bestandsverzeichniß zerfällt in das Verzeichniß der Grundstücke[1]) und das Verzeichniß der mit dem Eigenthume verbundenen Rechte.

[1]) Das Formular geht davon aus, daß regelmäßig die Grundstücke desselben Eigenthümers ein gemeinschaftliches G.B.Bl. erhalten. Vgl. § 1[2] u. Anm. 4 zu § 34 dieser Bf. u. Anm. 6 zu § 4 G.B.O.

§. 8. In dem Verzeichnisse der Grundstücke ist die Spalte 1 für die Angabe der laufenden Nummer[1]) des Grundstücks[2]) bestimmt. Ein aus mehreren Katasterparzellen bestehendes Grundstück ist unter einer Nummer aufzuführen.

Die Spalten 3 bis 10 dienen zur Aufnahme der im §. 3 vorgeschriebenen Angaben. Im Falle des Abs. 1 Satz 2 ist nur die Gesammtgröße sowie der Gesammtbetrag des Grundsteuerreinertrags und des Gebäudesteuernutzungswerths anzugeben.

In Spalte 12 sind einzutragen:

1. der Vermerk über die Eintragung des ursprünglichen Bestandes des Blattes (Zeit der Eintragung, Nummer des bisherigen Blattes 2c.);
2. die Uebertragung eines Grundstücks auf das Blatt; soll das Grundstück mit einem auf dem Blatte bereits eingetragenen Grundstücke vereinigt oder einem solchen Grundstück als Bestandtheil zugeschrieben werden (B.G.B. §. 890, G.B.O. §. 5), so ist auch dies anzugeben;
3. die Vereinigung mehrerer auf dem Blatte eingetragenen Grundstücke zu einem Grundstücke sowie die Zuschreibung eines solchen Grundstücks zu einem anderen als Bestandtheil;
4. die Vermerke, durch welche bisherige Grundstückstheile als selbständige Grundstücke eingetragen werden, insbesondere im Falle des §. 6

Satz 1 der Grundbuchordnung, sofern in diesem Falle nicht der Theil auf ein anderes Blatt übertragen wird;

5. die Vermerke über Berichtigungen der Bestandsangaben.[3])

In den Fällen der Vereinigung und der Zuschreibung (Abs. 3 Nr. 2, 3) sind die sich auf die betheiligten Grundstücke beziehenden Eintragungen in den Spalten 1 bis 10 roth zu unterstreichen. Das durch die Vereinigung oder Zuschreibung entstehende Grundstück ist unter einer neuen laufenden Nummer einzutragen; neben dieser Nummer ist in Spalte 2 auf die bisherigen laufenden Nummern der betheiligten Grundstücke zu verweisen (vergl. die Probeeintragung in Spalte 2 des Verzeichnisses der Grundstücke zu Nr. 3, 8 der Spalte 1).[4])

In den Fällen des Abs. 3 Nr. 4 sind die Grundstückstheile unter neuen laufenden Nummern einzutragen; neben diesen Nummern ist in Spalte 2 auf die bisherige laufende Nummer des Grundstücks zu verweisen. Die sich auf das Grundstück beziehenden bisherigen Eintragungen sind in den Spalten 1 bis 10 roth zu unterstreichen.

Die Spalte 14 ist bestimmt:

1. für die nicht unter Abs. 3 Nr. 4 fallenden Abschreibungen;
2. für die Eintragung des Ausscheidens eines Grundstücks oder eines Grundstückstheils aus dem Grundbuche (G.B.O §. 90 Abs. 2).[5])

Wird ein Grundstück ganz abgeschrieben, so sind die sich auf das Grundstück beziehenden bisherigen Eintragungen in den Spalten 1 bis 12 sowie die ausschließlich das abgeschriebene Grundstück betreffenden Vermerke in den drei Abtheilungen roth zu unterstreichen. Wird ein Grundstückstheil abgeschrieben, so finden die Vorschriften des Abs. 5 entsprechende Anwendung. Ist im letzteren Falle das Grundstück nach Maßgabe des §. 3 Abs. 2 bezeichnet, so ist auch in dem Auszug aus der Mutterrolle die Abschreibung zu vermerken; eine ganz oder theilweise abgeschriebene Parzelle ist roth zu unterstreichen, eine bei dem Grundstücke verbleibende Restparzelle ist am Schlusse neu einzutragen. Diese Vorschriften gelten auch für die Fälle des Abs. 6 Nr. 2.[6])

Bei Eintragungen in den Spalten 12, 14 ist in den Spalten 11, 13 auf die laufende Nummer des von der Eintragung betroffenen Grundstücks zu verweisen.

[1]) Bezüglich der Nr. der Landgüterrolle vgl. § 3³ der L.G.O. für den Bezirk Kassel u. Allg. Vf. v. 18. August 1887 (J.M.Bl. S. 198).

[2]) § 2² G.B.O.

[3]) § 28⁴ für bisherige G.B.

[4]) Vgl. § 24².

[5]) Vgl. § 17. — Bezüglich der Flächen zur Errichtung trigonometrischer Marksteine. G. v. 7. Oktober 1865, 7. April 1869, 3. Juni 1874, Allg. Vf. v. 6. September 1878 (J.M.Bl. S. 136), § 9 Allg. Vf. v. 21. November 1888 (Rheinl.)

[6]) bez. der mehreren Grundstücke (Anm. 1 zu § 7).

§. **9.** Der zweite Abschnitt des Bestandsverzeichnisses ist für die Vermerke über Rechte, die dem jeweiligen Eigenthümer eines auf dem Blatte verzeichneten Grundstücks zustehen, sowie über die Aenderung oder die Aufhebung eines solchen Rechtes (G.B.O. §. 8, Ausf. Ges. z. G.B.O. Artikel 12 Abs. 2 Nr. 2) bestimmt. Im Falle der Löschung sind in den Spalten 1 bis 4 die sich auf das gelöschte Recht beziehenden Eintragungen roth zu unterstreichen.[1])

[1]) Für bisherige G.B. § 28^{5}.

§. **10.** In die erste Abtheilung sind einzutragen:

1. in Spalte 1 der Eigentühmer, bei Miteigenthümern auch die im §. 48 der Grundbuchordnung vorgeschriebene Angabe;[1])
2. in Spalte 2 die laufende Nummer der Grundstücke, auf die sich die in Spalte 3 enthaltenen Eintragungen beziehen;
3. in Spalte 3 der Tag der Auflassung oder die anderweitige Grundlage der Eintragung (Erbschein, Testament, Zuschlagsbeschluß, Bewilligung der Berichtigung des Grundbuchs, Ersuchen der Auseinandersetzungsbehörde um die Berichtigung, Enteignungsbeschluß rc.), der Verzicht auf das Eigenthum an einem Grundstücke (B.G.B. §. 928 Abs. 1) und der Tag der Eintragung;
4. in Spalte 4 auf Antrag des Eigenthümers der Erwerbspreis, der durch eine öffentliche Taxe festgestellte Schätzungswerth und bei Gebäuden

die Feuerversicherungssumme unter Hinweis auf die laufende Nummer des Grundstücks und mit Angabe des für den Preis, die Schätzung oder die Versicherung maßgebenden Zeitpunkts.

Bei der Eintragung eines neuen Eigenthümers sind die sich auf den bisher eingetragenen Eigenthümer beziehenden Vermerke in den Spalten 1 bis 3 roth zu unterstreichen.

[1]) für bisherige G.B. § 28[6].

§. **11.** In der zweiten Abtheilung dienen die Spalten 1 bis 3 zur Eintragung:

1. der das Grundstück belastenden Rechte mit Ausnahme von Hypotheken, Grundschulden und Rentenschulden, insbesondere auch der im §. 1010 Abs. 1 und im §. 2044 des Bürgerlichen Gesetzbuchs bezeichneten Belastungen des Antheils eines Miteigenthümers oder Miterben;
2. der Beschränkungen des Verfügungsrechts des Eigenthümers, insbesondere durch die Fideikommißeigenschaft des Grundstücks (Ausf.Ges. z. G.B.O. Artikel 15 Abs. 1 Satz 2), durch das Recht eines Nacherben (G.B.O. §. 52) oder die Ernennung eines Testamentsvollstreckers (G.B.O. §. 53), durch die Anordnung der Zwangsversteigerung oder Zwangsverwaltung des Grundstücks (Gesetz über die Zwangsversteigerung ꝛc. §. 19 Abs. 1, §. 146 Abs. 1), durch ein vom Konkursgericht erlassenes Veräußerungsverbot oder durch

die Eröffnung des Konkursverfahrens über das Vermögen des Eigenthümers (K.O. §. 113), durch die Vermerke oder Vormerkungen nach §. 59 der Verordnung wegen des Geschäftsbetriebs in den Angelegenheiten der Gemeinheitstheilungen ꝛc. vom 30. Juni 1834, nach §. 12 Abs. 3 des Gesetzes, betreffend die Beförderung der Errichtung von Rentengütern, vom 7. Juli 1891 und nach §. 23 Abs. 3 Nr. 1 des Gesetzes, betreffend das Anerbenrecht bei Renten- und Ansiedelungsgütern, vom 8. Juni 1896[1]) sowie durch die Zugehörigkeit zu einer Bahneinheit (Gesetz, betreffend das Pfandrecht an Privateisenbahnen ꝛc., vom 19. August 1895 §. 15 Abs. 1);[2])[3])

3. der Vormerkung über ein eingeleitetes Enteignungsverfahren (Enteignungsgesetz vom 11. Juni 1874 §. 24 Abs. 4);
4. der vertragsmäßigen Feststellung der Höhe einer für einen Ueberbau oder einen Nothweg zu entrichtenden Rente sowie des Verzichts auf die Rente (B.G.B. §. 914 Abs. 2, §. 917 Abs. 2).

In die Spalten 4, 5 sind die Veränderungen der in den Spalten 1 bis 3 vermerkten Rechte und Beschränkungen einzutragen. Hierher gehören insbesondere die Aenderung des Rangverhältnisses (B.G.B. §. 880), die nachträgliche Anlegung eines besonderen Grundbuchblatts für ein Erbbaurecht (G.B.O. §. 7 Abs. 2), die Mitbelastung eines anderen Grundstücks in den Fällen des §. 49 Abs. 1 Satz 2 der G.B.O. sowie die Beschränkung des Berechtigten in der Verfügung über ein in den Spalten 1 bis 3 eingetragenes Recht (B.G.B. §. 892), auch wenn die Beschränkung nicht erst nachträglich eintritt.

Die Löschung einer Veränderung erfolgt in Spalte 6, die Löschung der in den Spalten 1 bis 3 eingetragenen Rechte oder Beschränkungen in den Spalten 7, 8.

1) Vgl. §§ 21, 43.

2) Vgl. § 45.

3) Vgl. für Hauberge und Jahnschaften § 44.

§. **12** In der dritten Abtheilung dienen die Spalten 1 bis 4 zur Eintragung der Hypotheken, Grundschulden und Rentenschulden.

In die Spalten 5 bis 7 sind die Veränderungen eines solchen Rechtes einzutragen. Hierher gehören insbesondere die Aenderung des Rangverhältnisses (B.G.B. §. 880), die Beschränkung des Berechtigten in der Verfügung über das Recht (B.G.B. §. 892), auch wenn die Beschränkung nicht erst nachträglich eintritt, die nachträgliche Ausschließung der Ertheilung eines Briefes oder die Aufhebung der Ausschließung (B.G.B. §. 1116 Abs. 2, 3), eine Aenderung in Ansehung der Verzinsung, der Zahlungszeit oder des Zahlungsorts (B.G.B. §. 1119), die Uebertragung, Pfändung oder Verpfändung des Rechtes (B.G.B. §. 154 Abs. 2, 3 §§. 1192, 1199; C.P.O. §§. 830, 837), der Verzicht des Berechtigten (B.G.B. §. 1168), die Aenderung der

Forderung, für welche die Hypothek besteht (B.G.B. §. 1180), die Umwandlung einer Hypothek, Grundschuld oder Rentenschuld (B.G.B. §§. 1177, 1186, 1198, 1203), die Mitbelastung eines anderen Grundstücks in den Fällen des §. 49 Abs. 1 Satz 2 der Grundbuchordnung sowie die Ertheilung eines neuen Briefes (G.B.O. §. 68 Abs. 3).

Die Löschung einer Veränderung erfolgt in Spalte 8, die Löschung der Rechte in den Spalten 9 bis 11.

§. **13.** Die in Spalte 3 der zweiten und in den Spalten 3, 4 der dritten Abtheilung erfolgenden Eintragungen erhalten in jeder Abtheilung fortlaufende Nummern. Bei der Eintragung ist das von ihr betroffene Grundstück in Spalte 2 mit der laufenden Nummer, die es im Bestandsverzeichnisse führt, zu bezeichnen.

Bei Vermerken über Veränderungen und bei Löschungen ist auf die laufende Nummer der Eintragung zu verweisen.

Wird eine Eintragung ganz gelöscht, so ist sie roth zu unterstreichen.

Wird eine Hypothek, eine Grundschuld oder eine Rentenschuld theilweise gelöscht, so ist in Spalte 3 der gelöschte Theil von dem Betrage abzuschreiben.[1])

[1]) Vgl. § 39.

3. Vormerkungen und Widersprüche.

§. **14.** Die Eintragung einer Vormerkung[1]) erfolgt:

1. wenn die Vormerkung den Anspruch auf Ueber-

tragung des Eigenthums betrifft, in den Spalten 1 bis 3 der zweiten Abtheilung;

2. wenn die Vormerkung den Anspruch auf Einräumung eines anderen Rechtes an dem Grundstücke betrifft, in der für die Eintragung des Rechtes bestimmten Abtheilung und Spalte;
3. in den übrigen Fällen in der für Veränderungen bestimmten Spalte der Abtheilung, in welcher das von der Vormerkung betroffene Recht eingetragen ist.

In den Fällen des Abs. 1 Nr. 2, 3 ist bei der Eintragung der Vormerkung die rechte Hälfte der Spalte für die endgültige Eintragung frei zu lassen.

Soweit die Eintragung der Vormerkung durch die endgültige Eintragung ihre Bedeutung verliert, ist sie roth zu unterstreichen.

Diese Vorschriften finden auf die Eintragung eines Widerspruchs[2]) entsprechende Anwendung.

[1]) §§ 883 ff., 1179 B.G.B., §§ 18², 76 G.B.O.

[2]) §§ 899, 927, 1139, 1140, 1160 B.G.B., §§ 18², 23, 42, 54, 62, 71, 76 G.B.O.

4. Eintragungen in mehreren Spalten.

§. **15.** Sind für eine Eintragung mehrere Spalten desselben Abschnitts oder derselben Abtheilung bestimmt, so gelten die sämmtlichen Vermerke im Sinne des §. 45 der Grundbuchordnung nur als eine Eintragung.

5. Schreibart.

§. **16.** Die Eintragungen sind deutlich und ohne Abkürzungen zu schreiben, in dem Grundbuche darf nichts radirt oder sonst unleserlich gemacht werden.

Bei Reallasten, insbesondere Rentenbankrenten, sowie bei Hypotheken, Grundschulden und Rentenschulden sind die in das Grundbuch einzutragenden Geldbeträge (B.G.B. §. 1107, §. 1115 Abs. 1, §. 1190 Abs. 1, §§. 1192, 1199) in den Vermerken über die Eintragung des Rechtes mit Buchstaben zu schreiben. Das Gleiche gilt für die Eintragung einer Veränderung oder einer Löschung bezüglich eines Theilbetrags eines Rechtes sowie im Falle des §. 882 des Bürgerlichen Gesetzbuchs für die Eintragung des Höchstbetrags des Werthersatzes.

6. Schließung und Umschreibung eines Grundbuchblattes.

§. **17.** Sind alle auf einem Blatte eingetragenen Grundstücke abgeschrieben oder aus dem Grundbuch ausgeschieden, so ist das Blatt zu schließen.[1])

[1]) §§ 8^{6},[7], 19. — Instr. v. 3. 8. 1853 (J.M.Bl. S. 275).

§. **18.** Geht die Zuständigkeit für die Führung eines Grundbuchblatts auf ein anderes Grundbuchamt über,[1]) so ist das bisherige Blatt zu schließen;[1]) dem anderen Grundbuchamte sind die Grundakten zu übersenden, nachdem die wörtliche Uebereinstimmung der Tabelle (§. 34 Abs. 2) mit dem Grundbuchblatte von dem Richter und dem Gerichtsschreiber bescheinigt ist.

In der Aufschrift des neuen Blattes ist auf das bisherige Blatt zu verweisen. Gelöschte Eintragungen werden in das neue Blatt insoweit übernommen, als dies zum Verständnisse der noch gültigen Eintragungen erforderlich erscheint; im Uebrigen sind aus der zweiten und der dritten Abtheilung nur die Nummern der Eintragungen mit dem Vermerke „Gelöscht" zu übernehmen. Die Uebereinstimmung des Inhalts des neuen Blattes mit dem Inhalte des bisherigen Blattes ist in jedem Abschnitt und jeder Abtheilung von dem Richter und dem Gerichtsschreiber zu bescheinigen.

Sind in dem neuen Blatte die Spalten eines Abschnitts oder einer Abtheilung nicht gleich weit ausgefüllt, so sind die leer gebliebenen Stellen zu durchkreuzen. [2])

[1]) Art. 2, 3 pr. A.G.

[2]) §§ 19, 20.

§. **19.** Die Schließung eines Grundbuchblatts erfolgt durch Eintragung des Schließungsvermerkes in der Aufschrift sowie am Schlusse der Eintragungen in den beiden Abschnitten des Bestandsverzeichnisses und den drei Abtheilungen; die Vorschrift des §. 18 Abs. 3 findet entsprechende Anwendung.

In dem auf die Aufschrift zu setzenden Vermerk ist der Grund der Schließung anzugeben. [1])

[1]) § 20.

§. **20.** Ist ein Grundbuchblatt unübersichtlich geworden, so kann es auf Antrag des Eigenthümers oder von Amtswegen umgeschrieben werden. Die Vorschriften des §. 18 Abs. 2, 3 und des §. 19 finden entsprechende Anwendung.

7. Besondere Fälle. a) Anerbengüter.

§. **21.** Das in Anlage A enthaltene Formular tritt auch für die Eintragung von Anerbengütern im

Sinne des Gesetzes, betreffend das Anerbenrecht bei Renten- und Ansiedelungsgütern, vom 8. Juni 1896 (Gesetz-Samml. S. 124)[1]) an die Stelle des im §. 3 Satz 1 daselbst vorgeschriebenen Formulars I der Grundbuchordnung vom 5. Mai 1872. Jedoch bewendet es dabei, daß jedes Anerbengut ein besonderes Grundbuchblatt erhält (Gesetz vom 8. Juni 1896 §. 3 Satz 3; G.B.O. §. 82 Abs. 2; Einf.Ges. z. B.G.B. Artikel 4).

In Spalte 7 des Verzeichnisses der Grundstücke ist einzutragen: Anerbengut Nr. x (Angabe der Hausnummer in der Gemeinde). Die Anerbengutseigenschaft wird in der zweiten Abtheilung eingetragen.

[1]) § 11[1] Nr. 2.

b) Bergwerke.

§. **22.** Die Vorschriften der §§. 1 bis 20 finden auf Bergwerke, selbständige Kohlenabbau-Gerechtigkeiten und andere Berechtigungen, für welche die sich auf Grundstücke beziehenden Vorschriften gelten, entsprechende Anwendung, soweit nicht in den §§. 23 bis 26 ein Anderes bestimmt ist.

§. **23.** Für die im Bezirk eines Grundbuchamts belegenen Bergwerke ist ein besonderes Grundbuch einzurichten.[1])

[1]) Vgl. § 1.

§. **24.** Bei Bergwerken und selbständigen Kohlenabbau-Gerechtigkeiten ist in die Aufschrift eine Beschreibung aufzunehmen, die den wesentlichen Inhalt der Verleihungsurkunde oder des sonstigen Berechtigungstitels[1]) angiebt.

Für die dem Bergwerk oder der Kohlenabbau-Gerechtigkeit zugeschriebenen Grundstücke gelten die Vorschriften des §. 3. Die Vorschriften des §. 8 Abs. 4 finden auf diese Grundstücke keine Anwendung.[2])

[1]) §§ 34 ff., 41 ff. 51. Allg. Berggес. § 2 d. G. v. 22. Februar 1869.

[2]) § 25[1] Nr. 1.

§. **25.** Für Bergwerke mit unbeweglichen Antheilen der Gewerken (Kuxen)[1]) behält es bei dem im §. 6 Abs. 3 der Grundbuchordnung vom 5. Mai 1872 vorgeschriebenen Formulare (bisher Formular III) mit folgenden Maßgaben sein Bewenden:

1. Der Unterabschnitt II des Titels ist für die dem Bergwerk als Bestandtheil zugeschriebenen Grundstücke bestimmt; die Vorschriften des §. 24 Abs. 2 finden Anwendung.
2. Die Vermerke über die mit dem Bergwerkseigenthume verbundenen Rechte (G.B.O. §. 8; Ausf.Ges. z. G.B.O. Artikel 22) sind in einen hinter dem Unterabschnitte II des Titels einzuschiebenden neuen Unterabschnitt III aufzunehmen; der bisherige Unterabschnitt III erhält die Ziffer IV.
3. Die dritte Abtheilung ist auch für die Eintragung von Rentenschulden bestimmt.

In der ersten Abtheilung ist die Anzahl der Kuxe, die den einzelnen Gewerken gehören, anzugeben.

1) §§ 226 ff. Allg. Berggef. Vgl. auch § 26 dieser Vf.

§. **26.** Für die Hütten in der Grafschaft Sayn-Altenkirchen verbleibt es bei dem Formular, welches für sie durch das Gesetz über das Grundbuchwesen in dem Bezirke des Justizsenats zu Ehrenbreitstein vom 30. Mai 1873 (Gesetz-Samml. S. 296 ff.) vorgeschrieben ist;[1]) die Vorschriften des §. 25 Abs. 1 finden Anwendung.

1) § 21 dieses Gef.

8. Fortführung der bisherigen Bücher.

§. **27.** Die bisher geführten Bücher, die nach den Artikeln 3, 4 der Verordnung, betreffend das Grundbuchwesen, vom 13. November 1899 als Grundbücher im Sinne der Reichsgesetze gelten, werden fortgeführt.

Sind die Bücher noch nicht eingebunden, so sind neu anzulegende Grundbuchblätter nach den neuen Vorschriften einzurichten. Das Gleiche gilt für die Grundbuchblätter in neu anzulegenden Bänden.

Auf die Fortführung der bisherigen Bücher finden die Vorschriften der §§. 1 bis 4, 6, 8 bis 19, 22 bis 26 mit den im §. 28 bestimmten Maßgaben entsprechende Anwendung.

§. **28.** Soweit die bisherigen Bücher für besondere Grundsteuer-Erhebungsbezirke angelegt sind, behält es bis zur Auflösung der Bezirke bei dieser Einrichtung sein Bewenden.

Sind die Grundstücke bisher nicht nach Maßgabe der Vorschriften des §. 3 Abs. 1 Nr. 1 bis 3, Abs. 2 bezeichnet, so ist diese Bezeichnung allmählich von Amtswegen zu bewirken. Der Angabe der Gemarkung bedarf es nicht, wenn diese denselben Namen hat wie der Bezirk, für den das Grundbuch eingerichtet ist.

Die Eintragungen erhalten an der in den bisherigen Formularen dafür geeigneten Stelle ihren Platz.

Die im §. 8 Abs. 3 bezeichneten Eintragungen erfolgen bei dem bisherigen Formular I auf dem Titel, bei dem bisherigen Formular II in Spalte 8 der ersten Abtheilung.

Die Eintragung der im §. 9 bezeichneten Vermerke erfolgt bei Formular I auf dem Titel, bei Formular II in der ersten Abtheilung, unter Verweisung auf die laufende Nummer des Grundstücks, dessen jeweiligem Eigenthümer das Recht zusteht.

Die im §. 10 Abs. 1 Nr. 1 bezeichnete Eintragung erfolgt bei Formular II auf dem Titel.

Reicht in den bisherigen Formularen der Raum für die in das Bestandsverzeichniß des neuen Formulars aufzunehmenden Vermerke nicht aus, so sind an der geeigneten Stelle des bisherigen Formulars Einlagebogen mit dem Grundbuche fest zu verbinden, die der Einrichtung des Bestandsverzeichnisses im neuen Formular entsprechen; auf dem Einlagebogen ist die Stelle des bisherigen Formulars, zu welcher der Bogen gehört, sowie die Zeit der Einfügung anzugeben. Diese Vorschriften finden keine Anwendung, wenn das Grundbuchblatt durch die Einfügung des Einlagebogens unübersichtlich werden würde; in diesem Falle ist nach Maßgabe des §. 20 zu verfahren.

Die Aufsichtsbehörden können zum Zwecke der Anpassung der bisherigen Bücher an das neue Formular weitere Anordnungen treffen.

9. Uebereinstimmung aus den Steuerbüchern.

§. **29.** Für das Verfahren behufs Erhaltung der Uebereinstimmung zwischen den Grundbüchern und den Steuerbüchern[1]) bleiben, unbeschadet der Vorschriften des §. 3 Abs. 2, die bisherigen Bestimmungen maßgebend.

[1]) Die Verbindung des Grundbuchs mit dem Kataster (vgl. Koppers, die Verbindung des Grundbuchs mit der Katasterkarte) ist zunächst in Westfalen und in den landrechtlichen Gebietstheilen der Rheinprovinz eingeführt und dann auf die übrigen Landestheile ausgedehnt. Es kommen dabei in Betracht: V. v. 31. März 1834, K.O. vom 16. Juli 1840, Ministerialinstruktion vom 30. Januar 1842 (J.M.Bl. S. 67), Allg. Anweisung v. 2. November 1870 (J.M.Bl. S. 320 ff.), Allg. Vf. v. 30. November 1870 (J.M.Bl. S. 320), sämmtlich nur für Westfalen, Art. 5 Instr. v. 9. Juni 1868 (J.M.Bl. S. 185) u. Allg. Vf. v. 11. April 1870 (J.M.Bl. S. 111) für Neuvorp. und Rügen, Allg. Vf. vom 2. September 1872 (J.M.Bl. S. 178) für Altpr., v. 31. Januar 1873 (J.M.Bl. S. 46) für Altpr. ohne Westfalen, v. 24. Mai 1873 (J.M.Bl. S. 169) für Neuvorp. und Rügen, v. 31. Oktober 1873 (J.M.Bl. S. 293) für Ehrenbreit-

stein, v. 9. Mai 1874 (J.M.Bl. S. 141) für Kassel, v. 9. November 1874 (J.M.Bl. S. 301) für Hohenzollern, v. 24. November 1874 (J.M.Bl. S. 331) für Hannover, Jade, v. 28. August 1876 (J.M.Bl. S. 152) für Schlesw.-Holstein, v. 18. November 1876 (J.M.Bl. S. 222) für Altpr. ohne Westfalen, v. 16. Februar 1877 (J.M.Bl. S. 29) für Hannover, Jade, v. 18. Mai 1877 (J.M.Bl. S. 89) für Schlesw.-Holstein, Hannover, Jade, Ehrenbreitstein, v. 5. Juni 1877 (J.M.Bl. S. 103) für Altpr., Hannover, Jade, Ehrenbreitstein, v. 28. Juni 1877 (J.M.Bl. S. 161) für Kassel, v. 11. Oktober 1877 (J.M.Bl. S. 213) für das Gesammtgebiet der pr. G.B.O. (Anm. 1 zu Art. 35 B.) ohne Hohenzollern u. Rheinl., v. 21. Dezember 1878 (J.M.Bl. S. 208) für Schlesw.-Holstein, v. 10. Mai 1880 (J.M.Bl. S. 111) für das Gesammtgebiet ohne Hohenzollern u. Rheinl., v. 15. Februar 1881 (J.M.Bl. S. 30) für Hannover und Jade, v. 21. September 1881 (J.M.Bl. S. 190) für Waldeck und Pyrmont, v. 21. u. 25. Mai 1883 (J.M.Bl. S. 156) für das Gesammtgebiet ohne Hohenzollern u. Rheinl., v. 15. Juni 1883 (J.M.Bl. S. 190) für Schlesw.-Holstein, v. 15. Juni 1883 (J.M.Bl. S. 196) für Waldeck und Pyrmont, v. 12. Juli 1883 (J.M.Bl. S. 240) für Kassel, v. 27. November 1883 (J.M.Bl. S. 350) für das Gesammtgebiet ohne Rheinl. v. 12. Juni 1885 (J.M.Bl. S. 186) für Rheinl., v. 2. Juli 1885 (J.M.Bl. S. 233) für das Gesammtgebiet ohne Rheinl., Westf. u. Hohenzollern, v. 17. August 1888 (J.M.Bl. S. 199) für das Gesammtgebiet ohne Hohenzollern, v. 21. November 1888 [§ 9] (J.M.Bl. S. 305) u. v. 3. Oktober 1889 (J.M.Bl. S. 204) für Rheinl., v. 4. Februar 1890 (J.M.Bl. S. 77) u. v. 25. März 1890 (J.M.Bl. S. 198) für das Gesammtgebiet ohne Hohenzollern, v. 7. Juni 1890 (J.M.Bl. S. 109) für Rheinl., v. 29. September 1890 (J.M.Bl. S. 247) für das Gesammtgebiet ohne Rheinl.,

v. 29. August 1891 (J.M.Bl. S. 217) für das Gesammtgebiet, v. 7. März 1892 (J.M.Bl. S. 86) für Rheinl., v. 29. März 1895 (J.M.Bl. S. 119) für das Gesammtgebiet ohne Hohenzollern, v. 11. September 1897 (J.M.Bl. S. 239) für das Gesammtgebiet. Unstatthaftigkeit der Umrechnung der Reinerträge in Reichswährung: Vf. des Justizministers vom 29. Januar 1882.

§. 30. Ein Theil eines Grundstücks soll von diesem nur abgeschrieben werden,[1]) wenn ein beglaubigter Auszug aus dem Steuerbuche sowie eine von dem Fortschreibungsbeamten beglaubigte Karte vorgelegt wird, aus denen die Größe und die Lage des Theiles ersichtlich sind; der Theil muß im Steuerbuch unter einer besonderen Nummer verzeichnet sein, es sei denn, daß nach dem Ermessen der Grundsteuerbehörde die deutliche Darstellung der Nummer in der Karte unausführbar ist. Der Vorlegung einer Karte bedarf es nicht, wenn bei der Abschreibung eine Aenderung der Karte nicht eintritt.

Die Vorschriften des Abs. 1 über die Vorlegung einer Karte finden entsprechende Anwendung, wenn ein Grundstückstheil ohne Abschreibung mit einer Dienstbarkeit oder Reallast belastet werden soll (G.B.O. §. 6 Satz 2).

Für die Ertheilung des Auszugs und der Karte gelten die für den Fall des §. 58 der Grundbuchordnung vom 5. Mai 1872 erlassenen Anweisungen.[2])

Der Vorlegung des Auszugs und der Karte bedarf es nicht zu Abschreibungen, die auf Ersuchen einer Auseinandersetzungsbehörde auf Grund eines von ihr bestätigten Rezesses[3]) oder auf Ersuchen der zuständigen Behörde auf Grund eines Enteignungsbeschlusses[4]) erfolgen sollen.[5])

[1]) Vgl. § 96 G.B.O. und Anm. 5 zu § 3 G.B.O.

[2]) Vgl. Allg. Vf. v. 5. Juni 1877 (J.M.Bl. S. 104), u. v. 2. Juli 1885 (J.M.Bl. S. 233) u. v. 17. August 1888 (J.M.Bl. S. 199).

[3]) Art. 12 ff. pr. A.G.

[4]) § 33 d. pr. G. v. 11. Juni 1874.

[5]) Vgl. wegen Gründung neuer Ansiedelungen und Vertheilung der öffentlichen Lasten bei Grundstückstheilungen G. v. 16. September 1899 (G.S. S. 497) und die in diesem Gesetz in Bezug genommenen Vorschriften.

10. Bekanntmachung der Eintragungen.

§. 31. Die Eintragung eines Eigenthümers ist außer den im §. 55 der Grundbuchordnung bezeichneten Betheiligten der Grundsteuerbehörde[1]) bekannt zu machen.

Die bestehenden Vorschriften, nach welchen andere Behörden von Eintragungen in das Grundbuch zu benachrichtigen sind, bleiben unberührt.[2])

[1]) Allg. Vf. v. 24. Mai 1873 (J.M.Bl. S. 164), v. 5. Juni 1877 (J.M.Bl. S. 103). Vgl. Allg. Vf. v. 25. März 1890 (J.M.Bl. S. 109) und für Hohenzollern Allg. Vf. v. 9. November 1874 (J.M.Bl. S. 303).

[2]) Enteignungsbehörde § 4 G. v. 11. Juni 1874. Vorstand der Haubergsgenossenschaft, § 10 G. v. 17. März 1879, § 11 G. v. 9. April 1890. Weggefallen ist zufolge Aufhebung des § 57 pr. G.B.O. durch Art. 33 Nr. 1 pr. A.G. die Benachrichtigung von Landrath und Magistrat bei Abzweigungen.

11. Einsicht und Abschriften.

§. 32. Die Einsicht des Grundbuchs ist öffentlichen Behörden und den von ihnen beauftragten Beamten gestattet, ohne daß es der Darlegung eines berechtigten Interesses bedarf.

Notare, die das Grundbuch im Auftrage des Eigenthümers oder eines sonst zur Einsicht Berechtigten einsehen wollen, brauchen den Auftrag nicht nachzuweisen.

Soweit nach Abs. 1, 2 die Einsicht des Grundbuchs gestattet ist, kann eine Abschrift gefordert werden; die Abschrift ist auf Verlangen zu beglaubigen. [1])

[1]) Vgl. § 93 G.B.O.

§. 33. Soll eine beglaubigte Abschrift nur von einem Theile des Grundbuchblatts ertheilt werden, so sind in die Abschrift diejenigen Eintragungen aufzunehmen, welche den Gegenstand betreffen, auf den sich die Abschrift beziehen soll. In dem Beglaubigungsvermerk ist der Gegenstand anzugeben und zu bezeugen, daß weitere den Gegenstand betreffende Eintragungen in dem Grundbuche nicht enthalten sind.

II. Grundakten. [1])

§. 34. Für jedes Grundbuchblatt werden besondere Grundakten gehalten.

Bei den Grundakten ist eine Tabelle zu halten, die mit dem Blatte wörtlich übereinstimmen muß. Die Sorge für die Uebereinstimmung liegt dem Richter und dem Gerichtsschreiber ob. [2]) [3])

1) § 94 G.B.O. — §§ 48 ff. der Geschäftsanw. f. d. Gerichtsschreibereien der Amtsgerichte (Anm. 1c zu Art. 1 A.G.).

2) Vgl. Anm. 1 zu Art. 6 pr. A.G. Der Richter ist also nicht gehindert, zunächst die Vermerke in die Tabelle einzutragen und von dort in das G.B. übertragen zu lassen.

3) Ueber Eigenthümerverzeichniß und Tagebuch vgl. §§ 50, 51 d. Geschäftsanw.

§. **35.** Die Urkunden und Abschriften, die nach §. 9 der Grundbuchordnung von dem Grundbuchamt aufzubewahren sind, werden zu den Grundakten genommen.

Ist eine Urkunde, auf die eine Eintragung sich gründet oder Bezug nimmt, in anderen der Vernichtung nicht unterliegenden Akten des das Grundbuch führenden Amtsgerichts enthalten, so genügt statt der Aufbewahrung einer beglaubigten Abschrift der Urkunde eine Verweisung auf die anderen Akten.[1])

1) § 95 G.B.O.

§. **36.** Die Einsicht von Grundakten ist, auch soweit es sich nicht um die im §. 11 Abs. 1 Satz 2 der Grundbuchordnung bezeichneten Urkunden handelt,[1]) Jedem gestattet, der ein berechtigtes Interesse darlegt. Die Vorschriften des §. 32 Abs. 1, 2 finden auf die Einsicht der Grundakten entsprechende Anwendung.

Soweit die Einsicht gestattet ist, kann eine Abschrift gefordert werden; die Abschrift ist auf Verlangen zu beglaubigen.[2])

1) Bezüglich anderer Urkunden vgl. § 49 d. Geschäftsanw. f. d. Gerichtsschreibereien der Amtsgerichte (Anm. 1c zu Art. 1 A.G.).

2) Vgl. § 94 G.B.O. — § 34 F.G. hat daher auch in Pr. trotz Art. 1 pr. F.G. für G.B.sachen keine Bedeutung.

III. Hypotheken-, Grundschuld-, Rentenschuldbrief.[1])

[1]) §§ 56 ff. G.B.O.

§. **37.** Der im §. 57 der Grundbuchordnung bezeichnete Auszug aus dem Grundbuche[1]) soll außer den dort vorgeschriebenen Angaben enthalten:

1. die Größe, den Grundsteuerreinertrag, den Gebäudesteuernutzungswerth des Grundstücks;
2. die letzten im Grundbuche vermerkten Erwerbspreise, falls der Erwerb nicht zehn Jahre zurückliegt, sowie die etwa eingetragenen Schätzungs- oder Versicherungssummen mit Angabe des Jahres.[2])

[1]) Auch der Brief vergl. § 38[2] Nr. 2.

[2]) Vgl. § 97 G.B.O.

§. **38.** Die Hypothekenbriefe sind am Kopfe mit dem Königlich Preußischen Adler und einer Ueberschrift zu versehen, welche die Bezeichnung „Preußischer Hypothekenbrief" und die Angabe der Hypothek enthält, über die der Brief ertheilt wird; die Hypothek ist nach dem Grundbuche, den Nummern des Bandes und des Blattes, der Eintragungsnummer und dem Geldbetrage zu bezeichnen.

In den Brief sind in nachstehender Reihenfolge aufzunehmen:

1. der Inhalt der die Hypothek betreffenden Eintragungen nach Maßgabe des §. 57 Abs. 2 Nr. 3 und des §. 58 Abs. 2 der Grundbuchordnung;

2. die Bezeichnung des belasteten Grundstücks oder der belasteten Grundstücke nach dem Inhalte des Grundbuchs, mit Einschluß der im §. 37 vorgeschriebenen Angaben;
3. die Bezeichnung des Eigenthümers;
4. die kurze Bezeichnung der Eintragungen, welche der Hypothek im Range vorgehen oder gleichstehen, unter Angabe des Zinssatzes, wenn dieser fünf vom Hundert übersteigt.

Der Hypothekenbrief über eine Gesammthypothek (G.B.O. §. 59 Abs. 1) sowie die nachträglich auf ihn gesetzten Vermerke sind nur von einem Richter und von einem Gerichtsschreiber zu unterschreiben.

Die Vorschriften der Abs. 1 bis 3 finden auf Grundschuldbriefe und Rentenschuldbriefe entsprechende Anwendung. In der Ueberschrift eines Rentenschuldbriefs ist nur der Betrag der einzelnen Jahresleistung, nicht der Betrag der Ablösungssumme anzugeben.

§. **39.** In den Fällen des §. 13 Abs. 4 ist auf dem Briefe der Betrag, für welchen das Recht noch besteht, neben der in der Ueberschrift enthaltenen Angabe des Rechtes durch den Vermerk ersichtlich zu machen:

Noch gültig auf (Angabe des Betrages).

In gleicher Weise ist bei der Herstellung eines Theilhypotheken-, Theilgrundschuld- oder Theilrentenschuldbriefs auf dem bisherigen Briefe der Betrag ersichtlich zu machen, auf den sich der Brief noch bezieht.

§. **40.** Für die Hypotheken-, Grundschuld- und Rentenschuldbriefe dienen die Anlagen B bis G als Muster.[1])

Anlagen B. bis G.

[1]) Die Beigabe von Zins- und Erneuerungsscheinen (Anm. 5 zu § 70 G.B.O.) ist nicht vorgesehen.

§. **41.** Die im §. 58 Abs. 1 und im §. 59 Abs. 2 der Grundbuchordnung vorgeschriebene Verbindung von Urkunden erfolgt durch Schnur und Siegel.

§. **42.** In den Fällen des §. 69 der Grundbuchordnung ist der Brief in der Weise unbrauchbar zu machen, daß, nachdem die bei dem Rechte bewirkte Eintragung auf dem Briefe vermerkt ist (G.B.O. §.62), der Vermerk über die erste Eintragung des Rechtes durchstrichen und der Brief mit Einschnitten versehen wird.

Der Brief ist nach Befolgung der Vorschrift des §. 69 Satz 2 der Grundbuchordnung zurückzugeben, sofern nicht aus besonderen Gründen die Zurückbehaltung des Briefes bei den Grundakten angemessen erscheint.

IV. Schlußbestimmungen.

1. Anerbengüter.

§. **43.** Die Eintragung der Anerbengutseigenschaft bei Anerbengütern im Sinne des Gesetzes, betreffend das Anerbenrecht in der Provinz Westfalen und in den Kreisen Rees, Essen (Land), Essen (Stadt), Duisburg, Ruhrort und Mülheim a. d. Ruhr, vom

2. Juli 1898 (Gesetz-Samml. S. 139) bleibt der Regelung durch besondere Anweisung vorbehalten.[1])

[1]) Vgl. § 11 Nr. 2.

2. Hauberge.

§. **44.** Die besonderen Bestimmungen über die Einrichtung der Grundbücher für die Hauberge im Kreise Altenkirchen (Haubergordnung vom 9. April 1890, Gesetz-Samml. S. 55, §. 8 Abs. 2) sowie für die Jahnschaften und Konsortenstücke im Kreise Olpe (Gesetz, betreffend die Regelung der Forstverhältnisse für das ehemalige Justizamt Olpe rc., vom 3. August 1897, Gesetz-Samml. S. 285, §. 18 Abs. 2, §. 24 Abs. 1) bleiben unberührt.

3. Bahneinheiten.

§. **45.** Für die Einrichtung der Bahngrundbücher und -grundakten behält es bei den Vorschriften der §§. 10, 11 des Gesetzes, betreffend das Pfandrecht an Privateisenbahnen und Kleinbahnen und die Zwangsvollstreckung in dieselben, vom 19. August 1895 (Gesetz-Samml. S. 499) und der Allgemeinen Verfügung vom 19. September 1895 (J.M.Bl. S. 286)[1]) sein Bewenden.[2])

[1]) Vgl. Allg. Vf. vom 6. Dezember 1895 (J.M.Bl. S. 418).

[2]) Vgl. Anm. 1 zu Art. 31 pr. A.G., § 11 Nr. 2 dieser V.

Berlin, den 20. November 1899.

Der Justizminister.
Schönstedt.

Formulare.

Anlage A.[1]

Amtsgericht Lobau.

Grundbuch

von

Buchhain, Kreis Seefeld.

Band I Blatt Nr. 12.

[1]) Die mit *) angefügten Anmerkungen bilden einen Theil der Allg. Verfügung.

I. Verzeichniß der

Laufende Nummer der Grundstücke.	Bisherige laufende Nummer der Grundstücke.	Gemarkung.	Flurbuch. Kartenblatt (Flur)	Flurbuch. Parzelle	Grundsteuermutterrolle.	Gebäudesteuerrolle.	Wirthschaftsart und Lage.	Größe.			Grundsteuerreinertrag.		Gebäudesteuernutzungswerth.
			Nr.	Nr.	Art.	Nr.		ha	a	qm	Thlr.	1/100	M
1.	2.	3.	4.		5.	6.	7.	8.			9.		10.
1.*)	—	Buchhain.	—	—	3	27	Bauerhof Nr. 8	41	67	09	373	29	136
2.	—	Buchhain.	2	110	—	—	Garten im Dorfe.	—	34	86	7	68	—
3.	1 mit 2.	Buchhain.	—	—	3	27	Bauerhof Nr. 8	42	01	95	380	97	136
4.	—	Buchhain.	5	90	24	—	Acker im Mittelfelde.	2	18	90	19	83	—
5.	—	Brühl.	3	20	15	—	Holzung in den Fichten.	1	31	66	10	31	—
6.	Rest von 4.	Buchhain.	5	$\frac{419}{90}$	24	—	Acker im Mittelfelde.	—	60	75	6	30	—
7.	—	Buchhain.	5	17	—	—	Acker im Mittelfelde.	—	73	40	7	60	—
8.	6, 7.	Buchhain.	5	$\frac{419}{90}$, 17	24	—	Acker im Mittelfelde.	1	34	15	13	90	—

*) Die punktirten Linien bedeuten rothe Striche. [In dieser Ausgabe

Grundstücke.

Bestand und Zuschreibungen.		Abschreibungen.	
Zur laufenden Nummer der Grundstücke.		Zur laufenden Nummer der Grundstücke.	
11.	12.	13.	14.
1.	Bei Anlegung des Grundbuchs eingetragen am 3. August 1901. Fischer Neumann	4.	Von Nr. 4 die Parzelle $\frac{420}{90}$ übertragen nach Bd. II Blatt Nr. 50 am 18. Oktober 1908. Rest: laufende Nr. 6. Fischer Neumann
1, 2, 3.	Nr. 2 nach Abschreibung von Band I Blatt Nr. 20 der Nr. 1 als Bestandtheil zugeschrieben u. Nr. 1 mit Nr. 2 unter Nr. 3 neu eingetragen am 24. Februar 1903. Fischer Neumann		
4.	Von Band I Blatt Nr. 17 hierher übertragen am 4. August 1904. Fischer Neumann	5.	Uebertragen nach Bd. III Blatt Nr. 117 des Grundbuchs von Brühl am 3. Mai 1910. Fischer Neumann
5.	Von Band IV Blatt Nr. 29 des Grundbuchs von Brühl hierher übertragen am 12. Juni 1908. Fischer Neumann		
6, 7, 8.	Nr. 7 von Band II Blatt Nr. 32 hierher übertragen u. in Folge Vereinigung mit Nr. 6 unter 8 als ein Grundstück eingetragen am 3. Mai 1910. Fischer Neumann		

sind der größeren Anschaulichkeit wegen rothe Linien zur Anwendung gebracht.]

II. Verzeichniß der mit dem Eigenthume verbundenen Rechte.

Laufende Nummer der Eintragung.	Laufende Nummer des betheiligten Grundstücks.	Bezeichnung des Rechtes.	Veränderungen.	Löschungen.
1.	2.	3.	4.	5.
1.	1.	Die auf dem Grundstücke Buchhain Kartenblatt 10 Parzelle 5 (Band I Blatt Nr. 15) in Abtheilung II Nr. 3 eingetragene jährliche Rente von 200 Mark hier vermerkt am 10. September 1901. Fischer Neumann		Nr. 2 gelöscht am 15. Oktober 1904. Fischer Neumann
2.	2.	Das auf dem Grundstücke Buchhain Kartenblatt 2 Parzelle 114 (Band I Blatt Nr. 37) in Abtheilung II Nr. 1 eingetragene Wegerecht bei der Zuschreibung von Nr. 2 hier vermerkt am 24. Februar 1903. Fischer Neumann		

Erste Abtheilung.

Eigenthümer.	Lfd. Nr. der Grundst.	Grund des Erwerbes. Verzicht.	Erwerbspreis. Werth. Feuerversicherungssumme.
1.	2.	3.	4.
Landwirth Friedrich Gerber in Buchhain.	1.	Bei der Anlegung des Grundbuchs auf Grund des Kaufvertrags vom 20. Sept. 1895 eingetragen am 3. Aug. 1901. Fischer Neumann	Zu Nr. 1: 51 500 Mk. Kaufpreis v. 20. September 1895 eingetragen am 3. August 1901. Fischer Neumann
	2.	Aufgelassen und Band I Blatt Nr. 20 eingetragen am 30. Januar 1902, hierher übertragen am 24. Februar 1903. Fischer Neumann	
Bauer Heinrich Schmidt in Buchhain.	3.	Aufgelassen und eingetragen am 5. April 1904. Fischer Neumann	Zu Nr. 3: Wohnhaus und Wirthschaftsgebäude am 30. April 1904 versichert mit 8400 Mk. Eingetragen am 5. Mai 1904. Fischer Neumann
	4.	Aufgelassen und eingetragen am 4. August 1904. Fischer Neumann	
Die Ehefrau des Heinrich Schmidt, Sophie, geborene Busse, als Miteigenthümerin kraft ehelicher Gütergemeinschaft.	3,4.	Auf Grund des Zeugnisses des Königlichen Amtsgerichts zu Lobau vom 7. November eingetragen am 23. Novemb. 1907. Fischer Neumann	
	5.	Die Ehefrau Schmidt auf Grund des Erbscheins vom 5. Febr. 1908, der Ehemann kraft ehelich. Gütergemeinschaft eingetragen am 12. Juni 1908. Fischer Neumann	
	7.	Aufgelassen am 2. und eingetragen am 3. Mai 1910. Fischer Neumann	

Zweite

Lfd. Nr. der Eintragung.	Lfd. Nr. der belastet. Grundst.	Lasten und Beschränkungen.	Zur lf. Nr. der Eintragung.
1.	2.	3.	4.
1.	1.	Ein Altentheil für Anton Siegert in Buchhain nach Maßgabe des Kaufvertrags vom 20. Sept. 1895 bei der Anlegung des Grundbuchs eingetragen am 3. Aug. 1901. Fischer Neumann	2.
2.	3.	Ein lebenslängliches Wohnungsrecht für den Landwirth Friedrich Gerber in Buchhain nach Maßgabe der Bewilligung vom 30. März 1904. Der Höchstbetrag des Ersatzes für den Fall des Erlöschens durch den Zuschlag ist auf eintausend Mark festgesetzt. Zur Löschung des Rechtes soll der Nachweis des Todes des Berechtigten genügen. Vorbehalten ist der Vorrang für eine später einzutragende Hypothek von dreitausend Mark nebst fünf vom Hundert Zinsen. Eingetragen am 5. April 1904. Fischer Neumann	5.
3.	4.	Ein Vorkaufsrecht für den Gastwirth Wilhelm Schröder in Seefeld unter Bezugnahme auf die Bewilligung vom 3. März 1906 eingetragen am 4. April 1906. Fischer Neumann	
4.	5.	Widerspruch gegen die Eintragung des Eigenthums des Bauers Heinrich Schmidt und seiner Ehefrau zu Gunsten des Kaufmanns Felix Busse in Grünbusch auf Grund der einstweiligen Verfügung des Königl. Landgerichts zu N. vom 25. September eingetragen am 3. Oktober 1908. Fischer Neumann	
5.	8.	Ein Erbbaurecht nach Maßgabe der Bewilligung vom 15. August 1910 für den Gastwirth Wilhelm Schröder in Seefeld eingetragen am 17. August 1910. Fischer Neumann	

Abtheilung.

Veränderungen.		Löschungen.	
Eintragung.	Löschung.	Zur lfd. Nr. der Eintragung.	
5.	6.	7.	8.
Der vorbehaltene Vorrang vor diesem Rechte ist der in Abtheil. III Nr. 4 eingetragenen Hypothek eingeräumt. Eingetragen am 16. Oktober 1905. Fischer Neumann		1.	Gelöscht am 5. April 1904. Fischer Neumann
Für das Erbbaurecht ist das Blatt Nr. 86 in Band III dieses Grundbuchs angelegt. Eingetragen am 5. Februar 1912. Fischer Neumann		4.	Gelöscht am 5. Juli 1909. Fischer Neumann
		3.	Gelöscht am 17. August 1910. Fischer Neumann

Laufende Nummer der Eintragung.	Lfd. Nummer der belast. Grundstücke.	Betrag. ℳ	₰	Hypotheken, Grundschulden, Rentenschulden.	Zur lfd. Nr. der Eintragung.	Betrag. ℳ	₰
1.	2.	3.		4.	5.	6.	
1.	1.	9000 —4000 5000 —2000 3000	— — — — —	Neuntausend Mark Darlehen mit fünf v. Hundert jährl. seit 1. April 1896 verzinslich u. sechs Monate nach Kündigung rückzahlbar für den Schankwirth Wilhelm Peters in Schwarzbach bei d. Anlegung des Grundbuchs eingetragen am 3. August 1901. Fischer Neumann	2.	2800	—
2.	3.	3300 — 500 2800	— — —	Sicherungshypothek für eine a. 1. April 1904 zahlbare Kaufgeldforderung v. dreitausenddreihundert Mark für den Maschinenfabrikanten Karl Franck in Lobau eingetragen am 12. Juni 1903. Fischer Neumann	1.	5000	—
3.	3, 4.	500	—	Vormerkung zur Sicherung des Anspruchs auf Einräumung e. Hypothek im Betrage v. fünfhundert Mark f. d. Kaufmann Karl Müller i. Seefeld unt. Bezugnah. auf d. einstweilige Verfügung d. Königl. Landgerichts zu N. vom 1., eingetr. a. 3. Febr. 1905. Fischer Neumann | Umgeschrieb. in e. Hypothek für e. Kaufgeldforderung v. fünfhund. Mk. nebst vier vom Hundert jährl. Zins. seit d. 1. Mai 1905 für d. Kaufm. Karl Müller i. Seefeld unt. Bezugn. a. d. rechtskräft. Urtheil d. Kgl. Landger. zu N. vom 6. Juni 1905 eingetr. a. 12. Juli 1905. Fischer Neumann	1. 2.	5000 2800	— —
4.	3.	3000	—	Dreitausend Mark Darlehen, mit fünf v. Hundert jährl. seit dem 1. Oktbr. 1905 verzinsl., für d. Landwirthschaftl. Kreditbk., Aktiengesell., in Hannover. Die Eigenthümer haben sich d. sofortigen Zwangsvollstreckung in der Weise unterworfen, daß sie geg. den jeweilig. Eigenthümer zulässig sein soll. Unter Bezugnahme auf die Bewilligung vom 24. Septbr. 1905 eingetrag. mit d. Vorrange vor d. in Abth. II Nr. 2 eingetrag. Wohnungsrecht a. 16. Oktbr. 1905. Fischer Neumann	1. 2. 4.	5000 2800 3000	— — —

Veränderungen.		Löschungen.			
Eintragung.	Löschung.	Zur lfd. Nr. der Eintragung.	Betrag. ℳ	₰	
7.	8.	9.	10.		11.
Der Restbetrag von zweitausendachthundert Mark umgewandelt i. eine gewöhnliche Hypothek für ein m. fünf v. Hundert jährlich seit d. 1. April 1904 verzinsliches Darlehen für d. Fabrikbesitzer Karl Franck in Lobau eingetragen am 4. April 1904. Fischer Neumann		2.	500	—	Fünfhundert Mk. gelöscht a. 4. April 19 Fischer Neumann
		1.	4000	—	Viertausend Mk. R hypothek d. Wilhe Peters gelöscht 6. Januar 1905. Fischer Neumann
Fünftausend Mark m. d. Vorrange vor d. Reste nebst den Zinsen seit d. 1. Oktober 1904 abgetret. an d. Schmied Heinrich Stark in Hannover. Eingetragen am 24. Oktober 1904. Fischer Neumann		3.	500	—	Gelöscht am 16 tober 1905. Fischer Neumann
} Umgeschrieben für d. Landwirthschaftl. Kreditbk., Aktiengesellsch., i. Hannover mit d. Maßgabe, daß an die Stelle der bisherig. Forderung. eine mit fünf v. Hundert jährlich seit d. 1. Oktbr. 1905 verzinsl. Darlehnsforderung gesetzt ist. Die Eigenthümer hab. sich d. sofortig. Zwangsvollstreckung i. d. Weise unterworfen, daß sie geg. den jeweilig. Eigenthümer zulässig sein soll. Unter Bezugnahme auf die Bewilligung vom 24. Septbr. eingetr. a. 16. Oktbr. 1905. Fischer Neumann		1.	2000	—	Zweitauf Mk. gelös am 10. Dezbr. 19 Fischer Neumann
		6.	1000	—	Gelöscht am 4. Ap 1912. Fischer Neumann
		7.	2500	—	Zweitausendfünfhundert Mark Ab fungssumme u. e hundertzehn M jährl. Rentensch gelöscht am 16. tober 1916. Fischer Neumann
} Ueber diese Hypotheken ist der Gläubigerin ein gemeinschaftl. Brief ertheilt. Eingetrag. am 20. Oktbr. 1905. Fischer Neumann					

Dritte

Lfd. Nr. der Eintragung.	Lfd. Nr. der belasteten Grundst.	Betrag. ℳ	₰	Hypotheken, Grundschulden, Rentenschulden.	Zur lfd. Nr. der Eintragung.	Betrag. ℳ	₰
1.	2.	3.		4.	5.	6.	
5.	3.	500	—	Sicherungshypothek zum Höchstbetrage von fünfhundert Mark für den Zimmermeister Hermann Zander in Seefeld eingetragen am 4. März 1908. Fischer Neumann	6.	1000	—
6.	3.	1 000	—	Eintausend Mark Grundschuld mit sechs vom Hundert jährlich seit dem 1. April 1908 verzinslich und drei Monate nach Kündigung zahlbar für den Rentier Friedrich Klein in Hannover. Die Ertheilung eines Briefes ist ausgeschlossen. Eingetragen am 7. April 1908. Fischer Neumann	5.	500	—
7.	3.	6 000 — 2 500 3 500	— — —	Zweihundertfünfundachtzig Mark vom 1. April 1912 an jährlich am 1. April zahlbare Rentenschuld, ablösbar mit sechstausend Mark, für die Kirchengemeinde in Hochdorf mit dem Vorrange vor den unter Nr. 5 eingetragenen fünfhundert Mark eingetragen am 4. April 1912. Fischer Neumann	5.	500	—

Abtheilung.

Veränderungen.		Löschungen.		
Eintragung.	Löschung.	Zur lfd. Nr. der Eintragung.	Betrag. M. | ₰	
7.	8.	9.	10.	11.
Mit den Zinsen seit 1. Oktober 1909 abgetreten an den Bankier Karl Scholz in Hannover und umgewandelt in eine Hypothek für eine vom 1. Oktober 1909 an jährlich mit sechs vom Hundert verzinsliche, sechs Monate nach Kündigung rückzahlbare Darlehnsforderung. Die Ausschließung der Ertheilung eines Briefes ist aufgehoben. Das Grundstück Buchhain Kartenblatt 2 Parzelle 25 (Band III Blatt Nr. 22) haftet mit. Eingetragen am 3. Oktober 1909. Fischer Neumann				
Diese Hypothek ist in Folge Verzichts des Gläubigers vom 7. Januar 1910 als Grundschuld für den Bauer Heinrich Schmidt in Buchhain und seine Ehefrau Sophie, geborene Busse, umgeschrieben am 7. Januar 1910. Fischer Neumann				
Vor dieser Grundschuld ist der unter Nr. 7 eingetragenen Rentenschuld der Vorrang eingeräumt. Eingetragen am 4. April 1912. Fischer Neumann				

Anlage B.

(Adler.)

Preußischer Hypothekenbrief

über

Noch
ıltig auf
00 Mk.

Lobau,
den
4. Okt.
1904.

(Unter=
riften.)
*)

die in dem Grundbuche von Buchhain (Kreis Seefeld) Band I Blatt Nr. 12 Abtheilung III Nr. 1 eingetragenen 9000 Mark.

Inhalt der Eintragung:

Nr. 1: 9000 (neuntausend) Mark Darlehen, mit fünf vom Hundert jährlich seit dem 1. April 1896 verzinslich und sechs Monate nach Kündigung rückzahlbar, für den Schankwirth Wilhelm Peters in Schwarzbach eingetragen am 3. August 1901.

Belastetes Grundstück:

Der im Bestandsverzeichniß unter Nr. 1 verzeichnete, in der Gemarkung Buchhain belegene Bauerhof Nr. 8 von 41 ha 67 a 09 qm mit 373,29 Thlr. Grundsteuerreinertrag und 136 Mark Gebäudesteuernutzungswerth; Grundsteuermutterrolle Art. 3, Gebäudesteuerrolle Nr. 27.

Kaufpreis im Jahre 1895: 51 500 Mark.

Eigenthümer:

Landwirth Friedrich Gerber in Buchhain.

---

*) Wird im Falle des §. 39 Abs. 2 der Allgemeinen Verfügung zur Ausführung der Grundbuchordnung der dort vorgeschriebene Vermerk nicht von dem Grundbuchamte, sondern von einem anderen Amtsgericht oder einem Notar auf den Brief gesetzt, so genügt die Unterschrift des Richters oder des Notars.

Vorgehende oder gleichstehende Eintragungen:

Abtheilung II: Nr. 1 ein Altentheil mit gleichem Range;
Abtheilung III: keine.

Lobau, den 6. August 1901.

Königliches Amtsgericht.

(Siegel.) (Unterschriften.) *)

Dem jeweiligen Eigenthümer des im Bestandsverzeichniß unter Nr. 1 bezeichneten Grundstücks steht die auf dem Grundstücke Buchhain Kartenblatt 10 Parzelle 5 (Band I Blatt Nr. 15) in Abtheilung II Nr. 3 eingetragene jährliche Rente von 200 Mark zu. Diese Rente ist auf dem Blatte des erstgenannten Grundstücks am 10. September 1901 vermerkt worden.

Dem im Bestandsverzeichniß unter Nr. 1 verzeichneten belasteten Grundstück ist am 24. Februar 1903 der ebenda unter Nr. 2 verzeichnete, im Dorfe Buchhain belegene Garten Kartenblatt 2 Parzelle 110 von 34 a 86 qm mit 7,68 Thlr. Grundsteuerreinertrag als Bestandtheil zugeschrieben und vermerkt worden, daß dem jeweiligen Eigenthümer des Gartens das auf dem Grundstücke Buchhain Kartenblatt 2 Parzelle 114 (Band I Blatt Nr. 37) in Abtheilung II Nr. 1 eingetragene Wegerecht zusteht. In Folge der Zuschreibung ist das belastete Grundstück unter Nr. 3 des Bestandsverzeichnisses, wie folgt, neu eingetragen worden:

Der in der Gemarkung Buchhain belegene Bauerhof Nr. 8 von 42 ha 01 a 95 qm mit 380,97 Thlr. Grundsteuerreinertrag und 136 Mark

*) Eine über die Forderung ausgestellte Urkunde ist mit dem Briefe durch Schnur und Siegel zu verbinden. Erstreckt sich der Inhalt der Urkunde auch auf andere Angelegenheiten, so genügt ein öffentlich beglaubigter Auszug.

Gebäudesteuernutzungswerth; Grundsteuermutterrolle Art. 3, Gebäudesteuerrolle Nr. 27.

Lobau, den 3. März 1904.

Königliches Amtsgericht.

(Siegel.) (Unterschriften.)

Feuerversicherungssumme für das Wohnhaus und die Wirthschaftsgebäude im Jahre 1904: 8400 Mark.

Lobau, den 5. Mai 1904.

Königliches Amtsgericht.

(Siegel.) (Unterschriften.)

Von den vorstehenden 9000 Mark sind 5000 (fünftausend) Mark mit dem Vorrange vor dem Reste nebst den Zinsen seit dem 1. Oktober 1904 abgetreten an den Schmied Heinrich Stark in Hannover. Die Abtretung ist im Grundbuch eingetragen. Für den abgetretenen Betrag ist ein Theilhypothekenbrief hergestellt worden.

Lobau, den 24. Oktober 1904.

Königliches Amtsgericht.

(Siegel.) (Unterschriften.)*)

---

*) Wird der Theilhypothekenbrief nicht von dem Grundbuchamte, sondern von einem anderen Amtsgericht oder einem Notar hergestellt, so ist der Vermerk über die Herstellung des Hypothekenbriefs nur von dem Richter oder dem Notar zu unterschreiben.

Anlage C.

(Adler.)

Preußischer Theilhypothekenbrief

über

5000 Mark Theilbetrag der in dem Grundbuche von Buchhain (Kreis Seefeld) Band I Blatt Nr. 12 Abtheilung III Nr. 1 eingetragenen 9000 Mark.

Der bisherige Brief über die Hypothek von 9000 Mark lautet, wie folgt:

(folgt Abschrift des bisherigen Briefes und der auf diesem befindlichen Vermerke mit Ausschluß des Vermerkes über die Theilabtretung.)

Die vorstehende Abschrift stimmt mit der Urschrift überein.

Von den 9000 Mark sind dem Schmied Heinrich Stark in Hannover 5000 (fünftausend) Mark nebst den Zinsen seit dem 1. Oktober 1904 mit dem Vorrange vor dem Reste abgetreten. Die Abtretung ist im Grundbuch eingetragen.

Ueber die 5000 (fünftausend) Mark ist dieser Theilhypothekenbrief hergestellt worden. Die Herstellung ist auf dem bisherigen Briefe vermerkt.

Lobau, den 26. Oktober 1904.

Königliches Amtsgericht.

(Siegel.) (Unterschriften.)*)

---

*) Ist mit dem bisherigen Briefe eine Schuldurkunde verbunden, so ist eine beglaubigte Abschrift der Urkunde nicht in den Theilhypothekenbrief aufzunehmen, sondern mit ihm durch Schnur und Siegel zu verbinden. Vergl. wegen der Unterschriften die Anmerkung auf S. 370 [in dieser Ausgabe S. 24].

Anlage D.

(Adler.)

Preußischer Hypothekenbrief

über

die in dem Grundbuche von Buchhain (Kreis Seefeld) Band I Blatt Nr. 17 Abtheilung III Nr. 1 und ebenda Blatt Nr. 26 Abtheilung III Nr. 3 sowie in dem Grundbuche von Seefeld (Kreis Seefeld) Band VI Blatt Nr. 35 Abtheilung III Nr. 6 eingetragene Gesammthypothek von 7000 Mark.

Inhalt der Eintragung:

7000 (siebentausend) Mark Kaufpreis mit viereinhalb vom Hundert jährlichen, am 1. April und 1. Oktober zu entrichtenden Zinsen seit dem 1. April 1908, zahlbar sechs Monate nach Kündigung, die nur zum 1. April und 1. Oktober, dem Gläubiger im Falle pünktlicher Zinszahlung frühestens zum 1. April 1913 gestattet ist, für den Landwirth Karl Friedrich in Buchhain eingetragen am 5. April 1908.

Belastete Grundstücke:

1. Buchhain Bd. I Bl. Nr. 17:
   a) Das im Bestandsverzeichniß unter Nr. 1 verzeichnete, im Dorfe Buchhain belegene Wohnhaus mit Hofraum Kartenblatt 2 Parzelle $\frac{152}{67}$ von 6 a 17 qm mit 36 Mark Gebäudesteuernutzungswerth; Grundsteuermutterrolle Art. 63, Gebäudesteuerrolle Nr. 61;
   Feuerversicherungssumme im Jahre 1902: 4200 Mark.
   b) Der im Bestandsverzeichniß unter Nr. 3 verzeichnete, in der Gemarkung Buchhain in der

großen Huben belegene Acker Kartenblatt 1 Parzelle 46 von 22 ha 18 a 40 qm mit 89,94 Thlr. Grundsteuerreinertrag; Grundsteuermutterrolle Art. 63.

2. Buchhain Bd. I Bl. Nr. 26: Das im Bestandsverzeichniß unter Nr. 7 verzeichnete, im Oberfelde der Gemarkung Buchhain belegene Stück Acker, Wiese, und Weide, Kartenblatt 2 Parzellen $\frac{146}{27}$, $\frac{147}{28}$, 29 von 3 ha 08 a 91 qm mit 16,13 Thlr. Grundsteuerreinertrag, Grundsteuermutterrolle Art. 63.*)

3. Seefeld Bd. VI Bl. Nr. 35: Der im Bestandsverzeichniß unter Nr. 4 verzeichnete, in der Gemarkung Seefeld an der Feldmark Greben belegene Acker Kartenblatt 5 Parzelle 76 von 3 ha 12 a 10 qm mit 10,15 Thlr. Grundsteuerreinertrag, Grundsteuermutterrolle Art. 32.

Eigenthümer:

Zu Nr. 1, 2: Schankwirth Karl Zimmermann in Buchhain.

Zu Nr. 3: derselbe und seine Ehefrau Marie Luise Zimmermann, geborene Schulze, in Buchhain, je zur Hälfte.

Vorgehende oder gleichstehende Eintragungen:

Auf Nr. 1a:

Abtheilung II: Nr. 1 ein Altentheil mit gleichem Range.

Auf Nr. 1b:

keine.

*) Bei dem Grundstücke Nr. 2 bilden die aufgeführten Katasterparzellen ein Grundstück. Würde es sich bei jeder von ihnen um ein selbständiges Grundstück handeln, so wäre wie bei Nr. 1 zu verfahren.

Auf Nr. 2:

Abtheilung II: Nr. 2 ein Wegerecht, Abtheilung III: Nr. 2 500 (fünfhundert) Mark, } im Range vorgehend.

Auf Nr. 3:

keine.

Lobau, den 7. April 1908.

Königliches Amtsgericht.

(Siegel.) (Unterschriften.)

1000 (eintausend) Mark sind gelöscht worden. Der Rest von 6000 (sechstausend) Mark ist mit den Zinsen seit dem 1. Januar 1913 dem Kaufmann Emil Kuntze in Seefeld abgetreten. Die Abtretung ist im Grundbuch eingetragen.

Lobau, den 25. März 1913.

Königliches Amtsgericht.

(Siegel.) (Unterschriften.)

Die Hypothek ist auf dem oben unter Nr. 2 aufgeführten Grundstück in dem Grundbuche von Buchhain Band I Blatt Nr. 26 gelöscht, nachträglich aber auch im Grundbuche von Seefeld Band VII Blatt Nr. 42 Abtheilung III Nr. 1 eingetragen worden. Dieses neubelastete Grundstück ist die im Bestandsverzeichniß unter Nr. 3 verzeichnete in der Gemarkung Seefeld an der Feldmark Greben belegene Holzung Kartenblatt 5 Parzelle 77 von 2 ha 71 a 30 qm mit 6,33 Thlr. Grundsteuerreinertrag, Grundsteuermutterrolle Art. 67.

Eigenthümer des neu belasteten Grundstücks: Schankwirth Karl Zimmermann und seine Ehefrau Marie Luise Zimmermann, geborene Schulze, in Buchhain je zur Hälfte.

Vorgehende oder gleichstehende Eintragungen sind auf dem neu belasteten Grundstücke nicht vorhanden.

Lobau, den 10. Oktober 1916.

Königliches Amtsgericht.

(Siegel.) (Unterschriften.)

Anlage E.

(Adler.)

Preußischer Hypothekenbrief

über

die in dem Grundbuche von Buchhain (Kreis Seefeld) Band I Blatt Nr. 12 Abtheilung III Nr. 1, 2, 4 eingetragenen 5000, 2800 und 3000, zusammen 10 800 Mark.

Noch gültig auf 3000, 2800 und 3000, zusammen 8800 Mk.

Lobau, den 10. Dez. 1907.

(Unterschriften.)

Inhalt der Eintragungen:

Nr. 1: 5000 (fünftausend) Mark Restbetrag der am 3. August 1901 eingetragenen 9000 Mark.

Nr. 2: 2800 (zweitausendachthundert) Mark Restbetrag der am 12. Juni 1903 eingetragenen 3300 Mark.

Die Hypotheken Nr. 1, 2 sind am 16. Oktober 1905 für die landwirthschaftliche Kreditbank, Aktiengesellschaft, in Hannover mit der Maßgabe umgeschrieben, daß an die Stelle der bisherigen Forderungen eine Darlehnsforderung von gleichem Betrage gesetzt ist.

Nr. 4: 3000 (dreitausend) Mark Darlehen für die Landwirthschaftliche Kreditbank, Aktiengesellschaft, in Hannover eingetragen am 16. Oktober 1905.

Die Darlehen (Nr. 1, 2, 4) sind mit fünf vom Hundert jährlich seit dem 1. Oktober 1905 in halbjährigen, am 1. April und 1. Oktober zahlbaren Beträgen verzinslich und sechs Monate nach Kündigung rückzahlbar. Die Kündigung ist nur zum 1. April und 1. Oktober gestattet. Werden die Zinsen pünktlich, d. h. spätestens am 10. April und 10. Oktober gezahlt, so kann die Gläubigerin nicht früher als zum 1. Oktober 1910 kündigen. Erfolgt die Zinszahlung nicht pünktlich, so sind die Darlehen sofort fällig; für diesen Fall haben sich die Eigenthümer der sofortigen Zwangsvollstreckung in der Weise unterworfen, daß sie gegen den jeweiligen Eigenthümer zulässig sein soll.

Belastetes Grundstück:

Der im Bestandsverzeichniß unter Nr. 3 verzeichnete, in der Gemarkung Buchhain belegene Bauerhof Nr. 8 von 42 ha 01 a 95 qm mit 380,97 Thlr. Grundsteuerreinertrag und 136 Mark Gebäudesteuernutzungswerth; Grundsteuermutterrolle Art. 3, Gebäudesteuerrolle Nr. 27.

Kaufpreis für den Bauerhof ohne den ihm zugeschriebenen, im Bestandsverzeichniß unter Nr. 2 verzeichneten Garten im Jahre 1895: 51 500 Mark.

Feuerversicherungssumme im Jahre 1904: 8400 Mark.

Eigenthümer:

Bauer Heinrich Schmidt und seine Ehefrau Sophie Schmidt, geborene Busse, in Buchhain in ehelicher Gütergemeinschaft.

Vorgehende oder gleichstehende Eintragungen:

Keine.

Dieser Hypothekenbrief tritt für die in Abtheilung III Nr. 1 eingetragene Resthypothek von 5000 Mark an die Stelle des bisherigen Briefes.

Lobau, den 20. Oktober 1905.

Königliches Amtsgericht.

(Siegel.) (Unterschriften.)

Von den in Abtheilung III Nr. 1 noch eingetragenen 5000 Mark sind 2000 (zweitausend) Mark gelöscht worden.

Lobau, den 10. Dezember 1907.

Königliches Amtsgericht.

(Siegel.) (Unterschriften.)

Anlage F.

(Adler.)

Preußischer Grundschuldbrief

über

die in dem Grundbuche von Seefeld (Kreis Seefeld) Band VI Blatt Nr. 25 Abtheilung III Nr. 7 eingetragenen 2000 Mark.

Inhalt der Eintragung:

Nr. 7: 2000 (zweitausend) Mark Grundschuld, mit fünf vom Hundert jährlich seit dem 1. Oktober 1903 in halbjährigen, am 1. April und 1. Oktober zahlbaren Beträgen verzinslich, drei Monate nach Kündigung, die jedem Theil nur zu dem Schlusse eines Kalendervierteljahrs zusteht, zahlbar, für den Rentier Wilhelm Korn in Grünbusch eingetragen am 11. Oktober 1903. Das Kapital und die Zinsen sind am jeweiligen Wohnsitze des Gläubigers zu zahlen.

Belastetes Grundstück:

Das im Bestandsverzeichniß unter Nr. 5 verzeichnete, im Dorfe Seefeld belegene Wohnhaus mit Hofraum und Garten Kartenblatt 2 Parzelle $\frac{150}{67}$, $\frac{151}{67}$ von 28 a 79 qm mit 1,11 Thlr. Grundsteuerreinertrag und 90 Mark Gebäudesteuernutzungswerth; Grundsteuermutterrolle Art. 4, Gebäudesteuerrolle Nr. 65.

Eigenthümer:

Schlächtermeister Heinrich Krause in Seefeld.

Vorgehende oder gleichstehende Eintragungen:

Abtheilung II: Nr. 2 ein lebenslängliches Wohnungsrecht, Abtheilung III: Nr. 5 500 (fünfhundert) Mark, Nr. 6 1000 (eintausend) Mark	im Range vorgehend.

Lobau, den 13. Oktober 1903.

Königliches Amtsgericht.

(Siegel.) (Unterschriften.)

Die Grundschuld von 2000 Mark ist mit den Zinsen seit dem 1. April 1906 abgetreten an den Kaufmann Hermann Funke in Hannover und umgewandelt in eine Hypothek für eine vom 1. April 1906 an jährlich mit fünfeinhalb vom Hundert verzinsliche, sechs Wochen nach Kündigung rückzahlbare Darlehnsforderung von 2000 Mark; die Kündigung ist nur zu dem ersten Tage eines Kalendervierteljahrs gestattet. Die Abtretung und die Umwandlung sind im Grundbuch eingetragen.

Lobau, den 6. April 1906.

Königliches Amtsgericht.

(Siegel.) (Unterschriften.)

Anlage G.

(Adler.)

Preußischer Rentenschuldbrief

über

die im Grundbuche von Buchhain (Kreis Seefeld) Band I Blatt Nr. 12 Abtheilung III Nr. 7 eingetragene Rentenschuld von 285 Mark.

Noch gültig auf 175 Mark Rentenschuld, ablösbar mit 3500 Mk.

Inhalt der Eintragung:

Nr. 7: 285 (zweihundertundfünfundachtzig) Mark vom 1. April 1912 an jährlich am 1. April zahlbare Rentenschuld, ablösbar mit sechstausend Mark, für die Kirchengemeinde in Hochdorf eingetragen am 4. April 1912. Lobau, den 16. Okt. 1916. (Unterschriften.)

Belastetes Grundstück:

(wie in Anlage E).

Eigenthümer:

(ebenso).

Vorgehende und[1]) gleichstehende Eintragungen:

Abtheilung II: ein lebenslängliches Wohnungsrecht; Abtheilung III: Nr. 1 3000 (dreitausend) Mark, Nr. 2 2800 (zweitausendachthundert) Mark, Nr. 4 3000 (dreitausend) Mark	im Range vorgehend.

Lobau, den 6. April 1912.

Königliches Amtsgericht.

(Siegel.) (Unterschriften.)

110 (einhundertzehn) Mark jährliche Rentenschuld mit einer Ablösungssumme von 2500 (zweitausendfünfhundert) Mark sind gelöscht worden.

Lobau, den 16. Oktober 1916.

Königliches Amtsgericht.

(Siegel.) (Unterschriften.)

---

[1]) In den übrigen Formularen heißt es „oder".

Sachregister.

Die eingeklammerten Zahlen geben die Seiten an.
A = Anmerkung. A = Art. des Preuß. Ausführungsgesetzes. V = Art. der Kgl. Preuß. Verordnung.
M = § der Preuß. Allg. Verfügung.

A.

C.

H.

I (i).

J (j).

K.

M.

V.

W.

Z.

5. Allgemeine Deutsche **Wechselordnung.** Siebente Auflage von Dr. **E. Ball,** Rechtsanwalt, und das Reichsgesetz über die **Wechselstempelsteuer.** Sechste Auflage von Reg.-Assessor **P. Loeck.** 2 M.

6. **Reichs-Gewerbe-Ordnung** nebst Ausführungsbestimmungen. Von **T. Ph. Berger.** Unter besonderer Berücksichtigung der Bestimmungen über den Arbeiterschutz, die Organisation des Handwerks und des Lehrlingswesens fortgeführt von Dr. **Wilhelmi,** Geh. Ober-Regierungsrath. Fünfzehnte vermehrte Auflage. 2 M. 80 Pf.

7. Die deutsche **Post- und Telegraphen-Gesetzgebung.** Von Dr. **P. D. Fischer,** Unterstaatssekretär im Reichs-Postamt. Vierte Auflage. 2 M. 60 Pf.

8. Die Reichsgesetze über den **Unterstützungswohnsitz,** die **Freizügigkeit,** den **Erwerb** und **Verlust** der **Bundes- und Staatsangehörigkeit,** nebst allen landesgesetzlichen Bestimmungen. Von Geheimrath Dr. **J. Krech,** Mitglied des Bundesamtes für das Heimathwesen. Vierte Auflage. 2 M. 25 Pf.

9a. Sammlung **kleinerer privatrechtlicher Reichsgesetze.** Von **F. Vierhaus,** Geh. Ober-Justizrath. Zweite Auflage in Vorbereitung.

9b. Sammlung **kleinerer strafrechtlicher Reichsgesetze.** Von **M. Werner,** Geh. Ober-Regierungsrath. Zweite Auflage im Druck.

10. Das **Reichsbeamtengesetz** vom 31. März 1873 und seine Ergänzungen. Erläutert von **J. Pieper,** Geh. Ober-Regierungsrath. 3 M. 30 Pf.

11. **Civilprozeßordnung mit Einführungsgesetzen,** Nebengesetzen und Ergänzungen in der Fassung des Gesetzes vom 17. Mai 1898. Unter besonderer Berücksichtigung der Entscheidungen des Reichsgerichts herausgegeben mit Anmerkungen von **R. Sydow,** Direktor im Reichs-Postamt und **L. Busch,** Kammergerichtsrath. Achte Auflage. 8°. Geb. in ganz Leinen 4 M.

Dieser Band ist in größerem Format erschienen!

12. **Strafprozeßordnung nebst Gerichtsverfassungsgesetz** in der vom 1. Januar 1900 ab geltenden Fassung, nebst dem **Gesetz, betreffend die Entschädigung der im Wiederaufnahmeverfahren freigesprochenen Personen.** Von **A. Hellweg,** Reichsgerichtsrath. Zehnte Auflage. Geb. in ganz Leinen 2 M.

13. **Konkursordnung und Anfechtungsgesetz** mit Einführungsgesetz, Nebengesetzen und Ergänzungen. In der Fassung des Gesetzes vom 17. Mai 1898. Unter besonderer Berücksichtigung der Entscheidungen des Reichsgerichts herausgegeben mit Anmerkungen von **R. Sydow,** Direktor im Reichs-Postamt und **L. Busch,** Kammergerichtsrath. Achte Auflage. Geb. in ganz Leinen 1 M. 80 Pf.

14. **Gerichtsverfassungsgesetz** mit Einführungsgesetz und Nebengesetzen. In der Fassung des Gesetzes vom 17. Mai 1898. Unter Berücksichtigung der Entscheidungen des Reichsgerichts herausgegeben von **R. Sydow,** Direktor im Reichs-Postamt und **L. Busch,** Kammergerichtsrath. Achte Auflage. 1 M. 20 Pf.

15. **Gerichtskostengesetz und Gebührenordnung für Gerichtsvollzieher, Gebührenordnung für Zeugen und Sachverständige.** Mit Kostentabellen. Von **R. Sydow.** Fünfte Auflage. 80 Pf.

16. **Rechtsanwaltsordnung** für das Deutsche Reich. Von **R. Sydow.** Dritte Auflage. 60 Pf.

17. **Gebührenordnung für Rechtsanwälte.** Von **R. Sydow.** Sechste Auflage im Druck.

18. **Reichsstempelgesetz (Börsensteuergesetz)** mit allen Ausführungsvorschriften, vielen Tabellen, den Entscheidungen der Verwaltungsbehörden und des Reichsgerichts. Von **Gaupp,** Geh. Regierungsrath. Siebente vollständig umgearbeitete Auflage von **P. Loeck,** Regierungs-Assessor. 3 M. 30 Pf.

19. Die **Seegesetzgebung.** Nebst den Entscheidungen des Reichsoberhandelsgerichts, des Reichsgerichts und der Seeämter. Von Dr. **W. E. Knitschky,** Landgerichtsrath. Zweite Auflage. 3 M. 80 Pf.

20. **Krankenversicherungsgesetz** vom 15. Juni 1883 in der Fassung der Novelle vom 10. April 1892. Von Dr. **E. von Woedtke,** Direktor im Reichsamt des Innern. Siebente Auflage. 2 M.

21. Die **Konsulargesetzgebung** des Deutschen Reiches. Von Professor Dr. **Ph. Zorn.** Vergriffen.

22a. **Patentgesetz. Gesetz, betreffend den Schutz von Gebrauchsmustern. Gesetz, betreffend das Urheberrecht an Mustern und Modellen.** Nebst Ausführungsbestimmungen. Vierte vermehrte Auflage unter eingehender Berücksichtigung der Rechtsprechung des Reichsgerichts und der Praxis des Patentamts von Dr. **R. Stephan,** Regierungsrath, Mitglied des Kaiserlichen Patentamts. 1 M. 60 Pf.

22b. Gesetz zum **Schutz der Waarenbezeichnungen.** Nebst Ausführungsbestimmungen. Von Dr. **R. Stephan,** Regierungsrath, Mitglied des Kaiserlichen Patentamts. Vierte vermehrte Auflage. 1 M.

29. Reichsgesetz, betr. die **Erwerbs- und Wirthschaftsgenossenschaften.** In der vom 1. Januar 1900 ab geltenden Fassung. Von **L. Parisius** und Dr. **H. Crüger.** Achte Auflage. Geb. in ganz Leinen. 1 M. 50 Pf.

30. **Invalidenversicherungsgesetz** vom 13. Juli 1899, in der Fassung der Bekanntmachung vom 19. Juli 1899. Von Dr. **E. v. Woedtke,** Director im Reichsamt des Innern. Sechste völlig umgearbeitete Auflage. Geb. in ganz Leinen 2 M. 25 Pf.

31. Reichsgesetz, betr. die **Gewerbegerichte.** Von **L. Mugdan.** Vierte Auflage. Bearbeitet von **Cuno,** Stadtrath und stellvertretender Vorsitzender des Gewerbegerichts zu Königsberg i. Pr. 1 M. 80 Pf.

32. Reichsgesetz, betr. die **Gesellschaften mit beschränkter Haftung.** In der vom 1. Januar 1900 ab geltenden Fassung. Von **L. Parisius** und Dr. **H. Crüger.** Vierte vermehrte und verbesserte Auflage. 1 M.

33. Das **Vereins- und Versammlungsrecht** in Deutschland. Von Dr. **E. Ball,** Rechtsanwalt. 2 M. 25 Pf.

34. Reichsgesetz, betreffend die **Abzahlungsgeschäfte.** Vom 16. Mai 1894. Von **J. Hoffmann,** Geheimer Regierungsrath. 95 Pf.

35. Die **Reichs-Eisenbahngesetzgebung.** Von **W. Coermann,** Kaiserl. Amtsrichter. 2 M. 25 Pf.

36. **Gesetze**, betr. die **privatrechtlichen Verhältnisse der Binnenschiffahrt und der Flößerei.** Nach den Materialien erläutert von **H. Makower.** Unter Berücksichtigung der am 1. Januar 1900 in Kraft tretenden Reichsgesetze bearbeitet von **E. Löwe,** Landgerichtsrath. Zweite veränderte Auflage. 2 M.

37. **Gesetz zur Bekämpfung des unlauteren Wettbewerbes.** Vom 27. Mai 1896. Von Dr. **R. Stephan,** Regierungsrath. Zweite Auflage. 80 Pf.

38/39. **Bürgerliches Gesetzbuch nebst Einführungsgesetz.** In Verbindung mit Professor Dr. **André,** Amtsgerichtsrath **Greiff,** Amtsrichter **Ritgen,** Landgerichtsrath Dr. **Unzner,** z. Z. Schriftführer bei der Kommission für die zweite Lesung des Entwurfs eines Bürgerlichen Gesetzbuchs herausgegeben von Reichsgerichtsrath Dr. **A. Achilles,** z. Z. Kommissar des Reichs-Justizamts bei derselben Kommission. Zweite vermehrte und verbesserte Auflage. 8°. Gebunden in ganz Leinen. 5 M. 50 Pf.

Dieser Band ist in größerem Format erschienen!

40. **Gesetz,** betr. die **Pflichten der Kaufleute bei Aufbewahrung fremder Werthpapiere (Depotgesetz).** Vom 5. Juli 1896. Mit Erläuterungen, Einleitung und Sachregister. Von **F. Lusensky,** Geh. Regierungsrath. 90 Pf.

41. **Börsengesetz.** Vom 22. Juni 1896. Nebst den dazu erlassenen Ausführungsbestimmungen. Unter Mitwirkung des Geh. Ober-Regierungsrathes **A. Wermuth** bearbeitet von **H. Brendel,** Gerichts-Assessor, Hülfsarbeiter im Reichsamt des Innern. 1 M. 50 Pf.

42. **Grundbuchordnung** für das Deutsche Reich nebst den preußischen Ausführungsbestimmungen. Mit Einleitung von Professor Dr. **O. Fischer.** Zweite Auflage. Geb. in ganz Leinen 1 M. 80 Pf.

43. Die Gesetzgebung, betr. die **Zwangsvollstreckung in das unbewegliche Vermögen** im Reiche und in Preußen. Text-Ausgabe mit Einleitung, Anmerkungen, Kosten- und Gebührentabellen und Sachregister. Von Dr. **J. Krech,** Kaiserl. Geh. Regierungsrath und Professor Dr. **O. Fischer.** Zweite vermehrte Auflage. Geb. in ganz Leinen 2 M.

44. Das Reichsgesetz über das **Auswanderungswesen** vom 9. Juni 1897 nebst Ausführungsverordnungen und Anlagen. Nach den Materialien und unter Benutzung amtlicher Quellen erläutert von Professor Dr. **Felix Stoerk.** 2 M. 25 Pf.

45. Das **Handwerkergesetz** vom 26. Juli 1897. Mit ausführlichen Erläuterungen von Dr. **L. Wilhelmi,** Kais. Geh. Ober-Regierungsrath. In Vorbereitung.

46. Das Reichsgesetz über die **Angelegenheiten der freiwilligen Gerichtsbarkeit.** Mit Einleitung und Erläuterungen von **Herm. Jastrow,** Amtsgerichtsrath. 1 M. 80 Pf.

47. Das **deutsche Vormundschaftsrecht** und das preuß. Gesetz, betr. die Unterbringung verwahrloster Kinder vom 13. März 1878 nebst den dazu gehörigen Nebengesetzen und allgemeinen Verfügungen. Mit Einleitung und Erläuterungen von **Max Schultzenstein**, Oberverwaltungsgerichtsrath und Amtsgerichtsrath Dr. **Paul Köhne**. 2 M. 80 Pf.

48. Gesetze und Verordnungen, betreffend den **Drogen-, Gift- und Farbenhandel** außerhalb der Apotheken unter besonderer Berücksichtigung des Königreichs Preußen. Von Dr. **Broh**, Rechtsanwalt. 1 M. 25 Pf.

49. Die **Kolonialgesetzgebung**. Von Prof. Dr. **Philipp Zorn**. (In Vorbereitung.)

50. Der **Viehkauf** (Viehgewährschaft) nach dem Bürgerlichen Gesetzbuche. Mit Erläuterungen und Sachregister von Dr. **Hans Stölzle**, Rechtsanwalt in Kempten (Bayern). Mit einem Anhang: Verordnung, betreffend die Hauptmängel und Gewährsfristen beim Viehhandel. Vom 27. März 1899. Erläutert von **Heinrich Weiskopf**, Königl. Kreisthierarzt in Augsburg. 1 M. 50 Pf.

51. **Hypothekenbankgesetz** vom 13. Juli 1899. Von Dr. **O. Göppert**, Gerichts-Assessor. Geb. in ganz Leinen 1 M. 80 Pf.

52. Die Reichsgesetzgebung über den Verkehr mit **Nahrungsmitteln, Genußmitteln** und **Gebrauchsgegenständen**. Von Dr. **Lebin**, Nahrungsmittelchemiker. In Vorbereitung.

6. Die Preußischen **Ausführungsgesetze und Verordnungen zu den Reichs-Justizgesetzen.** Von **R. Sydow.** Dritte vermehrte Auflage. 2 M. 40 Pf.

7. **Allg. Gerichtsordnung** vom 6. Juli 1793 und Preuß. **Konkursordnung** vom 8. Mai 1855. Von **F. Vierhaus,** Geh. Ober-Justizrath. 2 M. 50 Pf. Vergriffen.

8. **Vormundschaftsordnung** vom 5. Juli 1875, nebst allen Nebengesetzen und den dazu erlassenen Allgemeinen Verfügungen. Von Oberverwaltungsgerichtsrath **Schultzenstein.** Dritte Auflage. 1 M. 50 Pf.

9. Die Preußische **Grundbuchgesetzgebung.** Mit Einleitung, Formularen, Kosten- und Stempeltabellen. Von Prof. Dr. **Fischer.** Dritte Auflage. Vergriffen.

10. **Einkommensteuergesetz.** Vom 24. Juni 1891. Von Geheimrath **Meitzen.** Vierte vermehrte Auflage von **A. Fernow,** Ober-Regierungsrath. 1 M. 50 Pf.

11. **Gewerbesteuergesetz.** Vom 24. Juni 1891. Von **A. Fernow,** Ober-Regierungsrath. Dritte vermehrte Auflage. 1 M. 25 Pf.

12. **Allgemeines Berggesetz** für die Preußischen Staaten. Von **E. Engels,** Ober-Bergrath. Zweite Auflage. 1 M. 60 Pf.

13. **Ergänzungssteuergesetz** (Vermögenssteuergesetz). Vom 14. Juli 1893. Von **A. Fernow,** Ober-Regierungsrath. Zweite vermehrte Auflage. 1 M.

14. **Kommunalabgabengesetz.** Vom 14. Juli 1893, und Gesetz wegen Aufhebung direkter Staatssteuern. Vom 14. Juli 1893. Von **F. Adickes,** Oberbürgermeister. Zweite Auflage. 1 M. 25 Pf.

15. Die **Kreisordnungen** für den Preußischen Staat. Von **O. Kolisch,** Landgerichtsrath. 4 M.

16. Preuß. Ausführungs-Anweisung zu §§. 16 u. ff. der Reichs-Gewerbe-Ordnung, betr. **Genehmigung gewerblicher Anlagen.** Von Dr. **von Rüdiger,** Regierungs- und Gewerberath. 1 M. 50 Pf.

17. Preußisches **Gerichtskostengesetz.** In der Fassung der Bekanntmachung vom 6. Oktober 1899. Mit Kostentabellen. Von Dr. **P. Siméon,** Landrichter. Dritte Auflage. Geb. in ganz Leinen. 1 M. 80 Pf.

18. Preußisches **Stempelsteuergesetz.** Vom 31. Juli 1895. Nebst den Ausführungsbestimmungen und

ausführlichen Tabellen. Von **B. Gaupp,** Geh. Regierungsrath und Regierungsassessor **P. Loeck.** Vierte Auflage. 3 M. 30 Pf.

19. **Jagdscheingesetz.** Vom 31. Juli 1895. Mit ausführlichen Erläuterungen nebst der Ausführungsanweisung vom 2. August 1898 und den Gesetzbuchmaterialien. Von **F. Kunze,** Wirklichem Geh. Ober-Regierungsrath. Zweite Auflage. Geb. in ganz Leinen 2 M.

20. Gesetz, betr. die **Erbschaftssteuer.** Vom 19./24. Mai 1891 unter Berücksichtigung der Novelle vom 31. Juli 1895. Mit ausführlichen Erläuterungen von **P. Loeck,** Regierungsassessor. 1 M. 80 Pf.

21. Gesetz über die **Handelskammern.** Vom 19. August 1897. Mit Erläuterungen, geschichtlicher Einleitung sowie einer Uebersicht des Bestandes der kaufmännischen Vertretungen. Von **F. Lusensky,** Geh. Regierungsrath und vortragender Rath im Ministerium für Handel und Gewerbe. 3 M.

22. Gesetz, betr. **Anstellung und Versorgung der Kommunalbeamten.** Mit einem Anhang, enthaltend die preußische Ausführungsanweisung. Von **Dr. W. Ledermann,** Magistratsassessor zu Berlin. 1 M. 25 Pf.

23. **Ausführungsgesetz zum Bürgerlichen Gesetzbuche.** Von Landrichter **Dr. P. Siméon.** 1 M. 60 Pf.

36 000. I. 1900. III.

Kolibri 360 GmbH
Ferdinand-Jühlke-Straße 7
99095 Erfurt, Deutschland
produktsicherheit@kolibri360.de